普通高等教育“十三五”规划教材

C语言程序设计教程

郭秀娟　于全通　主编

王抵修　副主编

電子工業出版社

Publishing House of Electronics Industry

北京 • BEIJING

内 容 简 介

C 语言是在当今软件开发领域中应用十分广泛的一种语言。本书全面介绍 C 语的基本概念、数据类型、语句及结构特点，系统地讲述 C 语言程序设计的基本思想和方法。为配合 C 语言上机操作学习，书后附录中提供各章节的实验内容，并提供 VC++ 2010 编程环境的上机使用图例，同时还在出版社的网站上提供电子版教学资料。全书选材先进，内容丰富，讲述力求理论联系实际、深入浅出、循序渐进，注重培养读者的程序设计能力及良好的程序设计风格与习惯。

本书既可作为高等学校计算机程序设计课程的教学用书，又可作为相关科技人员的参考书和培训教材，还可供报考全国计算机等级考试（NCRE）的人员使用。

图书在版编目（CIP）数据

C 语言程序设计教程/郭秀娟等主编. —北京：电子工业出版社，2019.7

ISBN 978-7-121-36172-2

Ⅰ. ①C… Ⅱ. ①郭… Ⅲ. ①C 语言－程序设计－高等学校－教材 Ⅳ. ①TP312.8

中国版本图书馆 CIP 数据核字（2019）第 050964 号

责任编辑：谭海平　　特约编辑：王　崧
印　　刷：三河市君旺印务有限公司
装　　订：三河市君旺印务有限公司
出版发行：电子工业出版社
　　　　　北京市海淀区万寿路 173 信箱　邮编：100036
开　　本：787×1 092　1/16　印张：19　字数：486.4 千字
版　　次：2019 年 7 月第 1 版
印　　次：2021 年 7 月第 3 次印刷
定　　价：49.00 元

凡所购买电子工业出版社图书有缺损问题，请向购买书店调换。若书店售缺，请与本社发行部联系，联系及邮购电话：（010）88254888，88258888。

质量投诉请发邮件至 zlts@phei.com.cn，盗版侵权举报请发邮件至 dbqq@phei.com.cn。

本书咨询联系方式：（010）88254552，tan02@phei.com.cn。

前　言

C语言概念简洁，数据类型丰富，表达能力强，运算符多而灵活，程序结构性和可读性好，有利于培养良好的编程风格，易于体现结构化程序设计思想。C 语言既具有高级语言程序设计的特点，又具有汇编语言的功能；既能有效地进行算法描述，又能对硬件直接进行操作；既适合于编写应用程序，又适合于开发系统软件，是当今世界上应用最广泛、最具影响力的程序设计语言之一。C 语言本身还具有整个语言紧凑整齐、设计精巧、编辑方便、编译与目标代码运行效率高、操作简便、使用灵活等许多鲜明的特点，其扩充的图形、彩色、窗口等功能及高效的集成开发环境尤其赢得了广大用户的喜爱，得到了广泛应用。

本书全面介绍C语言的概念、特性和结构化程序设计方法。全书共分 13 章。第 1 章介绍 C 语言程序设计的基本知识；第 2 章介绍 C 语言的基本数据类型、常量和变量；第 3 章介绍 C 语言的运算符与表达式；第 4 章、第 5 章、第 6 章介绍使用 C 语言进行结构化程序设计的基本方法，包括顺序结构、分支结构、循环结构及其设计方法；第 7 章、第 8 章介绍 C 语言中数组和函数的使用；第 9 章、第 10 章介绍编译预处理、指针；第 11 章详细介绍结构体、共用体；第 12 章介绍 C 语言的文件操作；第 13 章介绍位运算。附录 A 提供 10 个实验内容及 VC++ 2010 版 C 语言编程环境的使用方法（全国计算机等级考试使用该环境，方便考生参加计算机等级考试）；附录 B 介绍全国计算机二级考试公共基础知识要点；附录 C 介绍 C 语言库函数；附录 D 介绍字符的 ASCII 码表。

需要注意的，由于学校 C 语言课程的学时较少，因此书中有些章节的标题加了星号，表示这些内容是自学内容，读者可根据自己的需要选择学习。

本书是作者根据多年来从事C语言及计算机专业相关课程的教学实践，在多次编写讲义、教材的基础上编写而成的，内容充实，循序渐进，选材上注重系统性、先进性、实用性。全书精选大量例题，且都用汉字注释，所有例题均已上机通过，可直接引用；书中的例题提供了非常直观的操作和运行结果，为C语言上机操作提供方便。

本书由吉林建筑大学电气与计算机学院郭秀娟、于全通担任主编，王抵修担任副主编。在本书的写作过程中，得到了多位一线授课教师的大力支持和帮助，在此表示衷心感谢。

由于作者水平有限，加之时间仓促，书中错误和不当之处在所难免，敬请读者批评指正。

编者

2019 年 3 月

目　　录

第 1 章　C 语言概述

计算机系统是由硬件和软件两部分组成的。硬件是指计算机中有尺寸和质量的物理部件，软件主要是指控制计算机硬件工作的程序。要运行计算机硬件来实现各种功能、完成各种任务，就必须让它执行相应的程序指令，而这些程序指令是依靠计算机语言编制的。

计算机语言是用来编写计算机软件程序的，就像自然语言编写文章一样，计算机语言也包括文字（称为字符）、词汇（称为标识符）和语法规则。计算机语言分为低级语言和高级语言，低级语言面向计算机硬件，用来编写程序时十分麻烦；高级语言面向问题，其词汇和语法规则接近于自然语言和数学表达式，程序的编写和移植（移植指的是程序经过简单修改后就能应用在不同类型的计算机上）都比较方便。由于问题的多样性，高级语言出现了很多种类，用于解决不同类型的应用问题。

在多种高级语言当中，C 语言有其独到之处。它作为一种高级程序设计语言，具备方便性、灵活性和通用性等特点，适合编写应用软件程序；同时，它还向程序员提供了直接操作计算机硬件的功能，具备低级语言的特点，适合于各种类型的系统软件的开发。因此，C 语言是深受软件工作者欢迎的程序设计语言。

本章首先简单介绍 C 语言的发展与特点，然后从程序设计的角度介绍有关的基本概念，最后通过几个简单的 C 程序实例描述 C 语言程序的基本结构。

1.1　C 语言的发展与特点

1.1.1　C 语言的发展

C 语言是由美国贝尔实验室的 Dennis Ritchie 设计，在 BCPL（Basic Combined Programming Language）语言和 B 语言的基础上，于 1972 年在一台使用 UNIX 操作系统的 DEC PDP-11 计算机上实现的，它取 BCPL 的第二个字母 C 而得名。

BCPL 语言是由英国剑桥大学的 Martin Richards 于 1967 年提出的一种系统程序语言。1970 年，美国贝尔实验室的 Ken Thompson 以 BCPL 语言为基础，做了进一步简化，设计出了很简单的而且很接近硬件的 B 语言，并且用 B 语言在 PDP-7 计算机上写出了第一个 UNIX 操作系统，1971 年又用 B 语言在 PDP-11/12 计算机上写出了 UNIX 操作系统。

C 语言既保持了 BCPL 语言和 B 语言的优点（精炼、接近硬件），又克服了它们的缺点（过于简单、功能有限、数据无类型等）。最初的 C 语言只是为描述和实现 UNIX 操作系统而设计的一种系统工作语言。C 语言与 UNIX 操作系统密切相关，UNIX 操作系统、编译程序和应用程序大多由 C 语言写成。1973 年，Ken Thompson 和 Dennis Ritchie 两人合作，将原来由他们于 1969 年用汇编语言写的 UNIX 操作系统的 90%以上用 C 语言改写，形成了 UNIX 第 5 版。

最初的 C 语言主要在美国贝尔实验室内部使用。直到 1975 年 UNIX 第 6 版公布后，C 语言的突出优点才引起人们的普遍关注。1977 年出现了不依赖于机器的 C 语言编译文本《可移植 C 语言编译程序》，使得用 C 语言开发的软件在移植到其他机器时所做的工作大大简化，这也推动了 UNIX 操作系统迅速地在各种机器上实现。随着 UNIX 操作系统日益广泛的使用，C 语言也迅速得到推广。在 C 语言与 UNIX 操作系统的发展过程中，它们相辅相成，相互促进。1978 年以后，C 语言已先后移植到大、中、小、微型机上，已独立于 UNIX 操作系统和 PDP 计算机。

1978 年，Brian Kernighan 和 Dennis Ritchie 两人以 UNIX 第 7 版中的 C 语言编译程序为基础，合著了影响深远的名著《C 程序设计语言》（*The C Programming Language*），这本书中介绍的 C 语言此后一直是事实上的 C 语言标准版本。

1983 年初夏，美国国家标准化协会（ANSI）专门成立一个委员会为 C 语言制定了 ANSI 标准，这个标准称为 ANSI C，相比原来的 C，它有了很大的发展。1988 年，Brian Kernighan 和 Dennis Ritchie 按照 ANSI C 标准修改了他们的经典著作《C 程序设计语言》。Turbo C、Visual C++等完全是按照 ANSI 的 C 语言标准实施的，是一种快速、高效的编译程序，并提供了集成开发环境。

目前，C 语言已风靡全球，成为应用最广泛的计算机高级语言之一。C 语言不仅可用来开发系统软件，也可用来开发应用软件。C 语言既具有一般高级语言的特性（可读性、可移植性好，结构化程序设计），又具有低级语言（如汇编语言）的特性（可直接对硬件进行操作，如对位、字节和内存的操作），是一种集高级语言和低级语言优点于一身的语言。因此，C 语言常被称为计算机“中级语言”。

1.1.2 C 语言的特点

C 语言是世界上自 20 世纪 70 年代以来最有影响的计算机语言之一，也是最常用的语言之一。C 语言能得到越来越广泛的使用，要归功于它有不同于（或优于）其他语言的特点，特别是优良的“可移植性”。它不需要做大的修改就能在每台支持 C 语言的机器上运行。概括起来，C 语言的主要特点如下：

1）结构简洁、紧凑。C 语言一共只有 32 个关键字（即保留字），压缩了一切不必要的成分，因此 C 语言编写的源程序非常简练，使得 C 语言被公认为一种比较强有力的语言。C 语言的运算符和表达式的表示方法也力求简练，易于学习，便于理解和使用。

2）数据类型丰富，控制结构完善。C 语言数据类型丰富，它不仅有不同长度的整型、字符型和单双精度实型（即浮点型）等基本数据类型，还有指针类型以及数组、结构体和联合体等构造数据类型，能用这些类型来实现各种复杂的数据结构（如链表、树、栈等）的运算。尤其是指针类型，使用起来更为灵活、多样。

C 语言提供了 9 种控制语句来实现 3 种结构（顺序、分支和循环结构）的程序设计，以支持良好的程序结构。同时用函数作为程序模块以实现程序的模块化，每个 C 程序由若干函数组成，用户不仅可以调用丰富的库函数，而且可以调用自己编写的自定义函数。因此，C 语言是结构化的理想语言，符合现代编程风格要求。

3）运算符丰富，表达能力强。C 语言的运算符非常丰富，共有 34 种运算符（详见第 3 章）。它不仅具有算术运算符、关系运算符、逻辑运算符等，还把括号、赋值、逗号、变量值增（减）1、强制类型转换等都作为运算符处理，同时还将字符、逻辑值等数值化。C 语言的运算符不仅具有优先级的概念，而且具有结合性的概念。因此，C 语言的运算类型极其丰富，表达式类型多样化。灵活使用各种运算符和表达式，不仅可以使程序简洁，而且可以实现在其他语言中难以实现的运算。

4）语法限制不太严格，程序设计自由度大。C 程序的书写形式自由，主要用小写字母，一个语句可以写在几行，一行也可以写几个语句。

一般的高级语言语法检查比较严格，能检查出几乎所有的语法错误，而 C 语言允许编写者有较大的自由度，因此放宽了对语法的检查。程序员应仔细检查程序，保证其正确，而不要过分依赖 C 编译程序去查错。“限制”与“灵活”是一对矛盾，严格限制就会失去灵活性，而强调灵活必然会放松限制。对于一个不熟练的人员，特别是初学者，编写一个正确的 C 程序可能要比编写一个其他高级语言程序难一些。

5）同时具有高级语言和低级语言的特点。C 语言允许直接访问物理地址，能进行位操作，可以直接对硬件进行操作，能实现汇编语言的大部分功能。因此，C 语言既具有高级语言的功能，又具有低级语言的许多功能；既可用来编写系统软件，又可用来编写应用程序。

6）目标代码质量高，可移植性好。C 语言程序不仅编译的目标代码质量高，程序执行效率高，而且可移植性好。可移植性是指从一种硬件环境中不加修改或稍加修改地移到另一种环境中运行的性能。虽然 C 适合用于许多计算机机型，但独立于具体的计算机系统。灵活地运用预处理程序可以提高程序的可移植性。

1.2　C 语言的字符集与标识符

1. 字符集

满足 C 语言词法要求的字符包括所有大小写的英文字母、阿拉伯数字及部分特殊符号，其中的特殊符号如图 1.1 所示。

+	-	*	/	%	_	=	<	>	&
~	(	)	[	]	.	{	}	:	?
;	"	!	#	'	^	空格			

图 1.1　C 语言字符集中的特殊符号

2. 标识符

C 语言中的标识符主要用来表示常量、变量、函数和类型等的名字，它们是只起标识作用的一类符号，包括关键字、预定义标识符和自定义标识符三类。

关键字是指具有特定含义的字符串，这些字符串不允许用户把它们当作变量名使用。C 语言的关键字共有 32 个，它们都用小写英文字母表示，如图 1.2 所示。后续各章中会逐步介绍它们的含义。

auto	break	case	char	const	continue	default	do
double	else	enum	extern	float	for	goto	if
int	long	register	return	short	signed	sizeof	static
struct	switch	typedef	union	unsigned	void	volatile	while

图 1.2　C 语言的 32 个关键字

除上述的关键字外，还有一类具有特殊含义的标识符，它们被用作库函数名和预编译命令，这类标识符在 C 语言中称为预定义标识符。一般来说，不要把这些标识符再定义为自定义标识符使用，如 printf、include 等属于预定义标识符。

自定义标识符是程序员根据自己的需要定义的一类标识符，用于标识变量、符号常量、自定义函数、构造类型名和文件名等。这类标识符只能由英文字母、数字和下画线构成，但开头字符只能是字母或下画线。下画线常用来把几个词语隔开，以增强代码的可读性，如变量 num_of_people。

C 语言区分大小写，关键字和预定义标识符全部使用小写字母，自定义标识符也区分大小写，如 NUMBER、Number 和 number 被视为三个不同的标识符。

一个自定义标识符可由一个或多个字符组成，但其长度是有限制的，C 语言只能识别前 31 个字符，因此如果两个标识符的前 31 个字符相同，那么它们被视为同一个标识符。

1.3　程序举例

下面介绍几个简单的 C 程序，以便分析 C 程序的构成及其特性。

【例 1.1】 输出一行信息“This is a C program!”。

```
#include<stdio.h>       /*将标准输入/输出函数的头文件包含到本文件中*/
void main()             /*主函数头*/
{                       /*函数体开始 */
  printf("This is a C program!\n");/*输出一串字符，\n 为换行符，不显示*/
}                       /*函数体结束 */
```

运行结果：

说明：运行结果最后的“Press any key to continue”是运行窗口暂停的显示提示，表示按任意键继续。后面的例题都是这样，因此不再说明。

main 是主函数名，每个 C 程序都必须有一个 main 函数；函数名后要有圆括号，圆括号内可以有函数的参数，本例是一个无参函数，所以是空括号。函数体是由花括号“{}”括起来的部分，函数体内有若干语句。C 语言的每个语句都以分号“;”结束。

printf 是输出函数，它属于 C 语言的库函数，库函数名 printf 是系统定义的预定义标识符。

第一行的“#include<stdio.h>”内容与输出函数 printf 有关联，几乎每个 C 程序都有这一行内容。

“/*......*/”是注释部分，它表示从“/*”开始到“*/”之间的内容为注释，注释只是给程序做的标记，目的是便于读懂程序，对编译和运行不起作用。注释可以加在程序中的任何位置。

注意：程序调试运行方法参见附录 A。

思考练习：输出如下结果应该怎样改写上面的程序？最好用两种改法。

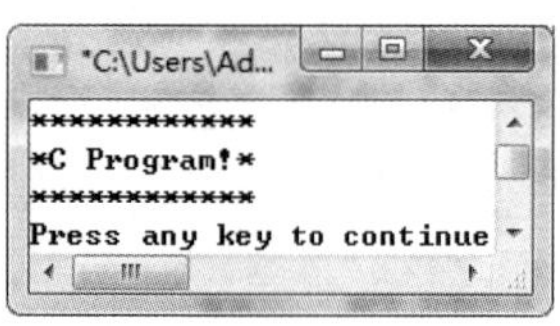

【例 1.2】求两个整数之和。

```
#include<stdio.h>          /*将标准输入/输出函数的头文件包含到本文件中*/
void main()                //主函数头
{
    int a,b,sum;           /*定义 a、b、sum 为整型变量*/
    a=1919;b=100;          /*给变量 a、b 赋值*/
    sum=a+b;               /*给 sum 赋值*/
    printf("a=%d,b=%d\n",a,b);          /*输出变量 a、b 的值*/
    printf("sum is %d\n",sum);          /*输出变量 sum 的值*/
}
```

运行结果：

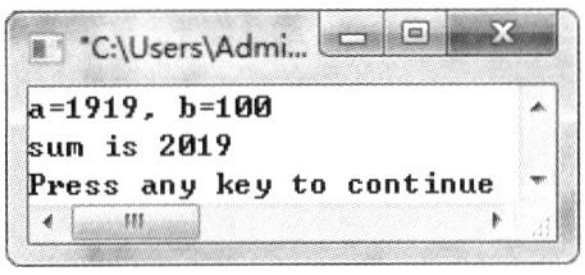

本程序的作用是求两个整数之和。先把两个整数放在变量 a 和 b 中，再将和值存放在变量 sum 中。

main 是主函数名，每个 C 程序都必须有一个 main 函数；函数名 main 后的空括号表示本例是一个无参函数。函数体是由花括号"{}"括起来的部分，函数体内首先是变量的定义（也称变量的声明）部分，然后是执行语句部分。C 语言的每个变量定义语句和每条执行语句都以分号";"结束。

第 4 行定义变量 a、b 和 sum 是整型（int）变量（此变量只存放整数）。第 5 行和第 6 行均为赋值语句。第 5 行包含两条赋值语句，分别将变量 a 和 b 赋值为 1918 和 100，这里的"="是赋值符号，意思是把右面的值赋给左面已经定义的变量；第 6 行将表达式 a+b 的值赋给变量 sum。

第 7 行和第 8 行均是输出函数调用语句，printf 是 C 语言中的输出函数（详见第 4 章）。双引号括起来的是格式控制字符串，它可以包括"格式说明"和普通字符，其中的每个"格式说明"都由"%"后接格式字符构成，字符"d"是以十进制形式输出整型数据的格式字符；格式控制字符串中的普通字符按原样输出，其中"\n"是转义字符，表示换行（即换行符）。printf 函数中括号内的最右边给出输出表达式，这里给出的是变量 a、b 或 sum，输出表达式的个数应该与格式控制字符串中的"格式说明"的个数一致。

对于一行尾部的注释，在 VC++ 2010 环境中也可以使用"//..."的形式，它表示本行中从"//"开始到行尾的内容为注释。本程序的第 2 行就是采用这种方式注释的。

第 1 行是编译预处理命令中的"文件包含"命令（详见第 9 章），它的作用是将标准输入/输出函数的头文件 stdio.h 包含到本程序文件中。stdio.h 头文件中包含了与标准输入/输出操作有关的函数的原型声明等信息，因此，凡是需要使用标准输入/输出函数（如 printf、scanf 等函数）的 C 程序，都应该在文件的开头加上这条文件包含命令，以便编译系统在编译时能够从头文件中获得有关的信息。

思考练习：输出 3 门课的平均分（如 a=60;b=85;c=70;），如何改写上面的程序？最好写出多种改法，看看运行结果有什么问题。为什么与预测的结果不完全相同？

说明：C 语言中的加、减、乘、除运算符分别为+、-、*、/，先算乘除，后算加减。

【例 1.3】 从键盘输入两个整数，求它们之中最大的数。

```
#include<stdio.h>
int max(int x,int y)        /*定义 max 函数，返回值为整型，x、y 为形参变量，x、y 为整型*/
{
    int z;                  /*定义 max 函数中用到的变量 z 的类型*/
    if(x>y)  z=x; else z=y; /*分支语句*/
    return (z);             /*返回变量 z 的值，通过 max 带回到调用处*/
}
  void main()
  {
    int  m, a, b;
    printf("Please input 2 integer numbers: \n");
    scanf("%d, %d",&a,&b);       /*从键盘输入两个整数分别给 a、b*/
    m=max(a,b);                  /*调用 max 函数，将 a 和 b 中较大的值赋给变量 m*/
    printf("Max number is %d\n",m);        /*输出变量 m 的值*/
}
```

运行结果：

```
Please input 3 integer numbers:
5, 3↙
Max number is 5
```

说明：在本书中，↙代表回车键。

本程序由两个函数构成：主函数（即 main 函数）及自定义函数 max。函数 max 的作用是：将形参变量 x、y 中较大者的值赋给变量 z，并通过 return 语句将变量 z 的值返回给主调函数。形参变量的值是从主调函数中的函数调用语句的实参中传送过来的。main 函数的作用是：从键盘输入两个整数分别给变量 a、b，通过调用函数 max 求两个数中最大一个的值。调用函数 max 求出两个数中较大的一个。

main 函数在调用 max 函数时，将实参 a、b 的值分别传送给 max 函数中的形参变量 x、y；通过执行 max 函数得到一个返回值（即 max 函数中变量 z 的值），把这个值（它是变量 a 和 b 中较大一个的值）赋给变量 m。调用函数 max 后，变量 m 已是变量 a、b 中最大的值。

第 11 行的输出函数调用语句用来输出一行提示信息，双引号内的字符串原样输出。第 12 行是输入函数调用语句，scanf 是 C 语言中的输入函数（详见第 4 章）。双引号括起来的是格式控制字符串，含义同前例。scanf 函数中括号内的最右边给出输入变量存储单元指针（请读者先将指针的概念理解为存储单元的地址，有关指针的概念详见第 10 章），这里给出的是变量 x 的存储单元地址，“&”是求地址运算符。输入变量存储单元地址的个数应该与格式控制字符串中“格式说明”的个数一致。如果格式控制字符串中有普通字符，那么在输入时这些普通字符也得按原样输入。

思考练习：如果输入三个数求最大值，那么怎样改写上面的程序？

通过以上几个例子，我们可以看到：

1）C 程序是由函数构成的。一个 C 程序必须包含且只能包含一个 main 函数，不能有一个以上的 main 函数；除 main 函数外，可以包含若干其他函数。被调用的函数既可以是库函数（即系统提供的标准函数），又可以是用户根据自己的需要编写的函数（即自定义函数）。函数是 C 程序的基本组成单位。

C 语言中的函数相当于其他语言中的子程序、过程。C 语言的这种特点使其容易实现程序的模块化。

2）一个 C 函数由函数头和函数体两部分构成。详见第 8 章。

① 函数头部分。包括函数属性（如内部函数和外部函数）、函数类型（即函数返回值的类型）、函数名、形参变量及其类型声明列表。

一个函数名后面必须跟一对圆括号，函数参数可以没有，但这对圆括号不能没有。

例如，例 1.3 中 max 函数的头部分如图 1.3 所示。

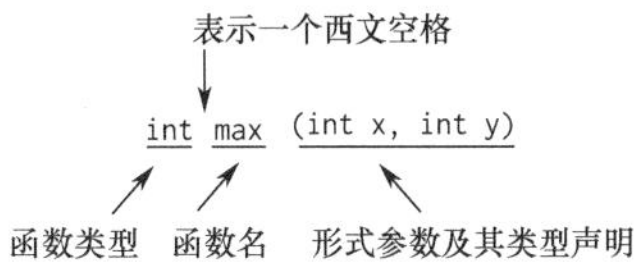

图 1.3　max 函数头部分的说明

② 函数体。即函数头部分以下花括号{}内部的部分。如果一个函数内有多个花括号，那么最外层的一对{}为函数体的范围，内层的{}为复合语句。

函数体一般包括：

a. 变量定义部分。变量定义部分应放在函数体的执行语句之前，一个函数可以没有变量定义部分。

b. 执行语句部分。由若干语句组成，一个函数也可以没有执行语句部分。如空函数

```
void dump()
{
}
```

既没有变量定义部分，又没有执行语句部分，它什么也不干，但这是合法的。

3）一个 C 程序中各个函数的定义是独立的、平行的。无论各个函数之间的位置如何安排，一个 C 程序总是从 main 函数开始执行；如果不出现意外的话，那么它总是从 main 函数结束整个程序的运行。

4）C 程序书写格式自由，一行内可以写几个语句，一个语句也可以写在几行上。C 程序的语句没有行号，只要求每个变量声明和执行语句均以分号“;”作为结束标记，分号是 C 语句的必要组成部分。

5）C 语言本身没有输入/输出语句。输入/输出操作是由 scanf 和 printf 等库函数来完成的。C 语言对输入/输出实行“函数化”。

6）可以用/*……*/对 C 程序中的任何部分进行注释。为增加程序的可读性，源程序都应加上必要的注释。

1.4　本章小结

本章简单介绍了 C 语言的发展历史、功能和特点。计算机最终是靠执行程序完成任务的，而程序是用计算机语言编写的，C 语言是众多高级语言中流行的一种。

本章通过几个案例，简单分析了 C 程序的基本构成，即 C 程序是由函数构成的，函数

是由语句构成的，语句是由基本词汇构成的，基本词汇是由字母、数字、符号构成的。

尽管目前我们还没有编写较大的程序，但是已经可以领会到算法的重要性。在编写程序之前，必须深思熟虑，形成解题的思路即算法，利用某种方式将其描述出来，并以此为依据编写程序。

建议读者阅读书后的附录 A，以便了解 C 语言的运行和调试环境，为后续学好 C 语言打下良好的基础。

习题

1.1 指出下列 C 语言标识符哪些是不合法的。合法的标识符中哪些是关键字？哪些是预定义标识符？哪些是自定义标识符？

```
Total,_debug,Large&Tall,printf,Counter1,begin_,for,Case,A3_B3,void,_123,IF
```

1.2 C 语言程序可以由哪些不同的部分组成？函数由哪几部分组成？

1.3 C 语言中的关键字共有多少个？是否可以用大写字母表示？

1.4 编写一个 C 程序，输入 a,b,c 三个值，输出其中最小的值。

1.5 C 语言有哪些主要用途？

第 2 章　C 语言数据类型

2.1　数据类型

在 C 语言中，使用的变量需要预先定义数据类型，并由编译器分配内存空间用于存储变量的值，即先定义，后使用。C 语言中基本类型相同的数据的存储格式一致，每个数据占用相等长度（字节数）的空间。

在 C 语言中，数据类型可分为基本类型、构造类型、指针类型和空类型四大类；C 语言中的数据类型如图 2.1 所示。

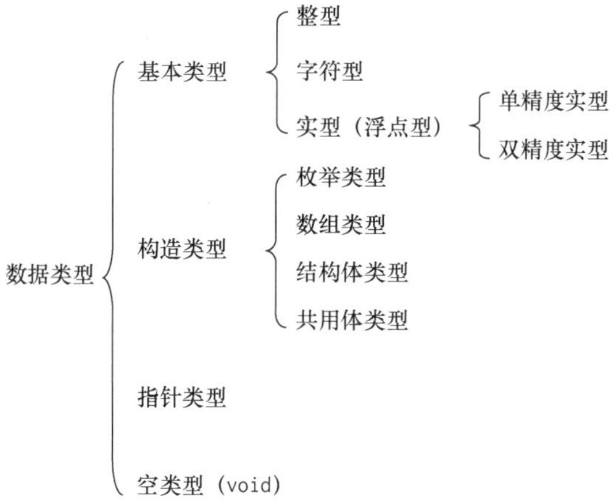

图 2.1　C 语言中的数据类型

本章首先介绍基本类型中的整型、实型和字符型，其余类型将在后续各章中介绍。

C 语言程序中的数据又分为常量和变量两大类。常量是指在程序运行过程中其值不变的量，而变量是指在程序运行过程中其值可以改变的量。例如，例 1.1 中的"This is a C program!"和例 1.2 中的 1919、100 都是常量；而例 1.2 中的 a、b、sum 是变量，其值在程序运行过程中是可以被改变的。

2.2　常量

在 C 语言中，常量分为数值常量、字符常量和字符串常量。数值常量又分为整型常量和实型常量。这三种常量的类型一般根据字面形式就能判别。下面介绍 C 语言中的主要常量。

2.2.1　整型常量

整型常量就是整常数。在 C 语言中，整理常量可以用十进制数、八进制数和十六进制数表示，通常占 4 字节。

整型常量可以分为短整型（short int）、整型（int）、长整型（long int）和无符号整型（unsigned int），它们所表示的数的范围不同，在内存中所占的字节数也不同。通常，短整型占2字节，而整型、无符号整型和长整型占4字节。

1）十进制整数：十进制整数是由正负号和0～9之间的数字组成的数，并且第一位数字不能是0。例如，以下各数是合法的十进制整数：

237，-568，65535，1627

而以下各数是不合法的十进制整数：

023（不能有前导0），23D（含有非十进制数码）

2）八进制整数：八进制整数必须以0开头，即以0作为八进制数的前缀。数码的取值为0～7。八进制整数通常是无符号数。例如，以下各数是合法的八进制整数：

015（十进制数为13），0101（十进制数为65）、0177777（十进制数为65535）

而以下各数是不合法的八进制整数：

256（无前缀0），03A2（包含了非八进制数码），0128（八进制数码0～7，没有8）

3）十六进制整数：十六进制整数的前缀为0X或0x，数码取值为0～9，A～F或a～f。例如，以下各数是合法的十六进制整数：

0X2A（十进制数为42），0XA0（十进制数为160），0XFFFF（十进制数为65535）

而以下各数是不合法的十六进制整数：

5A（无前缀0X），0X3H（含有非十六进制数码）

4）长整型整数：长整型整数用后缀“L”或“l”来表示。例如，十进制长整数：

158L（十进制数为158），358000L（十进制数为358000）

八进制长整数：

012L（十进制数为10），077L（十进制数为63），0200000L（十进制数为65536）

十六进制长整数：

0X15L（十进制数为21），0XA5L（十进制数为165），0X10000L（十进制数为65536）

在VC++ 2010中，长整型和基本整型都分配4字节存储空间，存储格式相同。在有的C语言系统中，基本整型只分配2字节，要予以注意。

无符号数也可用后缀表示，整型常数的无符号数的后缀为“U”或“u”。例如，358u、0x38Au、235Lu均为无符号数。

前缀、后缀可同时使用以表示各种类型的数。例如，0XA5Lu表示十六进制无符号长整数A5，其十进制数为165。

2.2.2 实型常量

实型常量也称实数或浮点数。在C语言中，实数只采用十进制，它有两种形式：十进制小数形式和指数形式。

1）十进制小数形式：由数码0～9和小数点组成。

例如，

0.0，25.0，5.789，0.13，5.0，300.，-267.8230

等均为合法的实数。注意，必须有一个小数点，如果小数点前面只有一个 0，那么这个 0 也可以省略，如 0.13 可以写成.13。

2）指数形式：由十进制数加阶码标志“e”或“E”以及阶码（只能为整数，可以带符号）组成。其一般形式为

a E n（a 为十进制数，n 为十进制整数）

其值为 $a\times10^n$。

例如，

2.1E5（等于 2.1×10^5）

3.7E-2（等于 3.7×10^{-2}）

0.5E7（等于 0.5×10^7）

-2.8E-2（等于 -2.8×10^{-2}）

说明：E 的前后必须有数字，后面的数字必须是整数。

以下不是合法的实数：

345（无小数点，表示整数）

E7（E 之前无数字）

-5（是整数但不是实数）

53.-E3（负号位置不对）

2.7E（E 后面无数字）

【例 2.1】实型数（浮点数）的输出。

```
#include<stdio.h>
void main()
{
  printf("%f\n",356.0);     /* %f 与%d 不同，用于输出对应的实型数 */
  printf("%f\n",3.56E2);
}
```

运行结果：

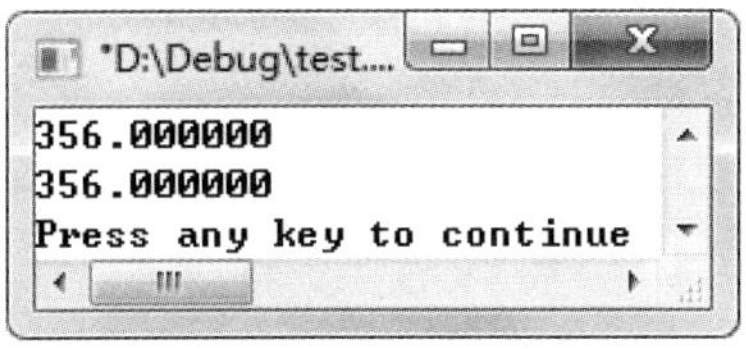

2.2.3　字符常量

1. 字符常量的表示和特点

字符常量是用一对单引号“'”括起来的一个字符。例如，

'a'，'b'，'='，'+'，'?'

都是合法的字符常量。

在 C 语言中，字符常量有以下特点：

1）字符常量只能用单引号括起来，不能使用双引号或其他括号。

2）字符常量只能是单个字符，不能是多个字符构成的字符串。

3）字符可以是字符集中的任意字符，包括数字字符。例如，'5'和 5 是不同的，'5'是字符常量，5 是整型常量。

2. 转义字符

有些难以表示的控制字符可以使用转义字符来表示。转义字符以反斜线“\”开头，后跟一个或几个字符。例如，'\n'就是一个转义字符，它表示换行。转义字符是一种特殊的字符常量，具有特定的含义，不同于字符原有的意义，故称“转义”字符。在前面的各个例题中，printf 函数的格式串内用到的“\n”就是转义字符，其意义是“回车换行”。这类转义字符通常有以下几种，如表 2.1 所示。

表 2.1　常用的转义字符及其含义

转义字符	转义字符的意义	ASCII 码	转义字符	转义字符的意义	ASCII 码
\n	回车换行	10	\'	单引号符	39
\t	横向跳到下一制表位	9	\"	双引号符	34
\b	退格	8	\a	鸣铃	7
\r	回车	13	\ddd	1～3 位八进制数所代表的字符	
\f	走纸换页	12	\xhh	1～2 位十六进制数所代表的字符	
\\	反斜线符“\”	92			

广义地讲，C 语言字符集中的任何一个字符均可用转义字符来表示。表中的\ddd 和\xhh 正是为此而提出的。ddd 和 hh 分别为八进制和十六进制的 ASCII 码。例如，\101 表示字母“A”，\102 表示字母“B”，\134 表示反斜线，\n 表示换行等。

注意：转义字符表示一个字符，占 1 字节的存储空间。

【例 2.2】转义字符的使用。

```
#include<stdio.h>
void main()
{
  int a,b,c;
  a=5; b=6; c=7;
  printf("  ab   c\tde\rf\n");
  printf("hijk\tL\bM\n");
}
```

运行结果：

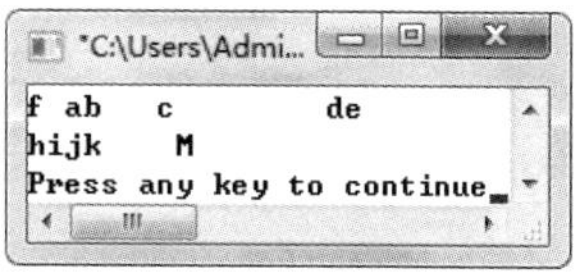

2.2.4 字符串常量

字符串常量是由一对双引号括起的字符序列。例如，"China\nJilin"，"A"，"C program"，"$12.5" 等都是合法的字符串常量。

字符串常量和字符常量是不同的量。它们之间的主要区别如下：

1）字符常量由单引号括起来，字符串常量由双引号括起来。

2）字符常量只能是单个字符，字符串常量则可以含多个字符，也可以含转义字符。如“China\nJilin”中的“\n”字符，占 1 字节。

3）可以把一个字符常量赋给一个字符变量，但不能把一个字符串常量赋给一个字符变量。在 C 语言中没有相应的字符串变量，但可以用一个字符数组来存放一个字符串常量。字符串的存储将在数组一章中加以介绍。

4）字符常量占 1 字节的内存空间。字符串常量占的内存字节数等于字符串中的字符数加 1。增加的 1 字节用于存放字符“\0”（ASCII 码为 0）。这是字符串结束的标志。

例如，字符串"C program"在内存中占 10 字节，存储结构如图 2.2 所示。

C		p	r	o	g	r	a	m	\0

图 2.2　字符串"C program"在内存中的存储结构

字符常量'a'和字符串常量"a"虽然都只有一个字符，但在内存中的情况是不同的。'a'在内存中占 1 字节，如图 2.3(a)所示；"a"在内存中占 2 字节，如图 2.3(b)所示。

图 2.3　字符常量和字符串常量的存储

2.2.5　符号常量

有时为了使程序更加清晰和便于修改，要增加程序的可维护性，用一个标识符来代表一个常量，即给某个常量取一个有意义的名字，这种常量称为符号常量。符号常量是指在一个程序中指定一个符号来代表一个常量。习惯上，符号常量名用大写字母表示，普通变量名用小写字母表示。符号常量的定义形式如下：

```
#define 标识符　字符串
```

例如，

```
#define  PI  3.1415926
```

其中 PI 为符号常量，它的作用是指用标识符 PI 来替代“3.1415926”这个字符串，在编译预处理时，将程序中在该命令后出现的所有 PI 都用“3.1415926”来代替。

2.3　变量

其值可以改变的量称为变量。一个变量应该有一个名字，在内存中占据一定的存储单元。变量必须先定义后使用，变量定义一般放在函数体的开头部分。注意，变量名和变量值是两个不同的概念，例如 int a=3;中，a 是变量名，3 是变量的值，如图 2.4 所示。

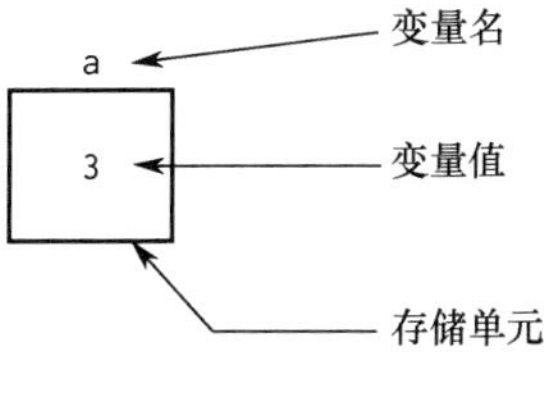

图 2.4　变量名和变量值

2.3.1　整型变量

1. 整型数据在内存中的存放形式

如果定义了一个短整型变量 i：

```
short int i;  /* short 表示短整型 i，占 2 字节共 16 位二进制位*/
i=10;
```

那么数值是以补码表示的。

1）一个整数的原码，就是把符号“+”用 0 表示，把“-”用 1 表示，放在存储空间的最左一位，再把整数的绝对值转换为二进制数，靠右对齐放在存储空间中。例如，正整数 10 的二进制存储如图 2.5 所示。

0	0	0	0	0	0	0	0	0	0	0	0	1	0	1	0

图 2.5　正整数 10 的二进制存储

2）正数的补码和原码相同。

3）负数的补码：符号位 1 不动，将该数的绝对值的二进制形式按位取反再加 1。

例如，求负整数-10 的补码的过程如图 2.6 所示。

-10的原码：

1	0	0	0	0	0	0	0	0	0	0	0	1	0	1	0

取反：

1	1	1	1	1	1	1	1	1	1	1	1	0	1	0	1

再加1，得-10的补码：

1	1	1	1	1	1	1	1	1	1	1	1	0	1	1	0

图 2.6　求负整数-10 的补码的过程

由此可知，左面的第一位是表示符号的。

2. 整型变量的分类

1）基本型：类型说明符为 int，在 VC++环境下，在内存中占 4 字节。

2）短整型：类型说明符为 short int 或 short。在内存中占 2 字节。

3）长整型：类型说明符为 long int 或 long，在内存中占 4 字节。

4）无符号型：类型说明符为 unsigned。无符号型又可与上述三种类型匹配，构成如下三种：

- 无符号基本型：类型说明符为 unsigned int 或 unsigned。
- 无符号短整型：类型说明符为 unsigned short。
- 无符号长整型：类型说明符为 unsigned long。

各种无符号类型量所占的内存空间字节数，与相应有符号类型量所占的内存空间字节数相同。但由于符号位用来表示数据，因此不能表示负数，但正数的表示范围扩大了一倍。表 2.2 列出了目前 VC++环境中整型变量的取值范围和占用字节数。

表 2.2　目前 VC++环境中整型变量的取值范围和占用字节数

类型说明符	数的范围	字节数
int	−2147483648～2147483647　即 $-2^{31}\sim2^{31}-1$	4
unsigned int	0～4294967295　即 $0\sim2^{32}-1$	4
short int	−32768～32767　即 $-2^{15}\sim2^{15}-1$	2
unsigned short int	0～65535　即 $0\sim2^{32}-1$	2
long int	−2147483648～2147483647　即 $-2^{31}\sim2^{31}-1$	4
unsigned long	0～4294967295　即 $0\sim2^{32}-1$	4

3. 整型变量的数据长度和取值范围

整型变量在计算机内部占用的字节数和取值范围，与具体的计算机系统和使用的 C 语言版本有关。

4. 整型变量的定义

整型变量定义的一般形式为

类型说明符　变量名标识符 1,变量名标识符 2,…;

例如，

```
int a,b,c;      /* a,b,c 为整型变量*/
long x,y;       /* x,y 为长整型变量 */
unsigned p,q;   /* p,q 为无符号整型变量 */
```

在书写变量定义时，应注意以下几点：

- 允许在一个类型说明符后，定义多个相同类型的变量。各变量名之间用逗号间隔。类型说明符与变量名之间至少用一个空格间隔。
- 最后一个变量名之后必须以“;”号结尾。
- 变量定义必须放在函数体的开头部分。

【例 2.3】整型变量的定义与使用。

```
#include<stdio.h>
void main()
{
  int a,b,c,d;
  unsigned u;
  a=12; b=-24; u=10;
  c=a+u; d=b+u;
  printf("a+u=%d,b+u=%d\n",c,d);
}
```

运行结果：

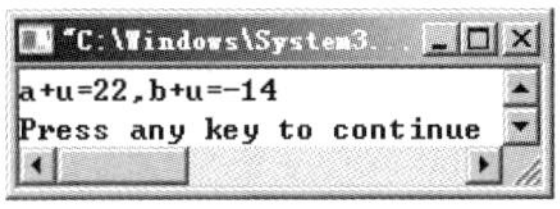

5. 整型数据的溢出

【例 2.4】整型数据的溢出。

```
#include<stdio.h>
void main()
{
  short int a,b;  /*变量 a 和 b 为短整型变量，各占 2 字节（1 字节=8 位二进制位）*/
  a=32767;
  b=a+1;
  printf("%d,%d\n",a,b);
 }
```

运行结果（b 值溢出）：

```
32767,-32768
```

整型数据溢出的二进制形式如图 2.7 所示。

32767:

0	1	1	1	1	1	1	1	1	1	1	1	1	1	1	1

-32768

1	0	0	0	0	0	0	0	0	0	0	0	0	0	0	0

图 2.7　整型数据溢出的二进制形式

【例 2.5】不同类型的整型变量的运算和赋值。

```
#include<stdio.h>
void main()
{
  short x,y;    /* short int 中的 int 省略了 */
  int a,b,c,d;
  x=5;
  y=6;
  a=7;
  b=8;
  c=x+a;  /*这里 x 是短整型变量, a 是整型变量*/
  d=y+b;
  printf("c=x+a=%d,d=y+b=%d\n",c,d);
 }
```

运行结果：

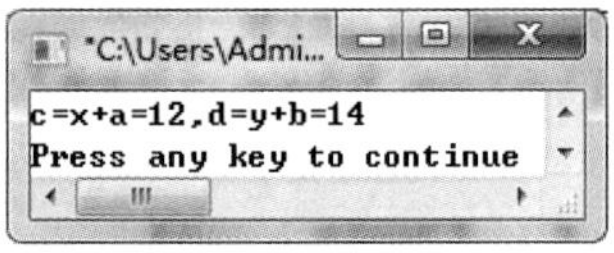

从程序中可以看到：x、y 是短整型变量，a、b 是基本整型变量。它们之间允许进行运算，运算结果为基本整型。但 c、d 被定义为基本整型，因此最后结果为基本整型。本例表明不同类型的量可以参与运算并相互赋值，其中的类型转换是由编译系统自动完成的。有关类型转换的规则将在后面介绍。

2.3.2 实型变量

1. 实型数据在内存中的存放形式

实型数据要先转化成规格化的指数形式（小数点左边只有一个 0，右边第一位数字非 0），再进行存储。例如，3.14159 先转化为 0.34159×10^1，再按单精度实型数据存储，占 4 字节（32 位）内存空间，前 3 字节存放纯小数部分和正负号，后 1 字节存放指数及正负号。实数 3.14159 在内存中的存放形式如图 2.8 所示。

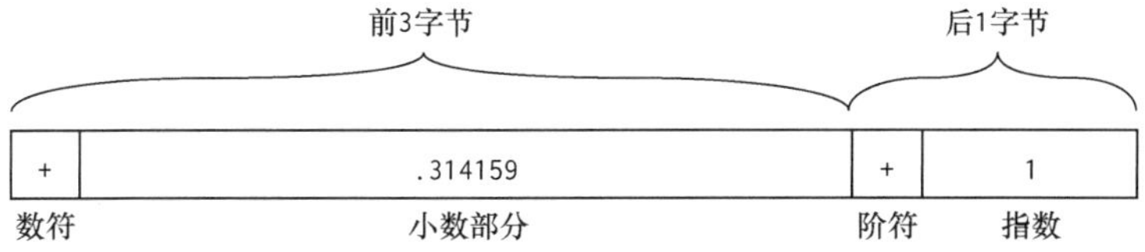

图 2.8 实数 3.14159 在内存中的存放形式

- 小数部分占的位（bit）数越多，数的有效数字越多，精度越高。
- 指数部分占的位数越多，能表示的数值范围越大。

2. 实型变量的分类

实型变量分为单精度（float 型）、双精度（double 型）两类。

与整型变量一样，实型变量在计算机内部占用的字节数和取值范围与具体的计算机系统和使用的编程环境有关。在目前常用的 VC++环境下，单精度型占 4 字节（32 位）内存空间，数值范围为 3.4E−38～3.4E+38，只能提供 7 位有效数字。双精度型占 8 字节（64 位）内存空间，数值范围为 1.7E−308～1.7E+308，可提供 16 位有效数字。表 2.3 给出了 VC++环境下实型变量的取值范围和占用的空间。

表 2.3 VC++环境下实型变量的取值范围和占用的空间

类型说明符	字节数	有效数字	数的范围
float	4	6～7	10^{-37}～10^{38}
double	8	15～16	10^{-307}～10^{308}

实型变量定义的格式和书写规则与整型变量的类似。例如，

float x,y; (x,y 为单精度实型量)

double a,b,c; (a,b,c 为双精度实型量)

3. 实型数据的舍入误差

由于实型变量由有限的存储单元组成，因此能提供的有效数字是有限的，如例 2.6 所示。

【例 2.6】实型数据的舍入误差。

```
#include<stdio.h>
void main()
{
  float a,b;
  a=123456.789e5;
  b=a+20;
```

```
  printf("%f\n",a);
  printf("%f\n",b);
}
```

运行结果：

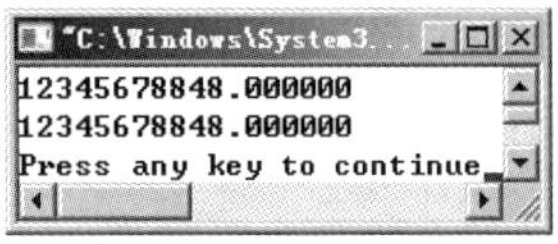

注意：由于运行结果只保留7位有效数字，因此尽量不要把一个小的数和一个差异过大的实数加减。

【例2.7】单精度和双精度实型变量的精度。

```
#include<stdio.h>
void main()
{
   float a;
   double b;
   a=33333.33333;
   b=33333.33333333333333;
   printf("%f\n%f\n",a,b);
 }
```

运行结果：

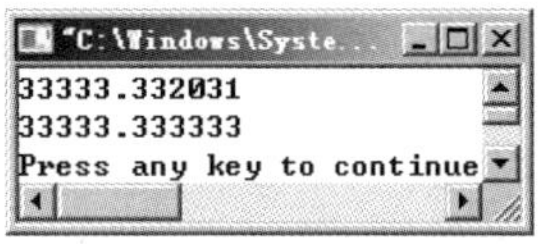

从本例可以看出，由于a是单精度实型变量，有效位数只有7位，而整数已占5位，故小数两位之后均为无效数字。b是双精度型变量，有效位为16位，其余部分四舍五入。

2.3.3 字符变量

1. 字符变量的定义

字符变量用来存储字符常量，即单个字符。

字符变量的类型说明符是 char。字符变量类型定义的格式和书写规则与整型变量的相同。例如，

```
char a,b;
```

2. 字符数据在内存中的存储形式和使用方法

每个字符变量都被分配1字节的内存空间，只能存放一个字符。字符值以ASCII码形式存放在变量的内存单元中。全部字符的ASCII码见附录D。

例如，x的十进制ASCII码是120，y的十进制ASCII码是121。对字符变量a、b赋予'x'和'y'值：

```
a='x';    /*相当于 a=120; 以下同理 */
b='y';
```

实际上是在 a、b 两个单元内存放 120 和 121 的二进制代码，所以也可把它们视为整型量。C 语言既允许对整型变量赋以字符值，又允许对字符变量赋以整型值。在输出时，允许把字符变量按整型量输出，也允许把整型量按字符量输出。

整型量为 4 字节量，字符量为 1 字节量，当整型量按字符型量处理时，只有低 8 位字节参与处理。

【例 2.8】给字符变量赋以整数。

```
#include<stdio.h>
void main()
{
  char a,b;
  a=120;   /*120 是'x'的 ASCII 码*/
  b=121;   /*121 是'y'的 ASCII 码*/
  printf("%c,%c\n",a,b);
  printf("%d,%d\n",a,b);
}
```

运行结果：

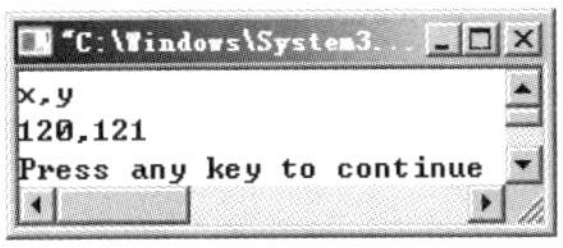

本程序中定义 a、b 为字符型变量，但在赋值语句中赋以整型值。从结果看，a、b 的值的输出形式取决于 printf 函数内格式串中的格式符，当格式符为“%c”时，对应输出的变量值为字符，当格式符为“%d”时，对应输出的变量值为整数。

【例 2.9】大小写字母转换。

```
#include<stdio.h>
void main()
{
  char a,b;
  a='a';
  b='b';
  a=a-32;
  b=b-32;
  printf("%c,%c\n%d,%d\n",a,b,a,b);
 }
```

运行结果：

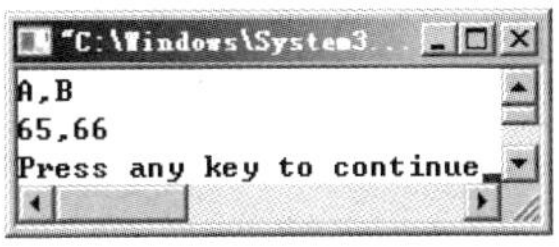

本例中，a、b 被说明为字符变量并赋予字符值，C 语言允许字符变量参与数值运算，即用字符的 ASCII 码参与运算。由于大小写字母的 ASCII 码相差 32，因此运算后把小写字母换成大写字母，然后分别以整型和字符型输出。

2.3.4 变量赋初值

在程序中常常需要对变量赋初值，以便使用变量。C 语言程序中有多种方法为变量提供初值。本小节首先介绍定义变量时给变量赋初值的方法，这种方法称为初始化。在变量定义中赋初值的一般形式为

类型说明符 变量 1=值 1,变量 2=值 2,…;

例如，

```
int a=3;
int b,c=5;
float x=3.2,y=3.0,z=0.75;
char ch1='K',ch2='P';
```

注意，在定义中不允许连续赋值，如语句 int a=b=c=5 不合法，但语句 a=b=c=5;合法。思考一下这是为什么。不合法的语句应该怎样修改？

【例 2.10】给变量赋初值。

```
#include<stdio.h>
void main()
{
    int a=3,b,c=5;
    b=a+c;
    printf("a=%d,b=%d,c=%d\n",a,b,c);
}
```

运行结果：

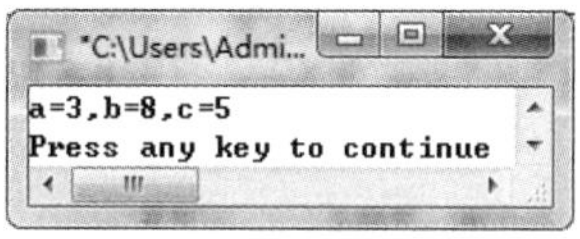

2.4 本章小结

1. C 的数据类型

基本类型、构造类型、指针类型、空类型。

2. 基本类型的分类及特点

基本类型汇总表如表 2.4 所示。

表 2.4 基本类型汇总表

	类型说明符	字节	数值范围
字符型	char	1	C 字符集
基本整型	int	4	-214783648～214783647
短整型	short int	2	-32768～32767
长整型	long int	4	-214783648～214783647
无符号短整型	unsigned short	2	0～65535
无符号长整型	unsigned long	4	0～4294967295
单精度实型	float	4	3/4E-38～3/4E+38
双精度实型	double	8	1/7E-308～1/7E+308

3. 常量后缀

L 或 l：表示长整型。

U 或 u：表示无符号数。

4. 常量类型

整数、长整数、无符号数、实数、字符、字符串、符号常数、转义字符。

习题

2.1　填空题。

（1）在 VC++环境下，int 类型数据占___字节，short 类型数据占___字节，long 类型数据占___字节，double 类型数据占___字节。

（2）在 VC++环境下，字符常量'a'在内存中占___字节，字符串"a"占___字节。

（3）077 的十进制数是____，0111 的十进制数是___，0X29 的十进制数是____，0XAB 的十进制数是___。

（4）若有说明 char s1='\077',s2='\'';，则 s1 中包含____个字符，s2 中包含____个字符。

（5）C 语言中的基本数据类型包括______、______、______。

（6）C 语言中，整数可用______、______、______进制数 3 种形式表示。

（7）字符串“AB\t\101f\n\\”在机器中占____字节。

（8）在 C 语言中，规定标识符只能由字母、数字或下画线组成，且第一个字符必须为____或____。

2.2　C 语言为什么规定对所有用到的变量要“先定义，后使用”？这样做有什么好处？

2.3　字符常量与字符串常量有什么区别？

2.4　程序中使用符号常量有什么好处？

2.5　写出以下程序运行的结果。

```
#include<stdio.h>
void main()
{
    char c1='a',c2='b',c3='c',c4='\101',c5='\116';
    printf("a%cb%c\tc%c\tabc\n",c1,c2,c3);
    printf("\t\b%c%c",c4,c5);
}
```

2.6　编写程序，测试所用计算机系统字符型、短整型、整型、长整型、单精度实型、双精度实型所占的字节数量。

2.7　已知一名学生的 4 门功课的成绩，计算其平均成绩。

第 3 章　C 语言的运算符与表达式

3.1　C 运算符简介

C 语言中的运算符和表达式数量之多，在高级语言中是少见的。正是丰富的运算符和表达式使得 C 语言的功能十分完善，这也是 C 语言的主要特点之一。C 语言的运算符不仅有不同的优先级，而且还有同级结合性。在表达式中，各运算量参与运算的先后顺序不仅要遵守运算符优先级别的规定，而且在优先级相同时还要受运算符结合性的制约，以便确定是自左向右进行运算还是自右向左进行运算。这种结合性是其他高级语言的运算符所没有的，因此也增加了 C 语言的复杂性。

3.1.1　C 运算符的种类

1. 运算符按照其功能分类

1）算术运算符：用于各类数值运算。包括加（+）、减（-）、乘（*）、除（/）、求余（%）、自增（++）、自减（--）7 种。

2）关系运算符：用于比较运算。包括大于（>）、小于（<）、等于（==）、大于等于（>=）、小于等于（<=）和不等于（!=）6 种。

3）逻辑运算符：用于逻辑运算。包括与（&&）、或（||）、非（!）3 种。

4）位操作运算符：参与运算的量按二进制位进行运算。包括位与（&）、位或（|）、位非（~）、位异或（^）、左移（<<）、右移（>>）6 种。

5）赋值运算符：用于赋值运算，分为简单赋值（=）、复合算术赋值（+=,-=,*=,/=,%=）和复合位运算赋值（&=,|=,^=,>>=,<<=）三类共 11 种。

6）条件运算符：这是一个三目运算符，用于条件求值（?:）。

7）逗号运算符：用于把若干表达式组合成一个表达式（,）。

8）指针运算符：用于取内容（*）和取地址（&）两种运算。

9）求字节数运算符：用于计算数据类型所占的字节数（sizeof）。

10）强制类型转换运算符：（类型标识符）。

11）特殊运算符：包括括号()、下标[]、成员（->,.）等几种。

2. 运算符按照其连接运算对象的个数分类

运算符可按其运算对象的多少分为单目运算符、双目运算符和三目运算符。单目运算符的运算对象只有 1 个，双目运算符要求运算符两侧各有 1 个运算对象，三目运算符的运算对象只有 3 个。

1）单目运算符（仅对 1 个运算对象进行操作）

```
!   ~   ++   --   -（取负号）  （类型标记符）*   &   sizeof
```

例如，求负数的单目运算符（-）：

```
-5
```

2）双目运算符（对 2 个运算对象进行操作）

```
+  -  *  %  <  <=  >  >=  = =  !=  &&  ||  <<  >>  &  |  ^  =
```

复合赋值运算符（+=　-=　*=　/=　%=）

例如，加法双目运算符（+）：

```
2+3
```

求余数的双目运算符（%）：

3%9 和 21%9 所得余数都为 3。

3）三目运算符（对 3 个运算对象进行操作）

```
? :
```

例如，

```
a>b? a:b    /* 这里的三个运算对象分别为 a>b、a 和 b */
```

如果 a>b，那么表达式 a>b? a:b 的值为 a 的值，否则 a>b? a:b 的值为 b 的值。

4）其他

```
( )  [ ]  .   ->
```

3.1.2　C 语言运算符的优先级及结合性

学习 C 语言的运算符，不仅要掌握各种运算符的功能，以及它们各自可连接的运算对象个数，而且要了解各种运算符彼此之间的优先级及结合性。运算符可按优先级从高到低分为 15 个等级，如表 3.1 所示。

表 3.1　运算符的优先级与结合性

优先级	运算符	含　义	运算量个数	结合性
1	() [] -> .	括号运算符 下标运算符 指向结构体成员运算符 成员运算符		自左至右
2	! ~ ++、-- - (类型) * & sizeof	逻辑非运算符 按位取反运算符 自加、自减运算符 负号运算符 强制类型转换运算符 指针和取地址运算符 取长度运算符	单目运算符	右结合
3	*、/、%	乘、除、求余运算符	双目运算符	自左至右
4	+、-	算术加、减运算符	双目运算符	自左至右
5	<<、>>	位左移、位右移运算符	双目运算符	自左至右
6	<、<=、>、>=	关系运算符	双目运算符	自左至右
7	= =、!=	关系运算符	双目运算符	自左至右
8	&	按位与运算符	双目运算符	自左至右
9	^	按位异或运算符	双目运算符	自左至右
10	|	按位或运算符	双目运算符	自左至右
11	&&	逻辑与运算符	双目运算符	自左至右

（续表）

优先级	运算符	含　义	运算量个数	结合性
12	||	逻辑或运算符	双目运算符	自左至右
13	?:	条件运算符	三目运算符	右结合
14	=、+=、-=、*=、/=、%= <<=、>>=、&=、|=、^=	复合算术运算符 复合位运算符	双目运算符	右结合
15	,	逗号运算符		自左至右

1. 优先级

求解表达式时，总是先按运算符的优先次序由高到低进行操作。优先级是用来标志运算符在表达式中的运算顺序的，相当于加括号，运算时进行脱括号运算。

2. 结合性

当一个运算对象两侧的运算符的优先级相同时，按运算符的结合性确定表达式的运算顺序。它分为两类：一类运算符的结合性为“从左到右”（大多数运算符），另一类运算符的结合性为“从右到左”。例如，3-5*2 按运算符的优先次序先乘后减，相当于 3-(5*2)，表达式的值为-7；又如，3*5/2，数字 5 的两侧的“*”和“/”的优先级相同，按结合性处理，算术运算符的结合性为“从左到右”，因此先乘后除，相当于(3*5)/2，表达式的值为 7。

C 语言规定了各种运算符的结合方向（结合性），结合性的概念是 C 语言的特点之一。

3.2 算术运算

3.2.1 算术运算符

1. 基本算术运算符

算术运算符有-（取负）、+（取正）、+（加法）、-（减法）、*（乘法）、/（除法）、%（求余数）。

使用算术运算符时要注意如下几点：

1）除法运算符“/”的运算结果和其运算对象有关。如果两个运算对象都是符号相同的整数，那么运算符“/”的功能是整除，结果为整数。整除的含义是舍去小数部分，只保留整数部分。例如，5/3 的结果为 1，2/3 的结果为 0。两个运算对象中只要有一个是实数，运算结果就是实数。例如，5.0/2 的结果为 2.5。如果两个运算对象都是整数，但其中的一个是负数，另一个是正数，那么按其绝对值相除后再加上负号。还应注意，在做除法运算时，除数不能为 0。如果除数为 0，那么会导致致命的错误而使程序以失败终止。

2）求余数运算符“%”要求其运算对象都必须是整数，但可正可负。对有负数情况的处理有如下一般性原则：首先按其绝对值求余数（|r|%|s|），然后取被除数 r 的符号作为余数的符号。例如，3%9 的结果为 3，5%-3 的结果为 2，-5%3 的结果为-2。

3）没有乘方运算。例如，平方使用 2*2，立方使用 2*2*2，高次方使用 pow()函数。

2. 算术运算符的优先级

算术运算符的优先级从高到低为

-（取负）→ *（乘法）、/（除法）、%（求余数）→ +（加法）、-（减法）

乘法、除法和求余数的运算优先级相同，加法、减法的运算优先级相同。

【例 3.1】算术运算举例。

```
#include<stdio.h>
void main()
{
   printf("%d,%d,%d,%d,%d\n",2/3,-3/2,2%3,5%-3,-5%3);
   printf("%f,%f\n",2.0/3,3/2.0);
 }
```

运行结果：

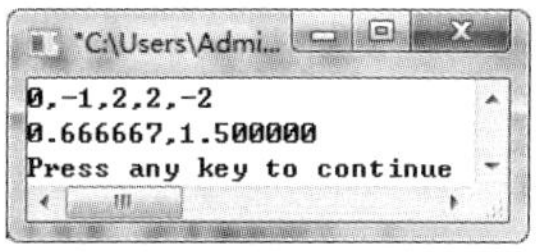

例中，2/3 和-3/2 的结果为整型 0 和-1，小数全部舍去。而 2.0/3 和 3/2.0 由于有实数参与运算，因此结果也为实型 0.666667 和 1.500000。求余运算符“%”要求参与运算的量均为整型，用绝对值相除求余数，正负号与左边的被除数的符号相同。2%3 的余数为 2（商为 0，与结果无关）。

3. 算术运算符的结合性

算术运算符的结合性为自左至右。例如，对于以下式子：

```
z = b * e - r % - f + ((a + b ) * c) / p - q
      ①  ④  ③②  ⑧     ⑤      ⑥   ⑦  ⑨
```

运算时将按①, ②,…,⑧, ⑨所示的顺序进行，其中，f 前的“-”号为单目运算符，优先级最高，而 r 前的“-”号代表减运算。如何加以区分呢？凡是“+”、“-”号前没有数字或只有*、/、%等级别较高的运算符时，“+”和“-”即为单目运算符，否则为加、减运算符。

3.2.2　自增、自减运算符

自增 1、自减 1 运算符：自增 1 运算符记为“++”，其功能是使变量的值自增 1；自减 1 运算符记为“--”，其功能是使变量值自减 1。

自增 1、自减 1 运算符均为单目运算，都具有右结合性。可有以下几种形式：

++i　　i 先自增 1 后再参与其他运算。

--i　　i 先自减 1 后再参与其他运算。

i++　　i 参与运算后，i 的值再自增 1。

i--　　i 参与运算后，i 的值再自减 1。

在理解和使用上容易出错的是 i++和 i--，特别是当它们出在较复杂的表达式或语句中时，常常难以弄清，因此应仔细分析。

【例 3.2】自增、自减运算符举例 1。

```
#include<stdio.h>
void main()
{
  int i=8;
  printf("%d\n",++i);
```

```
    printf("%d\n",--i);
    printf("%d\n",i++);
    printf("%d\n",i--);
    printf("%d\n",-i++);   /*-与++优先级相同，右结合，-i++相当于-(i++) */
    printf("%d\n",-i--);
  }
```

运行结果：

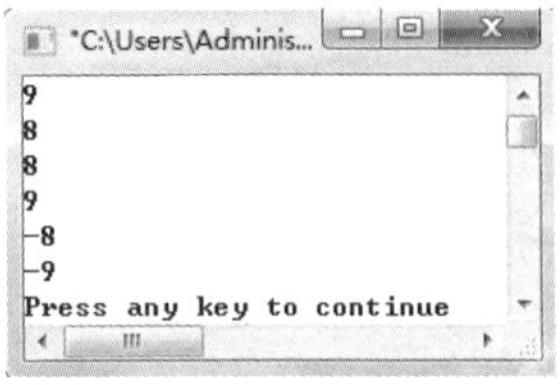

i 的初值为 8，第 2 行 i 加 1 后输出为 9；第 3 行减 1 后输出为 8；第 4 行输出 i 为 8 之后再加 1（为 9）；第 5 行输出 i 为 9 之后再减 1（为 8）；第 6 行输出-8 之后再加 1（为 9），第 7 行输出-9 之后再减 1（为 8）。

【例 3.3】 自增、自减运算符举例 2。

```
#include<stdio.h>
void main()
{
   int i=5,j=5,p,q;
   p=(i++)+(i++)+(i++);  /* 相当于执行 p=i+i+i;i=i+1;i=i+1;i=i+1; */
   q=(++j)+(++j);        /* 相当于执行 j=j+1;j=j+1;q=j+j; */
   printf("%d,%d,%d,%d\n",p,q,i,j);
}
```

运行结果：

在这个程序中，P=(i++)+(i++)+(i++)应理解为三个 i 相加，故 P 值为 15。然后，i 再自增 1 三次，相当于加 3，因此 i 的最后值为 8。而对于 q 的值则不然，q=(++j)+(++j)应理解为 q 先自增 1，再参与运算，由于 q 自增 1 两次后的值为 7，两个 7 相加的结果为 14，因此 j 的最后值仍为 7。

【例 3.4】 分析下面程序的运行结果。

```
#include<stdio.h>
void main()
{
    int m=3,n=3,p=3,a,b,c;
    a=(m++)+(m++);
    b=(n++)+(++n);     /* 相当于执行 n=n+1;b=n+n;n=n+1; */
    c=(++p)+(++p);
    printf("%d,%d\n",m,a);
```

```
    printf("%d,%d\n",n,b);
    printf("%d,%d\n",p,c);
}
```

运行结果：

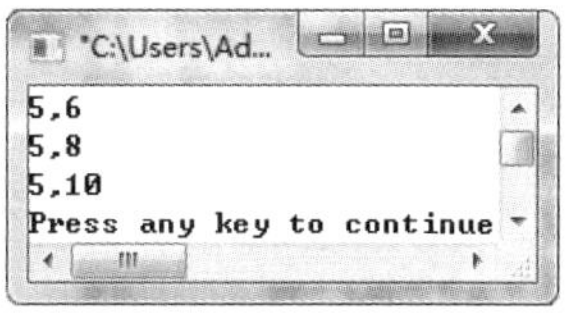

对于 a=(m++)+(m++);语句，两处 m 都先使用后自加，两个 3 相加赋值给 a，a=6，然后 m 自加两次得到 5。对于 b=(n++)+(++n);语句，一处 n 先自加得到 4，另一处 n 先使用后自加，因此两个 4 相加赋值给 b，b=8，然后 n 再自加得到 5。对于 c=(++p)+(++p);语句，两处 p 都先自加后使用，因此 p 先自加两次得到 5，然后两个 6 相加赋值给 c，c=10。

使用这类代码会大大降低程序的可读性，且实际编程中极少用到，因此建议大家尽量不要使用。

使用自增、自减运算符应注意以下几点。

① 自增、自减运算符的对象只能是简单变量，而不能是常数或带有运算符的表达式。例如，6--、++(a=2)、++(-i)等都是错误的。

② 自增、自减运算符的结合性为右结合。例如，x=-k++等价于 x=-(k++)，该表达式中的-和++的优先级相同，按右结合给出了正确的等价形式，意思是先用 k 变量的当前值加负号赋给 x，然后 k 再加 1。该表达式并不等于 x=(-k)++，因为这样会使++作用在表达式(-k)上，这是①中指出的错误；而 x=-++k 等价于 x=-(++k)。

3.3 不同类型数据间的混合运算与类型转换

对相同类型数据间的运算，可以直接进行；但对不同类型数据间的运算，C 语言是如何处理的？

1. 数据间的混合运算和不同类型数据的自动转换

要对不同类型的数据进行运算，需要先将数据转换成同一类型。转换的方法有两种：一种是自动转换，另一种是强制转换。自动转换发生在不同类型的数据混合运算时，由编译系统自动完成。自动转换遵循以下规则：

1）算术运算的转换按照数据长度增加的方向进行，以保证精度不降低。例如，int 型数据和 long 型数据运算时，要先把 int 型数据转成 long 型数据后再进行运算。

2）所有的浮点运算都是以双精度进行的，即使仅含 float 单精度量运算的表达式，也要先转换成 double 型，再做运算。

3）char 型和 short 型参与运算时，必须先转换成 int 型。

4）在赋值运算中，赋值号两边的量的数据类型不同时，赋值号右边的量的类型将转换为左边的变量的类型。例如，

```
int  x;
x=1.8+5;
```

执行后 x 的值为 6。

图 3.1 给出了算术表达式中类型自动转换的规则。

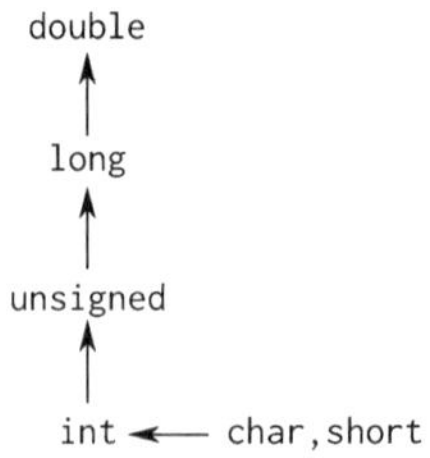

图 3.1 算术表达式中类型自动转换的规则

【例 3.5】数据类型自动转换。

```
#include<stdio.h>
void main()
{
  float PI=3.14159;
  int s,r=5;
  s=r*r*PI;
  printf("s=%d\n",s);
}
```

运行结果：

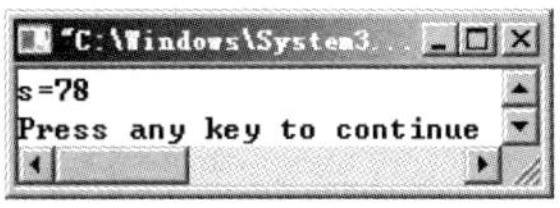

程序中，PI 为实型，s 和 r 为整型。在执行 s=r*r*PI 语句时，r 和 PI 都转换成 double 型计算，结果也为 double 型。但由于 s 为整型，所以赋值结果仍为整型，舍去了小数部分。

2. 强制类型转换

强制类型转换是通过类型转换运算来实现的。类型转换运算的一般形式为

(类型说明符) (表达式)

其功能是把表达式的运算结果强制转换成类型说明符所表示的类型。例如，

(float) a	把 a 转换为实型
(int)(x+y)	把 x+y 的结果转换为整型

在使用强制转换时应注意以下问题：

1）类型说明符和表达式都必须加括号（单个变量可以不加括号）。例如，若把(int)(x+y)写成(int)x+y，则变成把 x 转换成 int 型后再与 y 相加。

2）无论是强制转换还是自动转换，都不过是为了本次运算的需要而对变量的数据长度进行的临时性转换，它既不改变变量的值，又不改变变量的类型。

【例 3.6】数据类型强制转换。

```
#include<stdio.h>
void main()
{
  float f=5.75;
```

```
    printf("(int)f=%d,f=%f\n",(int)f,f);
}
```

运行结果：

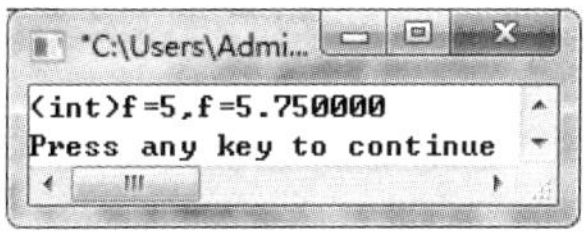

本例表明，f 虽强制转为 int 型，但只在运算中起作用，是临时的，而 f 本身的值和类型并不改变。因此，(int)f 的值为 5（删去了小数），而 f 的值仍为 5.75。

3.4 赋值运算符和赋值表达式

1. 赋值运算符

简单赋值运算符和表达式：简单赋值运算符记为"="；由"="连接的式子称为赋值表达式，其一般形式为

变量=表达式

例如，

```
x=a+b
w=sin(a)+sin(b)
y=i+++--j                    /* 相当于 y=(i++)+(--j) */
```

赋值表达式的功能是先计算表达式的值，再将该值赋给左边的变量。赋值运算符具有右结合性，因此

```
a=b=c=5
```

等价于

```
a=(b=(c=5))
```

在 C 语言中，把"="定义为运算符，从而组成赋值表达式。凡是表达式可以出现的地方均可出现赋值表达式。

例如，

```
x=(a=5)+(b=8);
```

是合法的，它的含义是把 5 赋给 a，把 8 赋给 b，再把 a 和 b 相加，相加的结果赋给 x，因此 x 应等于 13。

在 C 语言中也可以组成赋值语句。C 语言规定，任何表达式在末尾加上分号就构成语句。因此，

```
x=8;a=b=c=5;
```

都是赋值语句，前面的各例中我们已大量使用。

2. 类型转换

如果赋值运算符两边的数据类型不同，那么系统将自动进行类型转换，即把赋值号右边的类型换成左边的类型。具体规定如下：

1）实型赋予整型变量，舍去小数部分。前面的例 3.6 中说明了这种情况。

2）整型赋予实型变量，数值不变，但将以浮点形式存放，即增加小数部分（小数部分的值为 0）。

3）字符型赋予整型，由于字符型为 1 字节，而整型为 2 字节，故将字符的 ASCII 码值放到整型量的低 8 位中，高 8 位为 0。整型赋予字符型，只把低 8 位赋予字符量。

【例 3.7】 变量的赋值和类型转换。

```
#include<stdio.h>
void main()
{
  int a,b=322;
  float x,y=8.88;
  char c1='k',c2;
  a=y;
  x=b;
  a=c1;
  c2=b;     /* c2 为字符变量，值要小于 256，值为 b%256 的结果 66，相当于'B'的 ASCII 码 */
  printf("%d,%f,%d,%c\n",a,x,a,c2);
 }
```

运行结果：

本例说明了上述赋值运算中的类型转换的规则。a 为整型，实型量 y 赋值 8.88 后只取整数 8。x 为实型量，整型量 b 赋值 322 后，增加了小数部分。字符型量 c1 赋予 a 变为整型，整型量 b 赋予 c2 后取其低八位成为字符型（b 的低 8 位为 01000010，即十进制数 66，按 ASCII 码对应于字符 B）。

3. 复合赋值运算符

在赋值符“=”之前加上其他双目运算符可构成复合赋值运算符，如+=,-=, *=,/=, %=,<<=,>>=,&=,^=,|=。

复合赋值表达式的一般形式为

变量　双目运算符=表达式

它等效于

变量=变量 运算符 (表达式)

例如，

```
a+=5       等价于 a=a+(5)
x*=y+7     等价于 x=x*(y+7)
r%=p       等价于 r=r%(p)
```

复合赋值符这种写法对初学者来说可能不习惯，但它有利于编译处理，能够提高编译效率并产生质量较高的目标代码。

3.5　逗号运算符和逗号表达式

在 C 语言中，逗号“,”也是一种运算符，称为逗号运算符。逗号运算符的功能是把两个表达式连接起来组成一个表达式，称为逗号表达式。

逗号表达式的一般形式为

表达式 1,表达式 2

其求值过程是分别求两个表达式的值，并以表达式 2 的值作为整个逗号表达式的值。

【例 3.8】逗号表达式举例。

```
#include<stdio.h>
void main()
{
  int a=2,b=4,c=6,x,y;
  y=(x=a+b,b+c );
  printf("y=%d,x=%d\n",y,x);
}
```

运行结果：

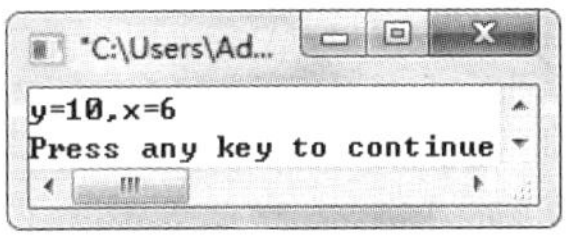

本例中，y 等于整个逗号表达式的值，即表达式 2 中 b+c 的值，x 是第一个表达式的值。对于逗号表达式，还需要说明如下两点：

1）一般形式的逗号表达式中，表达式 1 和表达式 2 也可扩展为如下形式：

表达式 1,表达式 2,…,表达式 n

从左向右依次求值，整个逗号表达式的值等于表达式 n 的值。

2）逗号表达式的优先级低于赋值运算符。因此，要把逗号表达式的值赋给一个变量，必须将逗号表达式用“()”括起来。

并非所有出现逗号的地方都组成逗号表达式。例如，在变量说明中，函数参数表中的逗号只用作各变量之间的分隔符。

3.6　本章小结

1. 运算符优先级和结合性

一般而言，运算符优先级从高到低的顺序为：单目运算符，算术运算符，关系运算符，逻辑与和逻辑或运算符，条件运算符，赋值运算符，如表 3.1 所示。多数运算符具有左结合性，单目运算符、三目运算符、赋值运算符具有右结合性。

2. 表达式

表达式是由运算符连接常量、变量、函数所组成的式子。每个表达式都有一个值和类型。

表达式求值按运算符的优先级和结合性所规定的顺序进行。

3. 数据类型转换

自动转换：在不同类型数据的混合运算中，由系统自动实现转换，从少字节类型向多字节类型转换。不同类型的量相互赋值时，也由系统自动进行转换，把赋值号右边表达式值的类型转换为左边变量的类型。

强制转换：由强制转换运算符完成转换。

习题

3.1 求如下算术表达式的值。

（1）x+a%3*(int)(x+y)%2/4，其中 x=2.5,a=7,y=4.7。

（2）(float)(a+b)/2+(int)x%(int)y，其中 a=2,b=3,x=3.5,y=2.5。

（3）设有以下变量定义并已赋值：

char w; int x; float y; double z;

则表达式“w*x+z-y”所求得结果的数据类型是______。

3.2 填空题。

（1）i 为 int 型变量，且初值是 3，有表达式 i++-3，则表达式的值是_____，变量 i 的值是______。

（2）i 为 int 型变量，且初值是 2，有表达式++i-3，则表达式的值是_____，变量 i 的值是______。

（3）若 x=1,y=2,z=3，则表达式 z+=++x+y++的值为______。

（4）若有定义 int y=3;float z=5.2,x=4.8;，则表达式 y+=(int)(x)+x+z 的值为______。

（5）若 x=2,y=3，则 x%=y+3 的值为______。

（6）表达式 a=(b=8)/(c=2)的值为_______。

3.3 写出如下程序的运行结果。

```
#include<stdio.h>
void main( )
{
  int i,j,m,n;
  i=8;
  j=10;
  m=++i;
  n=j++;
  printf("%d,%d,%d,%d",i,j,m,n);
}
```

3.4 如果定义了 int a=12,n=5;，分别写出如下表达式运算后的 a 值。

（1）a+=a

（2）a-=2

（3）a*=2+3

（4）a/=a+a

（5）a%=(n%=2)

（6）a+=a-=a*=a

第 4 章　顺序结构程序设计

从程序流程的角度来看，程序可以分为三种基本结构，即顺序结构、分支结构和循环结构。这三种基本结构可以组成各种复杂的程序。C 语言提供了多种语句来实现这些程序结构。本章介绍这些基本语句及其在顺序结构中的应用，使读者对 C 程序有一个初步的认识，为后续各章的学习打下基础。

4.1　C 程序中的语句

C 语言的程序结构可以用图 4.1 表示，即一个 C 语言程序可由若干源程序文件组成，一个源程序文件可以由预处理命令、全局变量声明部分及若干函数组成，一个函数由函数首部和函数体组成，函数体由数据声明部分和执行部分组成。数据部分的内容不应称为语句（例如，`int k;`不是一个 C 语句，而只是对变量的定义），而执行部分是由语句组成的。根据 C 语言的语法，语句可分为单个语句、复合语句和空语句。根据结构化程序设计的思想，语句大致可分为如下几种：用于顺序结构中的表达式语句、赋值语句、函数调用语句等；用于分支结构中的 `if` 语句、`switch` 语句、转移语句、标号语句；用于循环结构中的 `while` 语句、`do...while` 语句和 `for` 语句。另外，在后面两种结构中还可以出现 `continue` 语句、`break` 语句、复合语句和空语句等。概括起来，C 语言中的语句可分为 5 类，分别是表达式语句、函数调用语句、空语句、复合语句、控制语句。

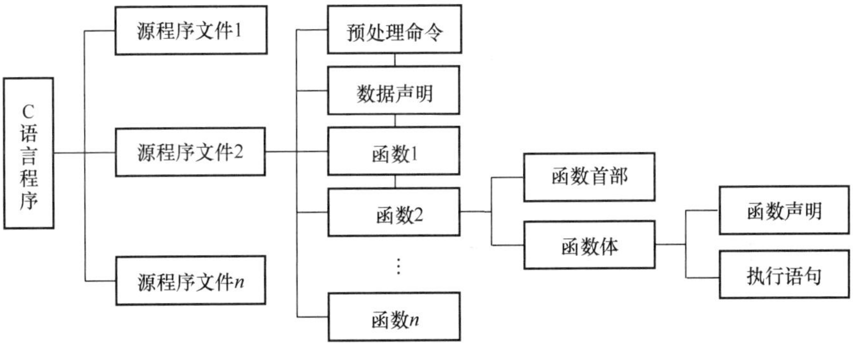

图 4.1　C 语言的程序结构

1. 表达式语句

在 C 语言中，一个表达式加上一个分号就构成了一个表达式语句。最典型的是，赋值表达式后面加上分号就构成了赋值语句。表达式语句的一般形式为

```
表达式;
```

例如，

```
sum=0;
i=1;
sum=sum+i;
```

```
i=i+2;
```

上述 4 个语句均为赋值语句。

2. 函数调用语句

一个函数调用加一个分号构成一个语句，其作用主要是完成特定的任务。函数调用语句的一般形式为

```
函数名(实际参数表);
```

例如，

```
printf("s=%d\n",s);
```

是由一个 printf 格式输出函数加上一个分号构成的函数调用语句。

3. 空语句

仅由一个分号构成的语句是空语句。空语句的一般形式为

```
;
```

空语句是什么也不执行的语句。在程序中，空语句常用作空循环体，起延时作用。

例如，

```
while(getchar()!='\n');
```

4. 复合语句

用一对花括号括起来的若干语句称为复合语句，复合语句在语法上相当于一条语句。复合语句的一般形式为

```
{
    [内部数据描述语句]
    数据描述语句 1;
    ...
    数据描述语句 n;
}
```

其中，用[]括起来的部分可有可无，根据具体要求而定，{…}是嵌套在函数体花括号内部的复合语句，结构形式与函数体一致。例如，

```
{
     a=3;
     b=5;
     printf("a=%d,d=%d\n",a,b);
}
```

需要注意的是，复合语句内的各条语句都必须以分号结尾，在最后的大括号“}”外不能加分号。

5. 控制语句

控制语句用来规定语句的执行顺序。C 语言中有 9 种控制语句，具体如下：

```
if()-else              （条件语句）
switch                 （多分支选择语句）
```

```
while()               （循环语句）
do-while()            （循环语句）
for()                 （循环语句）
continue              （结束本次循环）
break                 （退出循环或 switch 语句）
goto                  （转移语句）
return                （返回语句）
```

上面 9 种语句中的()表示其中的一个条件，“-”表示内嵌的语句。例如，

```
if(x>y)
   z=x;
else
   z=y;
```

4.2 赋值语句

赋值语句是由赋值表达式加上分号构成的语句，其一般形式为

```
变量=表达式;
```

赋值语句的功能和特点都与赋值表达式相同，是程序中使用得最多的语句之一。

使用赋值语句时，需要注意以下几点。

1）由于赋值符“=”右边的表达式也可以是一个赋值表达式，因此形式

```
变量=(变量=表达式);
```

是成立的，从而形成嵌套的情形。其展开之后的一般形式为

```
变量=变量=...=表达式;
```

例如，

```
a=b=c=d=e=5;
```

按照赋值运算符的右接合性，它实际上等效于

```
e=5;
d=e;
c=d;
b=c;
a=b;
```

2）在变量说明中给变量赋初值和赋值语句的区别。

给变量赋初值是变量说明的一部分，赋初值后的变量与其后的其他同类变量之间仍然必须用逗号分隔，而赋值语句必须用分号结尾。例如，

```
int a,b=5,c;
```

3）在变量说明中，给多个变量赋初值时要注意格式。

例如，下述说明是错误的：

```
int a=b=c=5;
```

必须写为

```
int a=5,b=5,c=5;
```

只有赋值语句允许连续赋值。例如，写 a=b=c=7;是可以的。

4）注意赋值表达式和赋值语句的区别。

赋值表达式是一种表达式，它能出现在任何允许表达式出现的地方，而赋值语句则不能。例如，下述语句是合法的：

```
if((x=y+5)>0) z=x;
```

该语句的功能是，若表达式 x=y+5 大于 0，则 z=x。

又如，下述语句是非法的：

```
if((x=y+5;)>0) z=x;
```

因为 x=y+5;是语句，不能出现在表达式中。

4.3 数据的输入/输出

输入/输出是相对于计算机这一主体而言的。输入是指通过键盘等输入设备把数据传送到计算机，输出是指把计算机中的数据送到显示器或打印机等外部设备上。

C 语言中没有输入/输出语句，所有数据的输入/输出操作都是通过调用输入/输出库函数实现的。使用 C 语言库函数时，要用预编译命令：

```
#include<stdio.h>
```

考虑到 printf 和 scanf 函数使用频繁，C 语言在使用这两个函数时允许省略上面这一行预编译命令，但最好不要省略，因为很多其他库函数会用到它。

4.3.1 字符数据的输入/输出

1. putchar 函数（键盘输出函数）

putchar 函数是字符输出函数，其功能是在显示器上输出单个字符。其一般形式为

```
putchar(字符变量);
```

例如，

```
putchar('A');        （输出大写字母 A）
putchar(65);         （输出大写字母 A，因为'A'的 ASCII 码值为 65）
putchar(x);          （输出字符变量 x 的值对应的字符）
putchar('\101');     （也是输出字符 A）
putchar('\n');       （换行）
```

对控制字符，则执行控制功能，而不在屏幕上显示。

在使用本函数之前，必须用文件包含命令：

```
#include<stdio.h>
```

【例 4.1】 输出单个字符。

```
#include<stdio.h>
```

```
void main()
{
  char a='B',b='o',c='k';
  putchar(a);putchar(b);putchar(b);putchar(c);putchar('\t');
  putchar(a);putchar(b);
  putchar('\n');
  putchar(b);putchar(c);
 }
```

运行结果：

2. getchar 函数（键盘输入函数）

getchar 函数的功能是从键盘上输入一个字符。其一般形式为

```
getchar();
```

通常把输入的字符赋予一个字符变量，构成赋值语句。例如，

```
char c;
c=getchar();
```

【例 4.2】 输入单个字符。

```
#include<stdio.h>
void main()
{
  char c;
  printf("input a character\n");
  c=getchar();
  putchar(c);
  putchar('\n');
}
```

运行结果：

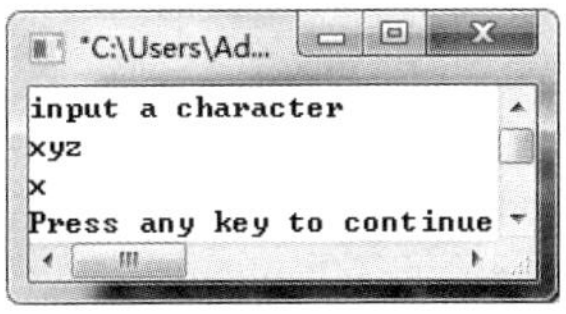

使用 getchar 函数时，应注意如下几个问题：

1）getchar 函数只能接收单个字符，输入数字也按字符处理，输入多于一个字符时，只接收第一个字符，输入结束必须按回车键。

2）使用本函数前必须包含文件“stdio.h”。

3）在 VC++编辑屏幕下运行含有本函数的程序时，将进入 VC++运行屏幕等待用户输入。输入完毕再返回 VC++编辑屏幕。

4.3.2 格式输出函数

printf 函数称为格式输出函数，其关键字最末一个字母 f 即为“格式”（format）之意。其功能是按用户指定的格式，把指定的数据显示到显示器屏幕上。在前面的例题中我们已经多次使用过这个函数。

1. printf 函数调用的一般形式

printf 函数是一个标准库函数，其函数原型在头文件“stdio.h”中。然而，作为一个特例，不要求在使用 printf 函数之前必须包含 stdio.h 文件。

printf 函数调用的一般形式为

```
printf("格式控制字符串",输出表列);
```

其中，格式控制字符串用于指定输出格式。格式控制字符串可由格式字符串和非格式字符串两部分组成。格式字符串是以%开头的字符串，在%后面跟有各种格式字符，以说明输出数据的类型、形式、长度、小数位数等。例如，“%d”表示按十进制整型输出，“%ld”表示按十进制长整型输出，“%c”表示按字符型输出等。

非格式字符串在输出时原样照印，在显示中起提示作用。

输出表列中给出各个输出项，要求格式“%字符串”和各输出项在数量和类型上一一对应。一般输出项的个数等于格式说明符的个数，但如果输出项的个数多于格式控制说明符的个数，那么没有格式控制说明符的输出项不输出；如果格式控制说明符的个数多于输出项的个数，那么按格式控制说明符输出对应输出项的值，对于多余的格式说明符输出随机值（不确定值）。

【例 4.3】整型数据的多种输出格式。

```
main()
{
  int a=88,b=89;
  printf("%d %d\n",a,b);
  printf("%d,%d\n",a,b);
  printf("%c,%c\n",a,b);
  printf("a=%d,b=%d\n ",a,b);
}
```

运行结果：

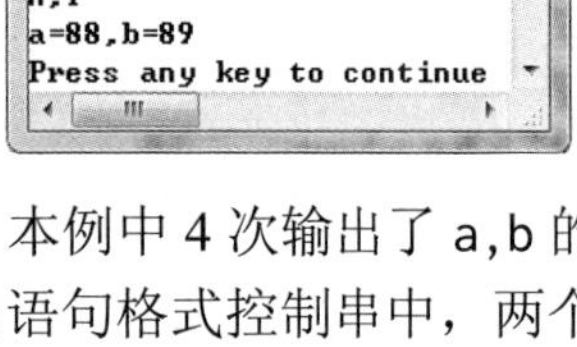

本例中 4 次输出了 a,b 的值，但由于格式控制串不同，输出的结果也不同。在第 4 行的输出语句格式控制串中，两个格式串%d 之间加了一个空格（非格式字符），所以输出的 a,b 值之间有一个空格。在第 5 行的 printf 语句格式控制串中，加入的是非格式字符逗号，因此输出的 a,b 值之间加了一个逗号。第 6 行的格式串要求按字符型输出 a,b 值。第 7 行中为了提示输出结果又增加了非格式字符串。

注意：与前面的例题相比，本例中省略了#include<stdio.h>和 void。在 VC++ 2010 中，调试程序应该存储为扩展名为.c 的文件，如果存储为扩展名为.cpp 的文件，那么程序报错。

2. 格式字符串

在 VC++中，格式字符串的一般形式为

%[标志][输出最小宽度][.精度]类型

其中，方括号[]中的项为可选项。

各项的意义介绍如下：

1）类型：类型字符用以表示输出数据的类型，其格式字符和意义如表 4.1 所示。

表 4.1　printf 的格式字符和意义

格式字符	意　义
d	以十进制形式输出带符号整数（正数不输出符号）
o	以八进制形式输出无符号整数（不输出前缀 0）
x,X	以十六进制形式输出无符号整数（不输出前缀 0x）
u	以十进制形式输出无符号整数
f	以小数形式输出单、双精度实数
e,E	以指数形式输出单、双精度实数
g,G	以%f 或%e 中较短的输出宽度输出单、双精度实数
c	输出单个字符
s	输出以'\0'结尾的字符串

2）标志：标志字符的意义如表 4.2 所示。

表 4.2　printf 的标志字符和意义

标志字符	意　义
-	结果左对齐，右边填空格
+	输出数值带符号（正号或负号）
m	m 为整数，输出数据的宽度
.n	n 为整数，输出实数表示小数位数，输出字符串则表示截取字符个数

3）输出最小宽度 m：用十进制整数来表示输出的最少位数。若实际位数多于定义的宽度，则按实际位数输出；若实际位数少于定义的宽度，则补以空格。

4）精度 n：精度格式符以“.”开头，后跟十进制整数。本项的意义是：若输出的是数字，则表示小数的位数；若输出的是字符，则表示输出字符的个数；若实际位数大于所定义的精度数，则截去超过的部分。

【例 4.4】整型和实型数据输出举例。

```
#include<stdio.h>
void main()
{
  int a=15;
  float b=123.1234567;
  double c=12345678.1234567;
```

```
  char d='p';
  printf("a=%d,%5d,%o,%x\n",a,a,a,a);
  printf("b=%f,%lf,%5.4f,%e\n",b,b,b,b);
  printf("c=%lf,%f,%8.4lf\n",c,c,c);
  printf("d=%c,%8c\n",d,d);
}
```

运行结果：

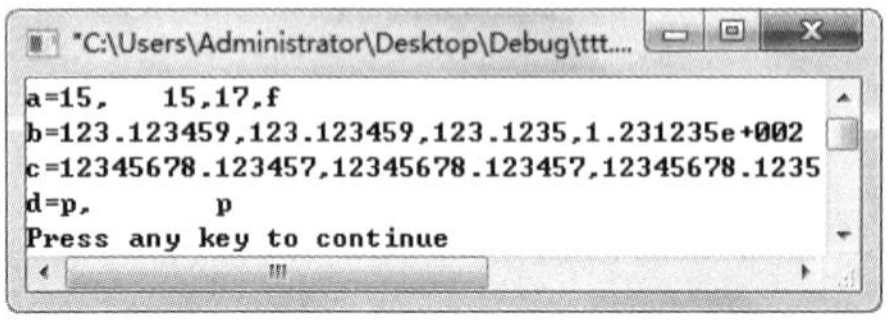

本例中的第一个 printf 以四种格式输出整型变量 a 的值，其中“%5d”要求输出宽度为 5，而 a 值为 15，只有两位，故补 3 个空格。第二个 printf 以 4 种格式输出实型变量 b 的值，其中“%f”和“%lf”格式的输出相同，说明“l”符号对“f”类型无影响。“%5.4lf”指定输出宽度为 5，精度为 4，由于实际长度超过 5，故应按实际位数输出，小数位数超过 4 位的部分被截去。第三个 printf 输出双精度实数，“%8.4lf ”由于指定精度为 4 位，故截去了超过 4 位的部分。第四个 printf 输出字符变量 d，其中“%8c”指定输出宽度为 8，故在输出字符 p 之前补加 7 个空格。在 VC++中，printf 函数的格式描述符%f 和%lf 的结果是一样的。

使用 printf 函数时还要注意一个问题，即输出表列中的求值顺序在 VC++编译系统中是从右到左的。请看下面两个例子。

【例 4.5】 输出列表求值顺序举例 1。

```
#include<stdio.h>
void main()
{
   int i=8;
   printf("%d\n%d\n%d\n",++i,i--,i--);
}
```

运行结果：

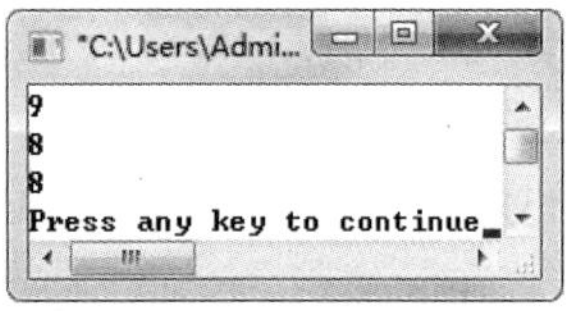

【例 4.6】 输出列表求值顺序举例 2。

```
#include<stdio.h>
void main()
{
  int i=8;
  printf("%d\n",++i);
  printf("%d\n",i--);
  printf("%d\n",i--);
```

```
}
```

运行结果：

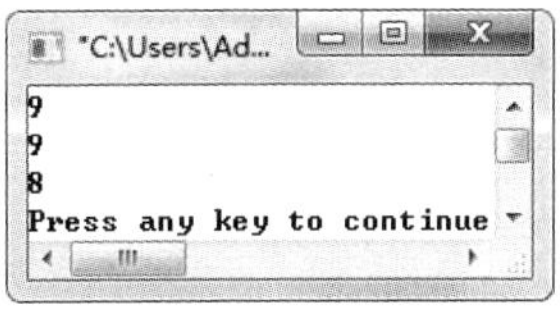

这两个程序的区别是，分别用一个 printf 语句和多个 printf 语句输出。然而，结果却不相同。为什么结果会有不同呢？原因是 printf 函数对输出列表中各变量求值的顺序是从右至左进行的。在第一个例题中，首先对最后一项“i--”求值，结果为 8；然后对“i--”项求值，得到 8；最后求输出表列中的第一项“++i”，此时 i 自增 1 后输出 9。

但要注意的是，虽然求值顺序是从右至左的，但是输出顺序还是从左至右的，因此得到的结果就是上述输出结果。

4.3.3　格式输入函数

scanf 函数称为格式输入函数，它按照用户指定的格式从键盘上把数据输入到指定的变量中。

1. scanf 函数的一般形式

scanf 函数是一个标准库函数，其函数原型在头文件“stdio.h”中。与 printf 函数相同，C 语言也允许在使用 scanf 函数之前不必包含 stdio.h 文件。

scanf 函数的一般形式为

```
scanf("格式控制字符串",地址表列);
```

其中，格式控制字符串的作用与 printf 函数中的相同，但不能显示非格式字符串，即不能显示提示字符串。地址表列中给出各变量的地址。地址是由地址运算符“&”后跟变量名组成的。例如，

```
&a, &b
```

分别表示变量 a 和变量 b 的地址。

这个地址就是编译系统在内存中给 a,b 变量分配的地址。在 C 语言中，应区分变量的值和变量的地址这两个不同的概念。变量的地址是 C 编译系统分配的，用户不必关心具体的地址是多少。

变量的地址和变量值的关系如下。

例如，

```
a=567;
```

则 a 为变量名，567 是变量的值，&a 是变量 a 的地址。

但在赋值号的左边是变量名，不能写地址，而 scanf 函数本质上也是给变量赋值，但要求写变量的地址，如&a。两者在形式上是不同的：&是一个取地址运算符；&a 是一个表达式，其功能是求变量的地址。

【例 4.7】格式输入函数举例。

```
#include<stdio.h>
```

```
void main()
{
  int a,b,c;
  printf("input a,b,c\n");
  scanf("%d%d%d",&a,&b,&c);
  printf("a=%d,b=%d,c=%d",a,b,c);
}
```

运行结果：

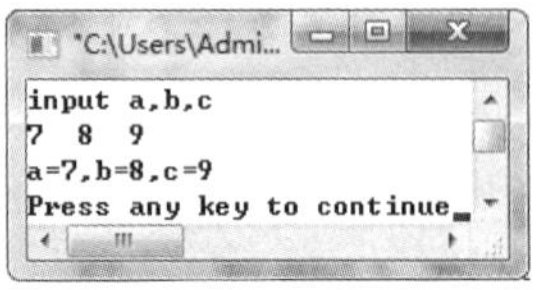

在本例中，由于 scanf 函数本身不能显示提示串，因此先用 printf 语句在屏幕上输出提示，请用户输入 a,b,c 的值。执行 scanf 语句，则进入 VC++运行屏幕等待用户输入。用户输入“7　8　9”后按回车键，此时 VC++运行屏幕继续显示输出结果。在 scanf 语句的格式串中，由于没有非格式字符在“%d%d%d”之间作为输入时的间隔，因此在输入时要用一个以上的空格或回车键或 Tab 键作为每两个输入数之间的间隔。例如，

```
7  8  9↙
```

或

```
7↙
8↙
9↙
```

注意：此处输入 7,8,9 并回车是错误的。若打算这样输入 a,b,c 的值，则 scsnf 语句应该写成的格式为 scanf("%d,%d,%d",&a,&b,&c);。

2. 格式字符串

格式字符串的一般形式为

%[输入数据宽度][长度]类型

其中带方括号[]的项为任选项。各项的意义如下。

1）类型：表示输入数据的类型，其格式符和意义如表 4.3 所示。

表 4.3　scanf 函数中的格式符和意义

格式符	意　义	格式符	意　义
d	输入十进制整数	f 或 e	输入单精度实型数（用小数形式或指数形式）
o	输入八进制整数	lf 或 le	输入双精度实型数（用小数形式或指数形式）
x	输入十六进制整数	c	输入单个字符
u	输入无符号十进制整数	s	输入字符串

2）数据宽度：用十进制整数指定输入的宽度（即字符数）。

例如，

```
scanf("%5d",&a);
```

输入 12345678 时，只把 12345 赋予变量 a，其余部分被截去。

又如，

```
scanf("%4d%4d",&a,&b);
```

输入 12345678 时，把 1234 赋予变量 a，而把 5678 赋予变量 b。

3）长度：长度格式符为 l 和 h，l 表示输入长整型数据（如%ld）和双精度实数（如%lf），h 表示输入短整型数据。

使用 scanf 函数时还必须注意以下几点：

① scanf 函数中没有精度控制，如 scanf("%5.2f",&a);是非法的，不能用此语句输入小数位为 2 位的实数。

② scanf 中要求给出变量地址，若给出变量名则会出错。如 scanf("%d",a);是非法的，改为 scnaf("%d",&a);才是合法的。

③ 在输入多个数值数据时，若格式控制串中没有非格式字符作为输入数据之间的间隔，则可用空格、Tab 键或回车作为间隔。C 语言在编译时，如果碰到空格、Tab 键、回车或非法数据（如对“%d”输入“12A”时，A 即为非法数据），那么认为该数据结束。

④ 在输入字符数据时，若格式控制串中无非格式字符，则认为所有输入的字符均为有效字符。

例如，

```
scanf("%c%c%c",&a,&b,&c);
```

若输入为

```
d e f
```

则把'd'赋予 a，把' '赋予 b，把'e'赋予 c。只有当输入为 def 时，才把'd'赋予 a，把'e'赋予 b，把'f'赋予 c。

如果在格式控制中加入空格作为间隔，如

```
scanf("%c %c %c",&a,&b,&c);
```

那么输入时各数据之间必须加空格。

【例 4.8】格式输入举例 1。

```
#include<stdio.h>
void main()
{
  char a,b;
  printf("input character a,b\n");
  scanf("%c%c",&a,&b);
  printf("%c%c\n",a,b);
}
```

运行结果：

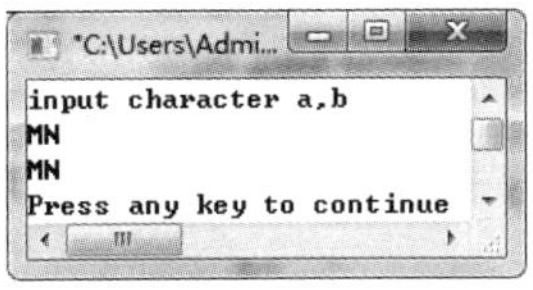

由于 scanf 函数的"%c%c"中没有空格，若输入“M N”，则输出中只有 M 和空格；输入改为“MN”时，可输出 MN 两个字符。

【例 4.9】格式输入举例 2。

```
#include<stdio.h>
void main()
{
  char a,b;
  printf("input character a,b\n");
  scanf("%c %c",&a,&b);
  printf("%c%c\n",a,b);
}
```

运行结果：

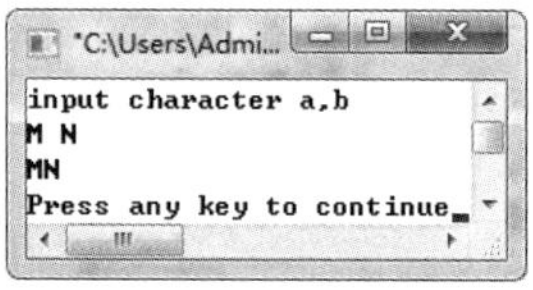

本例表示 scanf 的格式控制串"%c %c"之间有空格时，输入的数据之间应该有空格间隔。

① 如果格式控制串中有非格式字符，那么输入时也要输入该非格式字符。例如，

```
scanf("%d,%d,%d",&a,&b,&c);
```

其中用非格式符“,”作为间隔符，输入应为

```
5,6,7
```

又如，

```
scanf("a=%d,b=%d,c=%d",&a,&b,&c);
```

输入应为

```
a=5,b=6,c=7
```

② 输入的数据与输出的类型不一致时，虽然编译能够通过，但是结果将不正确。

【例 4.10】格式输入的格式符与变量不匹配。

```
#include<stdio.h>
void main()
{
  double a;
  printf("input a number\n");
  scanf("%f",&a);
  printf("%f\n",a);
}
```

运行结果：

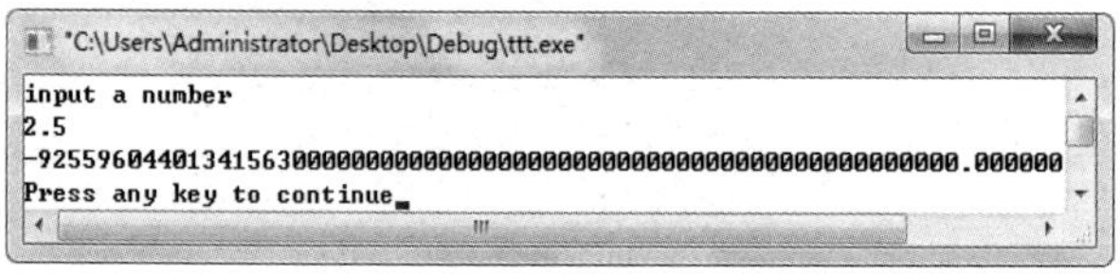

输入 2.5 并回车后，a 的值不正确。

由于输入数据类型为双精度实型，scanf 函数的格式串应为%lf，因此现在 a 不能正确赋值。程序改动如下。

【例 4.11】格式输入的正确格式。

```
#include<stdio.h>
void main()
{
  double a;
  printf("input a number\n");
  scanf("%lf",&a);
  printf("%f\n",a);
}
```

运行结果：

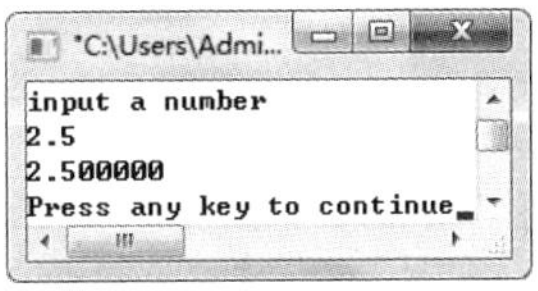

运行结果正确。

【例 4.12】输入三个小写字母，输出其 ASCII 码和对应的大写字母。

```
#include<stdio.h>
void main()
{
  char a,b,c;
  printf("input character a,b,c\n");
  scanf("%c,%c,%c",&a,&b,&c);
  printf("%d,%d,%d\n%c,%c,%c\n",a,b,c,a-32,b-32,c-32);
}
```

运行结果：

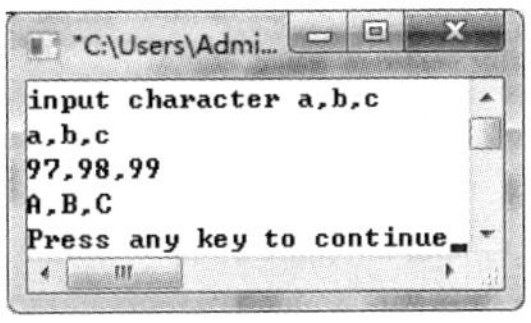

【例 4.13】输出各种数据类型的字节长度。

```
#include<stdio.h>
void main()
{
int a;
 long b;
 float f;
 double d;
 char c;
 printf("int:%d\nlong:%d\nfloat:%d\ndouble:%d\nchar:%d\n",
```

```
        sizeof(a),sizeof(b),sizeof(f),sizeof(d),sizeof(c));
}
```

运行结果：

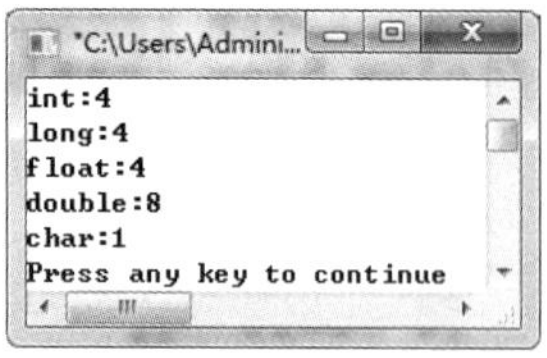

常用输入输出函数使用注意事项：

printf()中输出格式符%d 的含义是以带符号的十进制形式输出整数；%o 的含义是以无符号的八进制形式输出整数；%x 的含义是以无符号的十六进制形式输出整数。需要注意的另一点是，C 语言中常用加前缀或后缀的方法来表示常数的不同类型和形式。

在 scanf 语句的格式控制字符串（即双引号内的字符串）中，除格式说明外，还有其他字符，从键盘输入数据时应输入与这些字符相同的字符。

getchar()函数从键盘输入一个字符，该函数无参数，一般形式为 getchar()，函数值是从键盘得到的字符。

putchar()函数向显示器输出一个字符，返回值是输出的字符。其一般形式为 putchar(c)，其中 c 可以是字符型常量、字符型变量、整型常量、整型变量表达式。

使用标准输入/输出函数时，要用#include<stdio.h>预编译命令。

4.4　程序举例

【例 4.14】 输入圆锥体的底面半径和高，求圆锥体的体积和侧面积。已知底面半径（r）和高（h），求圆锥体的体积（v）和侧面积（s）时，可以使用下面的公式：

$$v = \pi r^2 h / 3,\quad s = \pi r\sqrt{r^2 + h^2}$$

其中涉及 4 个实型变量 r,h,v 和 s。由于 C 语言的基本字符集中不包含符号 π，因此程序中不能直接使用它。我们设置一个符号常量 PI，并用#define 命令将它定义为 3.1415926，这样在程序中使用 PI 就等价于使用 3.1415926。此外，由于题目中并未给定 r 和 h 的值，因此应使用输入函数调用语句来为 r 和 h 赋值。传统流程图和 N-S 图描述的算法如图 4.2 所示。

依据图 4.2 描述的算法，编写程序如下。

```
#include<stdio.h>
#include<math.h>
#define PI 3.1415926
void main()
{
  float r,h,l,v,s;
  printf("input r and h: ");
  scanf("%f,%f",&r,&h);
  v=PI*r*r*h/3;
  l=sqrt(r*r+h*h);
  s=PI*r*l;
  printf("v=%7.3f\ts=%7.3f\n",v,s);
```

```
}
```

运行结果：

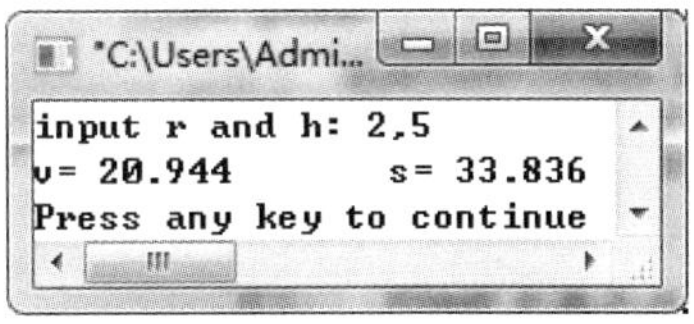

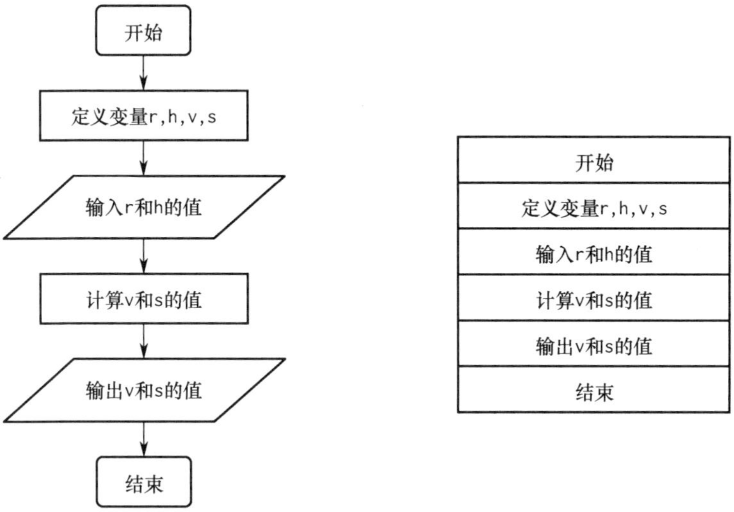

(a) 流程图描述　　(b) N-S图描述

图 4.2　例 4.14 的流程图和 N-S 图描述的算法

程序说明：表达式中的乘号“*”不能省略，C 语言中没有乘方运算，r^2 可以写成 r*r。$v=\pi r^2 h/3$ 不能写成 $v=1/3\pi r^2 h$，因为 1/3 的结果是 0，0 和后面的变量值相乘后结果是 0.0。另外，程序中使用了求平方根的标准函数 sqrt，因此，程序开始时需要使用预处理命令

```
#include<math.h>
```

其中“math.h”是包含数学函数 sqrt 的头文件。

【例 4.15】 输入三角形三条边的长度，求三角形的面积。

已知三角形的三条边长 a, b, c，则该三角形的面积公式为

$$\text{area}=\sqrt{s(s-a)(s-b)(s-c)}$$

其中 $s=(a+b+c)/2$。

源程序如下：

```
#include<math.h>
#include<stdio.h>
void main()
{
float a,b,c,s,area;
 scanf("%f,%f,%f",&a,&b,&c);
 s=1.0/2*(a+b+c);
 area=sqrt(s*(s-a)*(s-b)*(s-c));
 printf("a=%7.2f,b=%7.2f,c=%7.2f,s=%7.2f\n",a,b,c,s);
```

```
 printf("area=%7.2f\n",area);
}
```

运行结果：

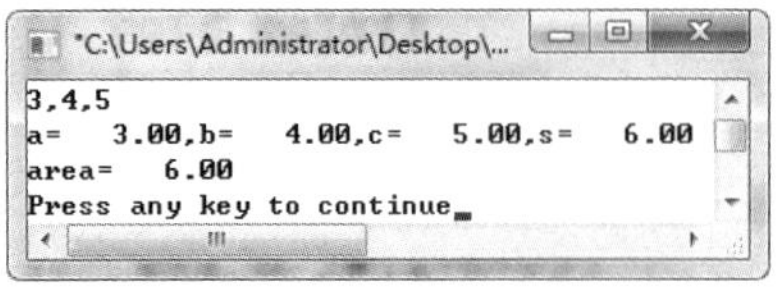

4.5　本章小结

本章讲述了顺序结构程序设计、赋值语句和常用的输入/输出函数，并通过几个例子说明了程序设计的基本方法。本章虽然比较简单，但很重要，是程序设计的基础，必须好好掌握。

计算机是完全按照程序执行的，程序中的任何错误都会造成最后计算的失败，因此我们必须仔细地进行设计，并注意书写格式，尽量避免错误。尽管如此，错误有时还是难免出现，这时可以根据计算机提供的出错信息及对结果数据的分析，找出错误原因，改正后重新编译、运行程序。

习题

4.1　C 语言的语句有哪几类？

4.2　怎样区分表达式和表达式语句？什么时候用表达式？什么时候用表达式语句？

4.3　已知梯形的上底、下底和高，计算梯形的面积。

4.4　输入一个华氏温度，要求输出摄氏温度。华氏温度转换为摄氏温度的公式为

$$c=\frac{5}{9}(F-32)$$

输出要有文字说明，取 2 位小数。

4.5　任意输入一个字符，输出此字符对应的 ASCII 码。

4.6　输入两个整数给变量 x,y，求 x,y 之和、差、积，以及 x/y 的商和余数。

4.7　已知半径 $r=3.4$ cm，求圆的周长和面积（保留 2 位小数）。

4.8　若有说明 int x=10,y=20;，请写出各 printf 语句的输出结果。

（1）printf("%3x\n",x+y);

（2）printf("%3o\n",x*y);

（3）printf("%3o\n", x%y);

（4）printf("%3x\n",(x%y,x-y,x+y));

4.9　设有说明 int a=1234;，请写出各 printf 语句的输出结果。

（1）printf("%05d\n",a);

（2）printf("%-5d\n",a);

（3）printf("%05d\n",a++);

（4）printf("%%05d\n",--a);

4.10　执行下列语句时，若输入数据 1234 01234%67 1234<回车>，则变量 a 的值为____，b 的值为____，s 的值为____，c 的值为____。

```
int a
float b,c;
char s;
scanf("%d%f%c%f\n",&a,&b,&s,&c);
```

4.11 编写程序，用 getchar 函数读入两个字符给 c1 和 c2，分别用 putchar 函数和 printf 函数输出这两个字符，并思考以下问题：

（1）变量 c1、c2 是应定义为字符型还是应定义为整型？还是二者皆可？

（2）要求输出 c1 和 c2 值的 ASCII 码时，应如何处理？是用 putchar 函数还是用 printf 函数？

（3）整型变量与字符变量在任何情况下是否都能互相代替？例如，

```
char c1,c2;
```

与

```
int c1,c2;
```

是否无条件地等价？

4.12 执行以下程序时输入 1234567<回车>，则输出结果是_______。

```
#include<stdio.h>
void main()
        { int a=1;b;
          scanf("%2d%2d",&a,&b);
          printf("%d   %d",a,b);
         }
```

4.13 已知字符'A'和'0'的 ASCII 码为 65 和 48，以下程序运行后的输出结果是_______。

```
#include<stdio.h>
void main()
        { char a,b;
         a='b'+'5'-'3';b=a+'6'-'2';
         printf("%d , %c\n",a,b);
        }
```

4.14 有如下程序，运行该程序的输出结果是_______。

```
#include<stdio.h>
void main()
        {
          int y=3,x=3,z=1;
          printf("%d %d\n",(++x,y++),z+2);
        }
```

4.15 以下程序输出的结果是_______。

```
#include<stdio.h>
void main()
        {int a=0;
         a+=(a=8);
         printf("%d\n",a);
        }
```

第 5 章　分支结构程序设计

5.1　关系运算符和表达式

在程序中经常需要比较两个量的大小，以决定程序的下一步工作。比较两个量的运算符称为关系运算符。

5.1.1　关系运算符及其优先次序

在 C 语言中，有以下 6 个关系运算符：

1）<　　小于

2）<=　　小于等于

3）>　　大于

4）>=　　大于等于

5）==　　等于

6）!=　　不等于

关系运算符都是双目运算符，其结合性均为左结合。关系运算符的优先级低于算术运算符的优先级，但高于赋值运算符的优先级。在 6 个关系运算符中，前 4 个关系运算符<、<=、>和>=的优先级相同，它们的优先级高于==和!=的优先级，==和!=的优先级相同。

注意：“>=”不能写成“> =”或“=>”，其他关系运算符也是固定的，不可写错。

5.1.2　关系表达式

关系表达式的一般形式如下：

表达式 关系运算符　表达式

例如，

```
a+b>c-d
x>3/2
'a'+1<c
-i-5*j==k+1
```

都是合法的关系表达式。由于关系表达式中的两个表达式也可以是另外一个关系表达式，因此允许出现嵌套的情况。例如，

```
a>(b>c)
a!=(c==d)
```

关系表达式的值是“真”和“假”，分别用“1”和“0”表示。例如，关系表达式 5>0 的值为“真”，即为 1；关系表达式(a=3)>(b=5)由于 3>5 而不成立，故其值为“假”，即为 0。

【例 5.1】 输出关系表达式的值。

```
#include<stdio.h>
void main()
```

```
{
  char c='k';
  int i=1,j=2,k=3;
  float x=3e+5,y=0.85;
  printf("%d\n",9>8>5);
  printf("%d,%d\n",'a'+5<c,-i-2*j>=k+1);
  printf("%d,%d\n",1<j<5,x-5.25<=x+y);
  printf("%d,%d\n",i+j+k==-2*j,k==j==i+5);
}
```

运行结果：

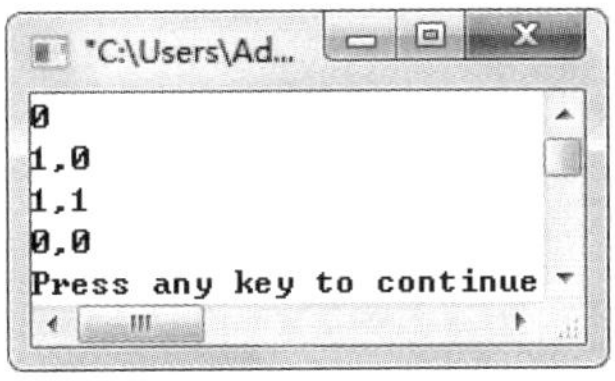

本例中求出了各种关系表达式的值。第 7 行的 9>8>5 等价于(9>8)>5，结果为 0。因为 9>8 的结果为 1，然后 1>5 的结果为 0。

字符变量是以其对应的 ASCII 码参与运算的。对于含多个关系运算符的表达式，如 k==j==i+5，根据运算符的左结合性，表达式等价于(k==j)==(i+5)，即先计算 k==j，该式不成立，其值为 0，再计算 0==(i+5)，也不成立，故表达式的值为 0。

5.2　逻辑运算符和表达式

有时需要表达关系与关系之间的复杂关系，这时就要用到逻辑运算符和逻辑表达式。

例如，要表达 $a \geqslant x \geqslant b$ 这种数学意义上的关系，表达式直接写成 a>=x>=b 是错误的，该表达式等价于(a>=x)>=b。因为关系运算符是双目运算符，只能两两比较，因此(a>=x)的结果只能是 1 或 0，再用该结果与 b 值比较是不合乎逻辑的，而应写为

```
a>=x && x>=b
```

或

```
(a>=x) && (x>=b)
```

其中，&&为逻辑“与”运算符，它表示左侧“与”右侧的两个量都为真（非 0）时，结果才为真（1），否则为假（0）。

5.2.1　逻辑运算符及其优先次序

C 语言中提供了三种逻辑运算符：

1）!　　非运算符

2）&&　与运算符

3）||　或运算符

非运算符!为单目运算符，具有右结合性。与运算符&&和或运算符||均为双目运算符，

具有左结合性。逻辑运算符和其他运算符的优先级关系如图 5.1 所示。

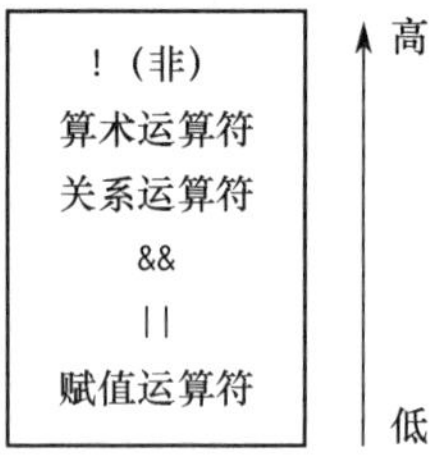

图 5.1 逻辑运算符和其他运算符的优先级关系

由图可知，优先级从高到底为：(非）→&&（与）→||（或）。&&和||的优先级低于关系运算符的优先级，!的优先级高于算术运算符的优先级。

按照运算符的优先级顺序，可以得出如下结果：

a>b && b>c　　等价于　　(a>b)&&(b>c)

!b==c||d<a　　等价于　　((!b)==c)||(d<a)

a+b>c && x+y<b　　等价于　　((a+b)>c)&&((x+y)<b)

5.2.2 逻辑运算的值

逻辑运算的值也是两种，即“真”和“假”，分别用“1”和“0”表示。其求值规则如下。

1)“与”运算&&：参与运算的两个量都为真时，结果才为真，否则为假。

例如，

```
5>0 && 4>2
```

由于 5>0 为真，4>2 也为真，因此相“与”的结果也为真，即值为 1。

2)“或”运算||：参与运算的两个量中，只要有一个为真，结果就为真。两个量都为假时，结果为假。

例如，

```
5>0||5>8
```

由于 5>0 为真，因此相“或”的结果也为真。

3)“非”运算!：参与运算的量为真时，结果为假；参与运算的量为假时，结果为真。

例如，

```
!(5>0)
```

的结果为假，即值为 0。

虽然 C 语言编译器在给出逻辑运算值时，以“1”代表“真”，以“0”代表“假”，但反过来在判断一个量是“真”还是“假”时，以“0”代表“假”，以非“0”数值代表“真”。例如，由于 5 和 3 均非“0”，因此 5&&3 的值为“真”，即值为 1；又如，5||0 的值为“真”，即值为 1。

5.2.3 逻辑表达式

逻辑“非”表达式的一般形式如下：

!表达式

表达式的值为 0 时，结果为 1，表达式的值为非 0 时结果为 0 。

逻辑“与”和逻辑“或”表达式的一般形式如下：

表达式 逻辑运算符 表达式

其中两侧的表达式也可以是逻辑表达式，因此能组成嵌套的情形。

例如，

```
(a && b) && c
```

根据逻辑运算符的左结合性，上式也可写为

```
a && b && c
```

逻辑表达式的值是式中各种逻辑运算的最后值，以“1”和“0”分别代表“真”和“假”。

【例 5.2】逻辑表达式的值。

```
#include<stdio.h>
void main()
{
    char c='k';
    int i=1,j=2,k=3;
    float x=3e+5,y=0.85;
    printf("%d,%d\n",!x*!y,!!!x);
    printf("%d,%d\n",x||i&&j-3,i<j&&x<y);
    printf("%d,%d\n",i==5&&c&&(j=8),x+y||i+j+k);
}
```

运行结果：

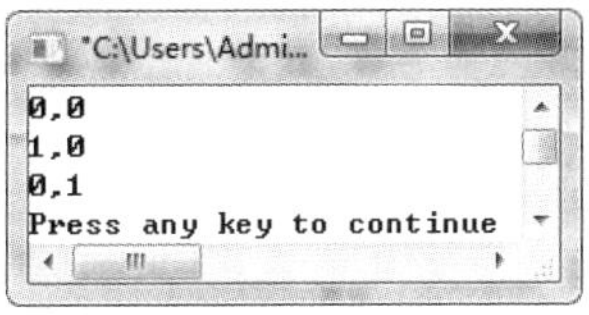

本例第 7 行中!x 和!y 的值都为 0，!x*!y 的值也为 0，因此其输出值为 0。由于 x 非 0，故!!!x 的逻辑值为 0。第 8 行中表达式 x||i&&j-3，先计算 j-3 的值（结果为非 0），再求 i&&j-3 的逻辑值（结果为 1），因此 x||i&&j-3 的逻辑值为 1。对表达式 i<j&&x<y，由于 i<j 的值为 1，而 x<y 的值为 0，因此表达式为 1 && 0，其值为 0。第 9 行中表达式 i==5&&c&&(j=8)，由于 i==5 为假，即值为 0，该表达式由两个与运算组成，所以整个表达式的值为 0。对表达式 x+y||i+j+k，由于 x+y 的值为非 0，故整个或表达式的值为 1。

5.3 if 语句

使用 if 语句可以构成分支结构。if 语句根据给定的条件进行判断，以决定执行哪个分支程序段。C 语言中的 if 语句有三种基本形式。

5.3.1 if 语句的三种基本形式

1. if 语句的三种基本形式

1）单分支 if 形式

```
if(表达式) 语句;
```

其语义是，如果表达式的值为真，那么执行其后的语句，否则不执行其后的语句。单分支流程图如图 5.2 所示。

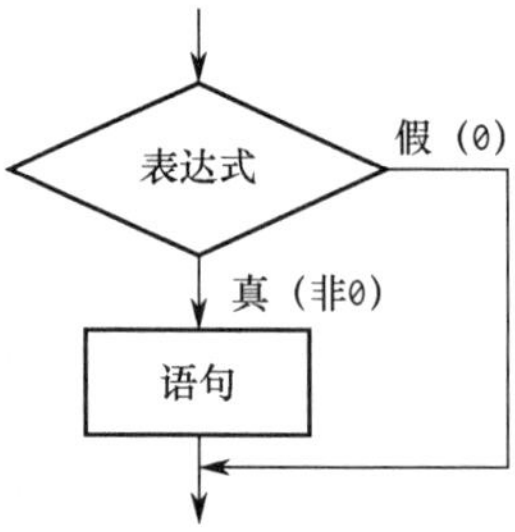

图 5.2　单分支流程图

【例 5.3】输入两个整数，输出其中的最大值（程序 1）。

```
#include<stdio.h>
void main()
{
    int a,b,max;
    printf("input two numbers:   ");
    scanf("%d%d",&a,&b);
    max=a;
    if (max<b) max=b;
    printf("max=%d\n",max);
}
```

运行结果：

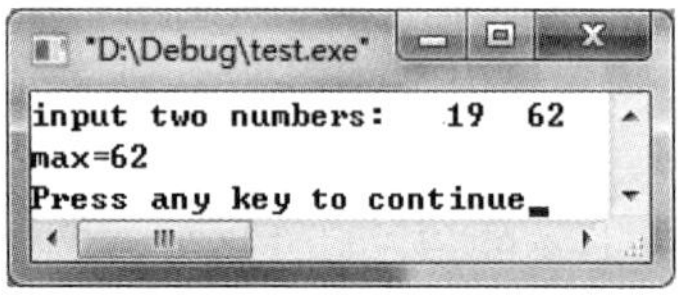

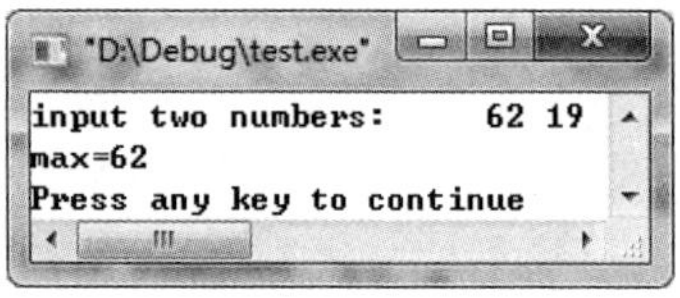

本程序中，输入两个数 a,b。先假定 a 最大，把 a 赋给变量 max，再用 if 语句判别 max 和 b 的大小；若 max 小于 b，则把 b 赋给 max。因此，max 中的总是大数，最后输出 max 的值。

2）双分支 if-else 形式

```
if(表达式)
    语句 1;
else
    语句 2;
```

其语义是，如果表达式的值为真，那么执行语句 1，否则执行语句 2。双分支流程图如图

图 5.3 所示。

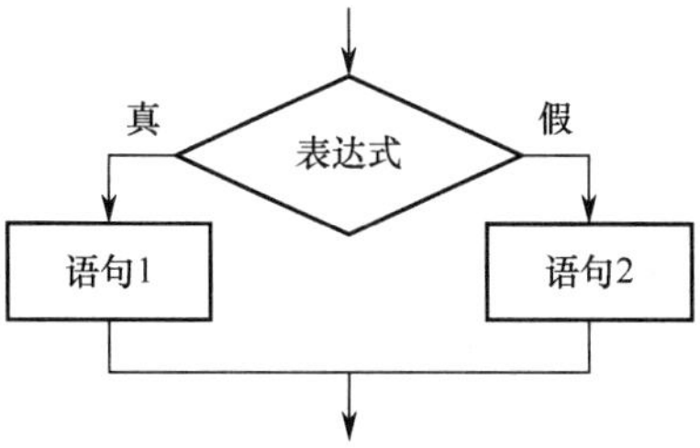

图 5.3　双分支流程图

【例 5.4】 输入两个整数，输出其中的最大值（程序 2）。

```
#include<stdio.h>
void main()
{
    int a, b;
    printf("input two numbers:     ");
    scanf("%d%d",&a,&b);
    if(a>b)
      printf("max=%d\n",a);
    else
      printf("max=%d\n",b);
}
```

运行结果：同例 5.3。

本例改用 if-else 双分支语句判别 a,b 的大小，若 a 大则输出 a，否则输出 b。

3）多分支 if-else-if 形式

当有多个分支选择时，可采用 if-else-if 语句，其一般形式如下：

```
if(表达式 1)
    语句 1;
else  if(表达式 2)
    语句 2;
else  if(表达式 3)
    语句 3;
    …
else  if(表达式 m)
    语句 m;
else
    语句 n;
```

其语义是，依次判断表达式的值，当出现的某个值为真时，执行对应的语句，然后跳到整个 if 语句之外继续执行后续程序。若所有表达式均为假，则执行语句 *n*，然后继续执行后续程序。多单分支流程图如图 5.4 所示。

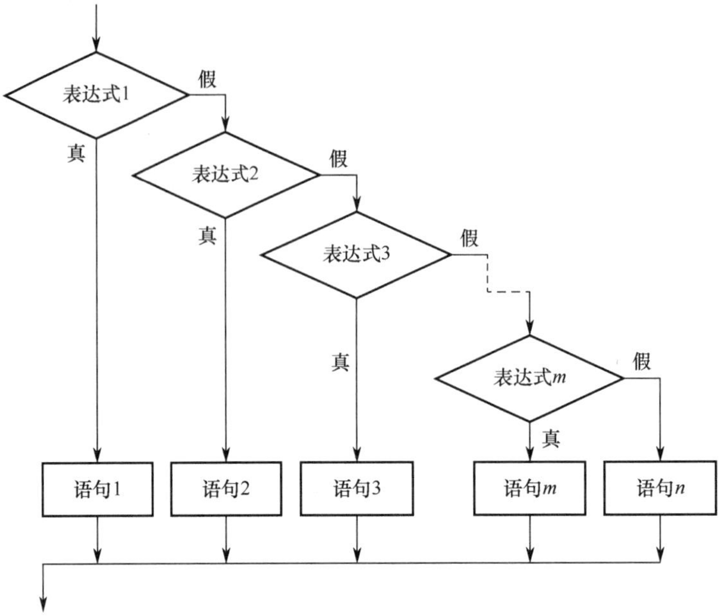

图 5.4 多单分支流程图

【例 5.5】输入一个字符，判断其是控制字符、数字字符、大写字母、小写字母还是其他字符。

```
#include<stdio.h>
void main()
{
    char c;
    printf("input a character:    ");
    c=getchar();
    if(c<32)
      printf("This is a control character\n");
    else if(c>='0'&&c<='9')
      printf("This is a digit\n");
    else if(c>='A'&&c<='Z')
      printf("This is a capital letter\n");
    else if(c>='a'&&c<='z')
      printf("This is a small letter\n");
    else
      printf("This is an other character\n");
}
```

本例要求判别键盘输入字符的类别。可以根据输入字符的ASCII码来判别类别。由ASCII码表可知，ASCII码值小于32的字符为控制字符，在0和9之间的为数字，在A和Z之间的为大写字母，在a和z之间的为小写字母，其余的则为其他字符。这是一个多分支选择问题，用 if-else-if 语句编程，判断输入字符的 ASCII 码的范围，分别给出不同的输出。例如，若输入为“g”，则输出显示它为小写字符。

注意：将表达式 c>='0'&& c<='9'写成'0'<=c<='9'是错误的。这样写时，虽然程序能够运行，但结果不正确；例如，输入“#”时，会显示为数字字符（读者可以试一下并找出结

果不正确的原因）。

2. 使用 if 语句时应注意的问题

1）在三种形式的 if 语句中，if 关键字之后的内容均为用小括号括起来的表达式。表达式通常是关系表达式或逻辑表达式，但也可以是其他表达式，如赋值表达式等，甚至还可以是一个变量。

例如，

```
if(a=5) printf("%d",a);
if(b) printf("%d",b);
```

都是合法的，只要表达式的值为非 0，结果即为“真”。

例如，if(a=5)的值永远为非 0，因此总是要执行其后的语句。虽然这种情况在程序中不一定会出现，但其语法是合法的。

又如，

```
if(a=b)
    printf("%d",a);
else
    printf("a=0");
```

其语义是，把 b 值赋予 a，若为非 0 则输出 a 的值，否则输出字符串“a=0”。这种用法在程序中经常出现。

2）在 if 语句中，条件判断表达式必须用括号括起来，在语句之后必须加分号。

3）在 if 语句的三种形式中，所有语句都应为单个语句，特别是在 if 和 else 之间只能存在一个语句，要在满足条件时执行一组（多个）语句，就要把这组语句用{}括起来组成一个复合语句，但“}”之后不能再加分号。

例如，

```
if(a>b)
      {a++;
      b++;}
else
      {a=0;
      b=10;}
```

5.3.2 if 语句的嵌套

当 if 语句中的执行语句也是 if 语句时，就构成了 if 语句的嵌套情形。

嵌套的一般形式如下：

```
if(表达式)
  if 语句;
```

或

```
if(表达式)
  if 语句;
else
  if 语句;
```

嵌套内的 if 语句可能又是 if-else 型的，因此会出现多个 if 和多个 else 重叠的情况，这时要特别注意 if 和 else 的配对问题。

例如，

```
if(表达式 1)
if(表达式 2)
    语句 1;
else
     语句 2;
```

其中的 else 究竟是与哪个 if 配对？是与前一个 if 配对还是与后一个 if 配对？

为避免这种二义性，C 语言规定，else 总是与它前面最近的没有配对的 if 配对，因此上例中的 else 应与后一个 if 配对。

特别注意，当双分支语句中的两个语句的第一个语句是一个单分支语句时，必须用{}括起来，否则会产生逻辑错误。下面是正确的书写格式：

```
if(…)
  {if(…) 语句;}
else
  语句;
```

想一想，如果去掉{}，那么 else 会与哪个 if 匹配？

【例 5.6】if 嵌套举例——比较两个数的大小关系。

```
#include<stdio.h>
void main()
{
    int a,b;
    printf("please input A,B:    ");
    scanf("%d%d",&a,&b);
    if(a!=b)
      if(a>b)  printf("A>B\n");
      else     printf("A<B\n");
    else     printf("A=B\n");
}
```

本例中使用了 if 语句的嵌套结构。使用嵌套结构的目的是进行多分支选择，例中实际上有三种选择，即 A>B、A<B 和 A=B。这种问题使用 if-else-if 多分支语句也能完成，而且程序更加清晰。

【例 5.7】双分支第二个语句的嵌套。

```
#include<stdio.h>
void main()
{
    int a,b;
    printf("please input A,B:      ");
    scanf("%d%d",&a,&b);
    if(a==b)  printf("A=B\n");
```

```
    else if(a>b)   printf("A>B\n");
    else   printf("A<B\n");
}
```

由本例可以看出，多分支语句就是每个双分支语句的第二个语句的多重嵌套。

5.3.3 条件运算符和条件表达式

在条件语句中只执行单个赋值语句时，常常可用条件表达式来实现，这样做不但可使程序简洁，而且能提高程序的运行效率。

条件运算符为“?”和“:”，这是一个三目运算符，即有三个参与运算的量。

由条件运算符组成的条件表达式的一般形式如下：

表达式 1 ？ 表达式 2:表达式 3

其求值规则如下：若表达式 1 的值为真，则以表达式 2 的值作为条件表达式的值，否则以表达式 3 的值作为整个条件表达式的值。

条件表达式通常用在赋值语句中。例如，双分支语句

```
if(a>b)  max=a;
else max=b;
```

可用条件表达式写为

```
max=(a>b)?a:b;
```

该语句的语义是：若 a>b 为真，则把 a 赋给 max，否则把 b 赋给 max。

使用条件表达式时，还应注意以下几点：

1）条件运算符的运算优先级低于关系运算符和算术运算符的优先级，但高于赋值运算符的优先级。因此，

```
max=(a>b)?a:b;
```

可以去掉括号而写为

```
max=a>b?a:b;
```

2）条件运算符?和:是一对运算符，不能分开单独使用。

3）条件运算符的同级结合方向是自右至左。例如，

```
a>b?a:c>d?c:d
```

应理解为

```
a>b?a:(c>d?c:d)
```

这也就是条件表达式嵌套的情形，即其中的表达式 3 又是一个条件表达式。

【例 5.8】用条件表达式编程，输出两个数中的大数。

```
#include<stdio.h>
void main()
{
    int a,b,max;
    printf(" input two numbers:\n");
    scanf("%d%d",&a,&b);
```

```
    printf("max=%d\n",a>b?a:b);
}
```

运行结果：

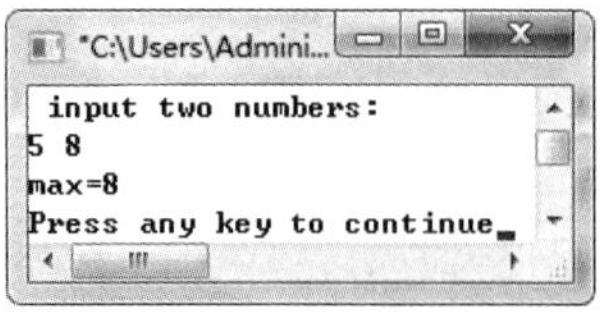

5.4 switch 语句

C 语言还提供另一种用于多分支选择的 switch 语句，其一般形式如下：

```
switch(表达式)
{
    case 常量表达式 1:  语句序列 1;
    case 常量表达式 2:  语句序列 2;
    …
    case 常量表达式 n:  语句序列 n;
    default        :  语句序列 n + 1;
}
```

其语义是：先计算表达式的值，然后逐个与 csae 后面的常量表达式值进行比较，当表达式的值与某个常量表达式的值相等时，即执行其后的语句序列，然后不再进行判断，继续执行后面所有 case 后的语句序列。当表达式的值与所有 case 后的常量表达式的值都不相等时，从 default 后开始执行后面的所有语句序列。

【例 5.9】输入一个数字，输出对应的英文单词（程序 1）。

```
#include<stdio.h>
void main()
{
    int a;
    printf("input integer number:      ");
    scanf("%d",&a);
    switch (a)
    {
    case 1:printf("Monday\n");
    case 2:printf("Tuesday\n");
    case 3:printf("Wednesday\n");
    case 4:printf("Thursday\n");
    case 5:printf("Friday\n");
    case 6:printf("Saturday\n");
    case 7:printf("Sunday\n");
    default:printf("error\n");
    }
}
```

运行结果：

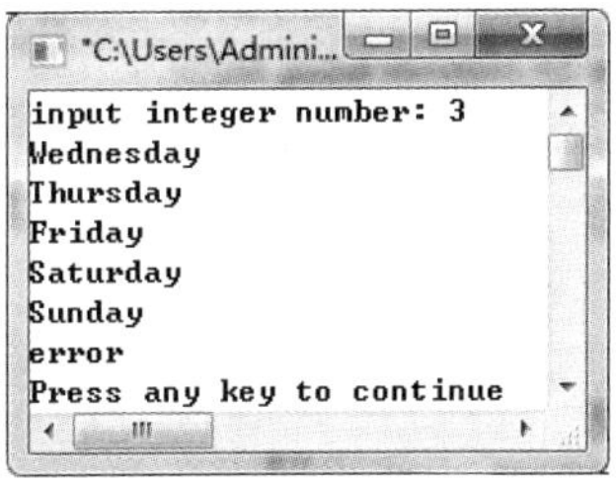

程序要求输入一个数字，输出一个英文单词。但在输入 3 后，却执行了 case 3 及以后的所有语句，输出了 Wednesday 及以后的所有单词。这当然是我们不希望看到的。为什么会出现这种情况？这恰恰反映了 switch 语句的一个特点。在 switch 语句中，“case 常量表达式”只相当于一个语句标号，表达式的值和某标号相等时则转向该标号执行，但不能在执行完该标号的语句后自动跳出整个 switch 语句，所以出现了继续执行后面所有 case 语句的情况。这是与前面介绍的 if 语句完全不同，应予以特别注意。为避免上述情况，C 语言还提供 break 语句来专门跳出 switch 语句，注意 break 语句没有参数。

修改例题的程序，在每个 case 语句后增加 break 语句，使每次执行后均可跳出 switch 语句，进而避免输出我们不希望看到的结果。

【例 5.10】输入一个数字，输出对应的英文单词（程序 2）。

```
#include<stdio.h>
void main()
{
    int a;
    printf("input integer number:    ");
    scanf("%d",&a);
    switch (a){
      case 1:printf("Monday\n");break;
      case 2:printf("Tuesday\n"); break;
      case 3:printf("Wednesday\n");break;
      case 4:printf("Thursday\n");break;
      case 5:printf("Friday\n");break;
      case 6:printf("Saturday\n");break;
      case 7:printf("Sunday\n");break;
      default:printf("error\n");
    }
}
```

运行结果：

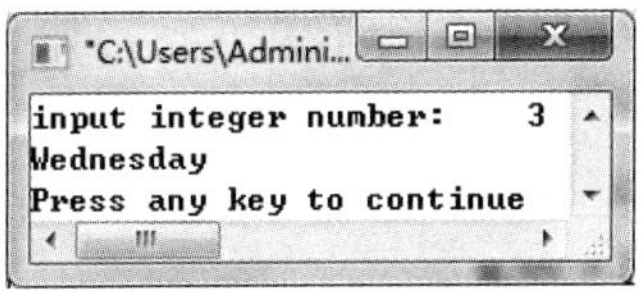

在使用 switch 语句时还应注意以下几点：

1）case 后各常量表达式的值不能相同，否则会出现错误。

2）case 后允许有多个语句，可以不用{}括起来。

3）各 case 和 default 子句的先后顺序可以变动，不影响程序的执行结果。

4）最后一行的 case 或 default 可以省略 break;语句。

5）default 子句也可以省略。

5.5 程序举例

【例 5.11】输入三个整数，输出最大数和最小数。

```
#include<stdio.h>
void main()
{
    int a,b,c,max,min;
    printf("input three numbers: ");
    scanf("%d%d%d",&a,&b,&c);
    if(a>b)
      {max=a;min=b;}
    else
      {max=b;min=a;}
    if(max<c)
      max=c;
    else  if(min>c)
            min=c;
    printf("max=%d\nmin=%d\n",max,min);
}
```

运行结果：

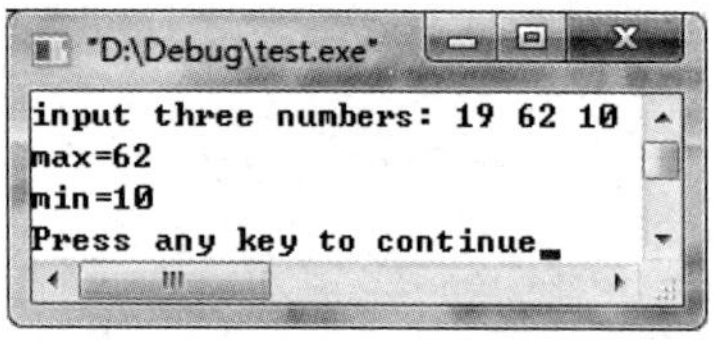

程序首先比较输入的 a,b 的大小，并把大数装入 max，把小数装入 min；然后再与 c 比较，若 max 小于 c，则把 c 赋给 max；若 c 小于 min，则把 c 赋给 min。因此 max 内总是最大数，而 min 内总是最小数。最后输出 max 和 min 的值。

【例 5.12】计算器程序。用户输入运算数和四则运算符，输出计算结果。

```
#include<stdio.h>
void main()
{
    float a,b;
```

```
    char c;
    printf("input expression: a+(-,*,/)b \n");
    scanf("%f%c%f",&a,&c,&b);
    switch(c)
    {
      case '+': printf("%f\n",a+b);break;
      case '-': printf("%f\n",a-b);break;
      case '*': printf("%f\n",a*b);break;
      case '/': printf("%f\n",a/b);break;
      default: printf("input error\n");
    }
}
```

输入和输出结果：

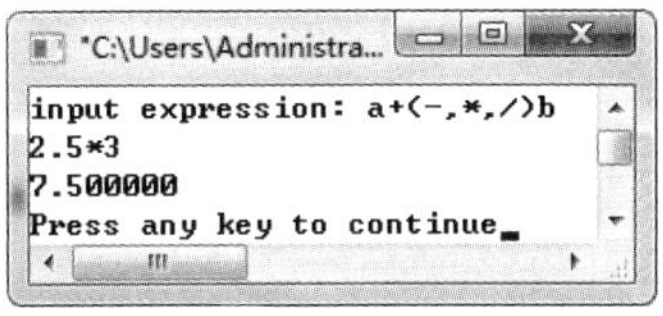

本例可用于四则运算求值。switch 语句用于判断运算符，然后输出运算值。当输入运算符不是+、-、*、/时，给出错误提示。

【例 5.13】 给出百分制成绩，要求输出相应的成绩等级 A、B、C、D、E。规定：90 分以上为 A，80～89 分为 B，70～79 分为 C，60～69 分为 D，60 分以下为 E。

```
#include<stdio.h>
void main()
{
    int a;
    char c;
    printf("input score:");
    scanf("%d",&a);
    if(a>=90)c='A';
    else if(a>=80) c='B';
    else if(a>=70) c='C';
    else if(a>=60) c='D';
    else  c='E';
    printf("grade:%c\n",c);
}
```

运行结果：

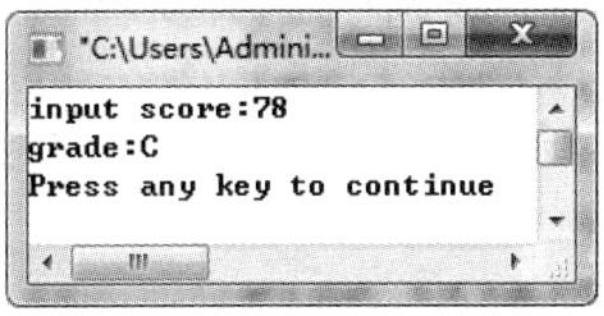

5.6 本章小结

本章主要介绍了程序分支结构的几种形式，包括单分支 if 语句、双分支 if-else 语句、多分支 if-else-if 语句、if 嵌套语句和 switch 语句等，它们的共同特点是：先进行条件判断，再根据判断结果决定下一步做什么。

if 的合理嵌套可以实现多分支选择，但使用时要注意 else 与 if 的配对；另外，过多的嵌套会使得程序的代码较长，导致思路不清晰。

switch 是一种“多分支开关”语句，使用它能很好地完成多分支选择任务，但在使用时应注意 break 语句的正确使用，以使程序能正常地从 switch 分支中跳出。

在 if 语句的结构中，也可内嵌一个 switch 结构的语句；同样，在 switch 语句的结构中，也可内嵌一个 if 结构的语句。使用时可以根据问题的需要进行设计，尽量避免不必要的嵌套。

习题

5.1 设 x,y,z 为 int 型变量，且 x=3,y=-4,z=5，请写出下列各表达式的结果。

（1）(x&&y)==(x||z)

（2）!(x>y)+(y!=z)||(x+y)&&(y-z)

（3）x++ -y+(++z)

5.2 设 x,y 和 z 均为 int 型变量，请用 C 表达式描述下列命题。

（1）x 和 y 中有一个小于 z

（2）x,y 和 z 中有两个为负数

（3）y 是奇数

5.3 C 语言中如何表示“真”和“假”？系统如何判断一个量的“真”和“假”？

5.4 有 3 个整数 a,b,c，由键盘输入，输出其中最大的数。

5.5 输入 4 个整数，要求按由小到大的顺序输出。

5.6 设有函数

$$y=\begin{cases}x, & x<1\\2x-1, & 1\leqslant x<10\\3x-11, & x\geqslant 10\end{cases}$$

编写程序，输入 x，输出 y 值。

5.7 某城市出租车的收费标准如下：起步里程 3 千米，起步费 10 元人民币；超起步里程后 10 千米内，每千米租费 2 元人民币；超过 10 千米以上的部分加收 50%的回空补帖费，即每千米租费 3 元人民币。营运过程中，因路阻及乘客要求临时停车的，每 5 分钟按 1 千米租费计收。运价计费尾数四舍五入，保留到元。编写程序，输入行驶里程（千米）与等待时间（分钟），计算并输出乘客应支付的车费（元）。

5.8 如下图所示，有 4 个圆塔，它们的圆心分别为(2, 2), (−2, 2), (−2, −2), (2, −2)，圆的半径都为 1。4 个圆塔的高度为 10m，圆塔之外无建筑物。编写程序，输入任意一点的坐标，求该点的建筑高度（圆塔之外的高度为零）。

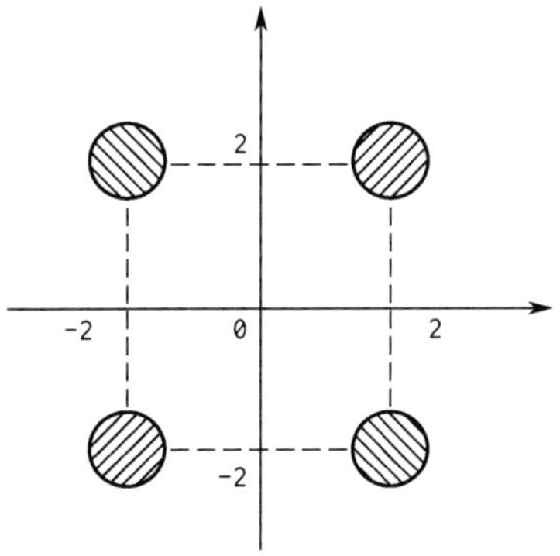

5.9　编写程序，求一元二次方程 $ax^2 + bx + c = 0$ 的解。

5.10 编写程序，输入一个整数，判断它能否被 3、5、7 整除。

第 6 章　循环结构程序设计

循环结构是程序中的一种很重要的结构。其特点是，给定条件成立时，反复执行某程序段，直到条件不成立为止。给定的条件称为循环条件，反复执行的程序段称为循环体。C 语言提供多种循环语句，可以组成各种不同形式的循环结构：

1）while 语句。

2）do-while 语句。

3）for 语句。

6.1　while 语句

while 语句的一般形式如下：

```
while(表达式)语句;
```

其中的表达式是循环条件，语句为循环体。

while 语句的语义是：计算表达式的值，当值为真（非 0）时，执行循环体语句。while 语句的执行流程图如图 6.1 所示。

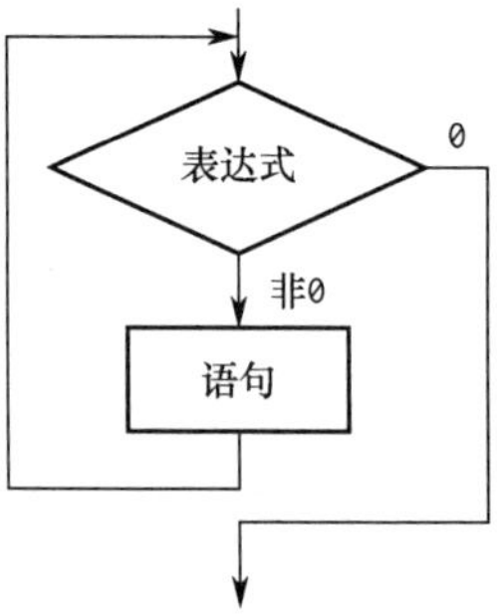

图 6.1　while 语句的执行流程图

【例 6.1】用 while 语句求 $\sum_{n=1}^{100} n$ 。

算法的传统流程图和 N-S 结构流程图分别如图 6.2 和图 6.3 所示。

```
#include<stdio.h>
void main()
{
   int i,sum=0;
   i=1;
   while(i<=100)
        {
          sum=sum+i;
          i++;
```

```
        }
    printf("%d\n",sum);
}
```

运行结果：

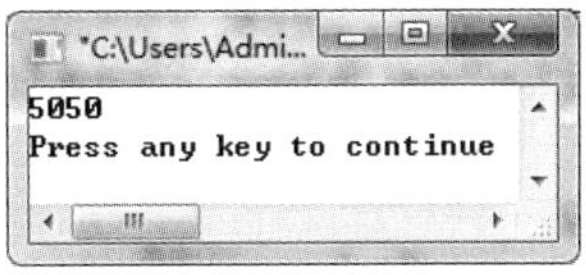

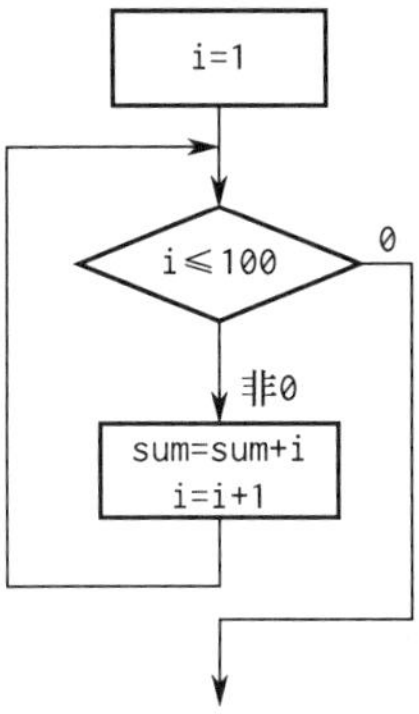

图 6.2　传统流程图

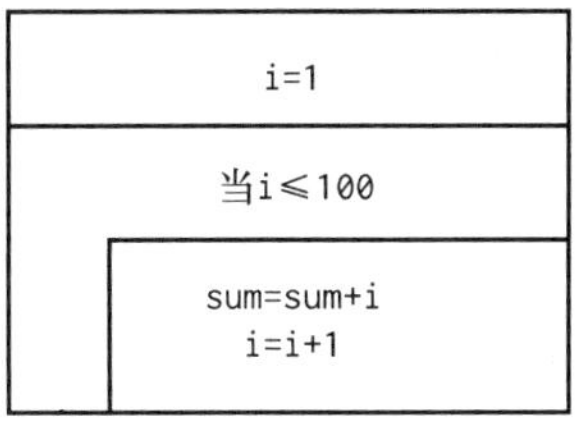

图 6.3　N-S 结构流程图

【例 6.2】统计从键盘输入的一行字符的个数。

```
#include<stdio.h>
void main()
{
    int n=0;
    printf("input a string:\n");
    while(getchar()!='\n')
        n++;
    printf("%d\n",n);
}
```

运行结果：

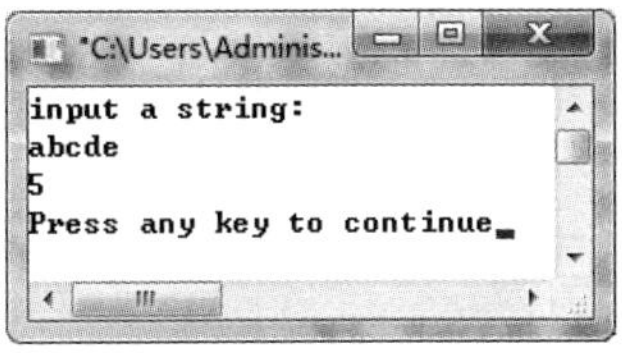

程序中的循环条件为 getchar()!='\n'，其意义是，只要从键盘输入的字符不是回车，就继续循环。循环体 n++对输入字符的个数进行计数，因此程序实现了对输入的一行字符的个数的计数。

使用 while 语句时应注意以下几点：

1）while 语句中的表达式一般是关系表达式或逻辑表达式，只要表达式的值为真（非 0）即可继续循环。

【例 6.3】循环次数控制的简易程序。

```
#include<stdio.h>
void main()
{
    int a=0,n;
    printf("input n:");
    scanf("%d",&n);
    while (n--)
       printf("%d  ",a++*2);
    putchar('\n');
}
```

运行结果：

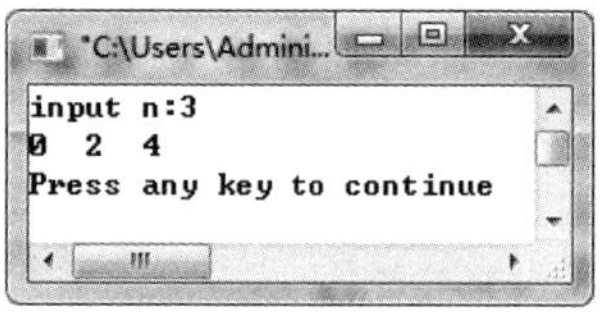

程序将执行 n 次循环，每执行一次，n 的值减 1。循环体输出表达式 a++*2 的值，该表达式等效于(a*2; a=a+1;)。

2）循环体若包括一个以上的语句，则须用{}括起来，组成复合语句。

6.2 do-while 语句

do-while 语句的一般形式如下：

```
do
    语句;
while(表达式);
```

这个循环与 while 循环的不同在于：它先执行循环中的语句，然后判断表达式是否为真，若为真则继续循环，若为假则终止循环。因此，do-while 循环至少要执行一次循环语句。do-while 语句流程图和 N-S 结构流程图分别如图 6.4 和图 6.5 所示。

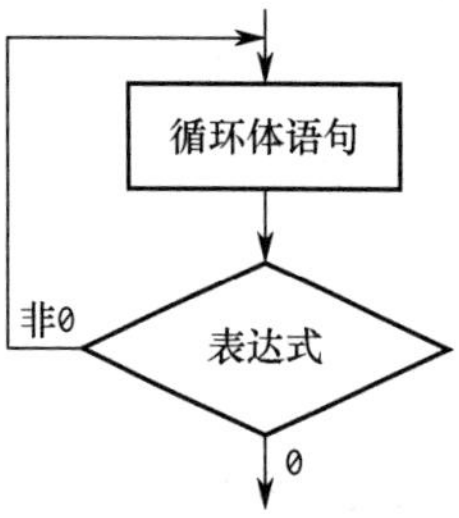

图 6.4 do-while 语句流程图

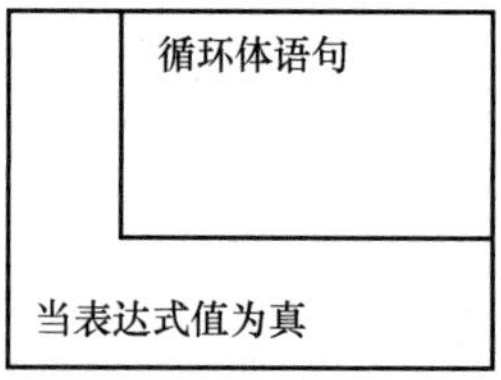

图 6.5 do-while 语句 N-S 结构流程图

【例 6.4】用 do-while 语句求 $\sum_{n=1}^{100} n$。

算法的传统流程图和 N-S 结构流程图分别如图 6.6 和图 6.7 所示。

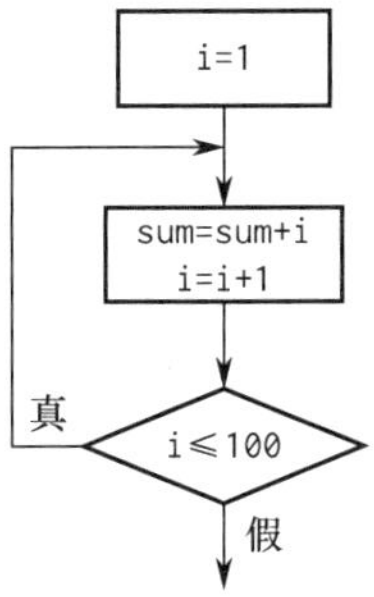

图 6.6　传统算法流程图

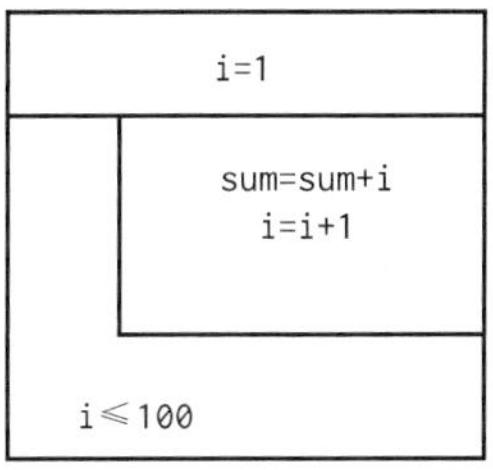

图 6.7　N-S 结构流程图

```
#include<stdio.h>
void main()
{
   int i,sum=0;
   i=1;
   do {
          sum=sum+i;
          i++;
      }while(i<=100);
    printf("%d\n",sum);
}
```

同样，当有多个语句参加循环时，要用{}把它们括起来。

【例 6.5】while 和 do-while 循环比较。

求 sum=1+2+…+i。当 i<=10 时结果相同，i>10 时结果不同。

（1）

```
#include<stdio.h>
void main()
     {int sum=0,i;
     scanf("%d",&i);
     while(i<=10)
        {sum=sum+i;
        i++;
        }
     printf("sum=%d\n",sum);
     }
```

运行结果：

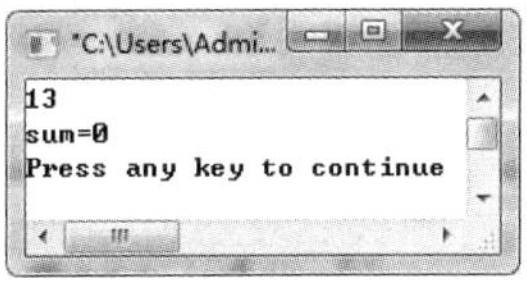

（2）

```
#include<stdio.h>
void main()
     {int sum=0,i;
     scanf("%d",&i);
     do
       {sum=sum+i;
       i++;
       }
     while(i<=10);
     printf("sum=%d\n",sum);
     }
```

运行结果：

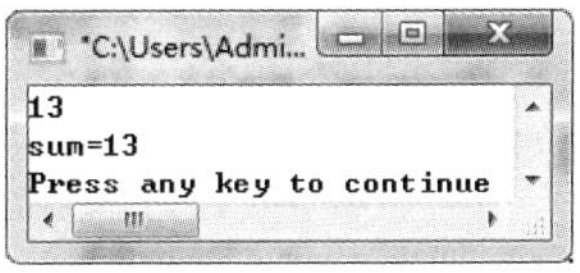

6.3 for 语句

在 C 语言中，for 语句使用最为灵活，它完全可以取代 while 语句。for 语句的一般形式如下：

```
for(表达式 1;表达式 2;表达式 3) 语句;
```

for 语句的执行过程流程图如图 6.8 所示，具体如下：

1）先求解表达式 1。

2）求解表达式 2，若其值为真（非 0）则转到第 3）步，若其值为假（0）则转到第 4）步。

3）执行 for 语句中指定的循环体语句，然后求解表达式 3。转回上面的第 2）步继续执行。

4）循环结束，执行 for 语句后面的其他语句。

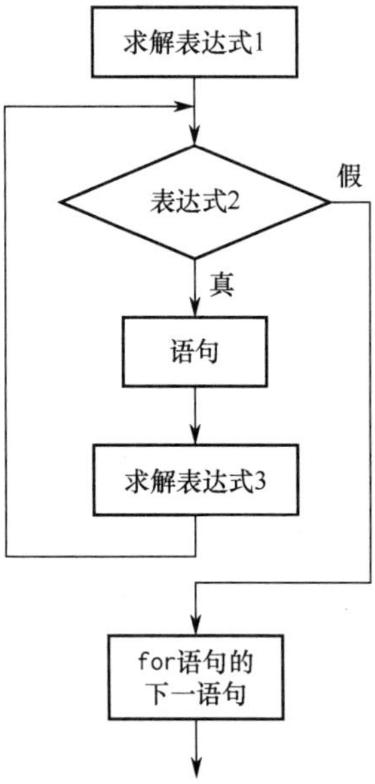

图 6.8 for 语句的执行过程流程图

for 语句最简单的应用形式（最容易理解的形式）如下：

```
for(循环变量赋初值;循环条件;循环变量增量) 语句;
```

其中，“循环变量赋初值”总是一个赋值语句，用来给循环控制变量赋初值；“循环条件”是一个关系表达式，它决定什么时候退出循环；“循环变量增量”定义循环控制变量每循环一次后按什么方式变化。这三个部分之间用“;”分开。

例如，

```
for(i=1,sum=0; i<=100; i++)sum=sum+i;
```

先给 i 赋初值 1，判断 i 是否小于等于 100，若是则执行语句。之后值增 1，再重新判断，直到条件为假即 i>100 时，结束循环。

上述语句相当于如下语句：

```
i=1;sum=0;
while(i<=100){sum=sum+i;i++;}
```

for 循环中语句的一般形式，就是如下的 while 循环形式：

```
    表达式 1;
While(表达式 2)
      {语句;
      表达式 3;
      }
```

说明：

1）for 循环中的“表达式 1”（循环变量赋初值）、“表达式 2”（循环条件）和“表达式 3”（循环变量增量）都是选择项，即可以缺省，但两个“;”不能缺省。

2）省略“表达式 1”（循环变量赋初值），表示不对循环控制变量赋初值，循环控制变量可以放在循环语句 for 的前面赋初值。

3）省略“表达式 2”（循环条件），表示条件永远成立，如果不做其他处理，那么便成为死循环（这时要在循环体语句中利用其他方式退出循环）。

例如，

```
for(i=1;;i++)sum=sum+i;
```

相当于

```
i=1;
while(1)
    {sum=sum+i;
    i++;}
```

这样的循环都是不能结束的死循环。

4）省略“表达式 3”（循环变量增量），表示不对循环控制变量进行操作，这时可在循环体语句中加入修改循环控制变量的语句。

例如，

```
for(i=1;i<=100;)
      {sum=sum+i;
       i++;}
```

5）省略“表达式 1”（循环变量赋初值）和“表达式 3”（循环变量增量）。

例如，

```
i=1;
for(;i<=100;)
{sum=sum+i;
i++;}
```

相当于

```
i=1;
while(i<=100)
    {sum=sum+i;
    i++;}
```

6）3 个表达式都省略。

例如，

```
for(; ;)语句;
```

相当于

```
while(1)语句;
```

7）“表达式 1” 可以是设置循环变量的初值的赋值表达式，也可以是其他表达式。

例如，

```
i=1;
for(sum=0;i<=100;i++)sum=sum+i;
```

8）“表达式 1” 和 “表达式 3” 可以是一个简单表达式，也可以是逗号表达式。

例如，

```
for(sum=0,i=1;i<=100;i++)sum=sum+i;
```

9）“表达式 2” 一般是关系表达式或逻辑表达式，但也可以是数值表达式或字符表达式，只要其值非零，就执行循环体。

例如，

```
for(;(c=getchar())!='\n';)
    printf("%c",c);
```

6.4 循环的嵌套

循环体语句中包含另一个完整的循环结构时，称为循环的嵌套。嵌套在循环体内的循环称为内循环，外面的循环体称为外循环。如果内循环体中又有嵌套的循环语句，那么构成多重循环。while、do-while、for 三种循环都可以相互嵌套。

【例 6.6】 用二重循环打印九九乘法表。

分析：要打印九九乘法表，可以利用两个循环变量作为乘数和被乘数来解决。为便于理解，我们分步骤进行。

1）用 j 作为循环变量输出 9 个星号并换行。

程序代码如下：

```
#include<stdio.h>
void main()
{int i,j;
for(j=1;j<=9;j++) printf("*");
printf("\n");
}
```

for 循环输出 9 个星号后换行，运行结果为*********。

2）用 i 作为循环变量输出 9 行星号（把上面的循环执行 9 次即可）。

程序代码如下：

```
#include<stdio.h>
```

```
void main()
{int i,j;
 for(i=1;i<=9;i++)
  {for(j=1;j<=9;j++)
       printf("*");
  printf("\n"); }               /* 此括号{}内部的循环打印一行*号 */
}
```

运行结果为 9 行 9 列星号。

3）每行的星号个数由 9 改为 i。这样，第 1 行 i 为 1，打印 1 个星号，第 2 行 i 为 2，打印 2 个星号……第 9 行 i 为 9，打印 9 个星号。

程序代码如下：

```
#include<stdio.h>
void main()
{int i,j;
for(i=1;i<=9;i++)
 {for(j=1;j<=i;j++)
     printf("*");
 printf("\n"); }
}
```

运行结果：

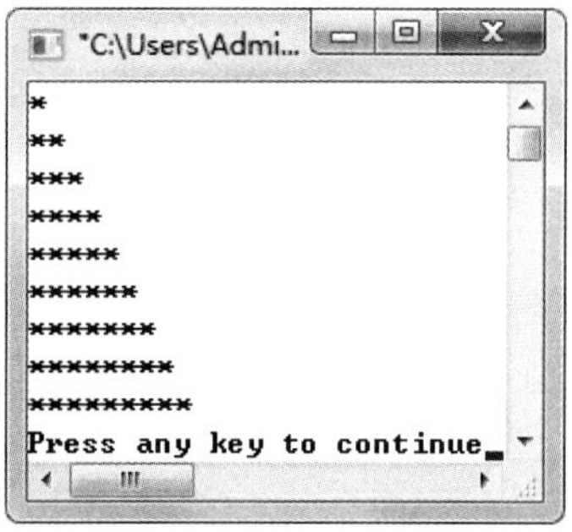

4）把“*”换成代表列和行的循环变量，得到九九乘法表。

程序代码如下：

```
#include<stdio.h>
void main()
{int i,j;
for(i=1;i<=9;i++)
 {for(j=1;j<=i;j++)
   printf("%d*%d=%-3d",j,i,i*j);
printf("\n"); }
}
```

运行结果：

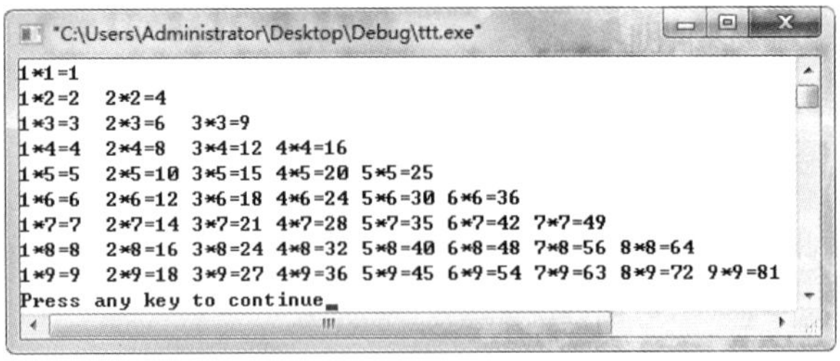

6.5 break 和 continue 语句

6.5.1 break 语句

break 语句通常用在循环语句和开关语句 switch 中。当 break 用于开关语句中时，可使程序跳出 switch 而执行 switch 以后的语句。break 在 switch 中的用法已在前面介绍开关语句的例子中用到，这里不再举例。

当 break 语句用于 do-while、for、while 循环语句中时，可使程序终止循环而执行循环后面的语句。通常，break 语句总与 if 语句一起使用，即满足条件时便跳出循环。循环与 break 语句结合的流程图如图 6.9 所示。

【例 6.7】显示键盘输入的字符，按 Esc 键退出循环。

```
#include<stdio.h>
void main()
{
  char c;
  while(1)                          /*循环条件永远为真*/
      {
         c=getch();
         if(c==27)  break;          /*若按 Esc 键退出循环，Esc 键码为 27 */
         printf("%c\n",c);
      }
}
```

注意：

1）getch()得到键盘键入的一个字符，但不显示字符，它与 getchar()函数不同，不需要回车结束输入。

2）break 语句结束 while 循环。

6.5.2 continue 语句

continue 语句的作用是跳过循环中剩余的语句而强行执行下一次循环。continue 语句只用在 for、while、do-while 等循环体中，常与 if 条件语句一起使用，用来加速循环。循环与 continue 语句结合的流程图如图 6.10 所示。

1）while(表达式 1)

```
{ …
 if(表达式 2)break;
```

```
  …
}
```

2）while(表达式 1)

```
{ …
 if(表达式 2)continue;
  …
}
```

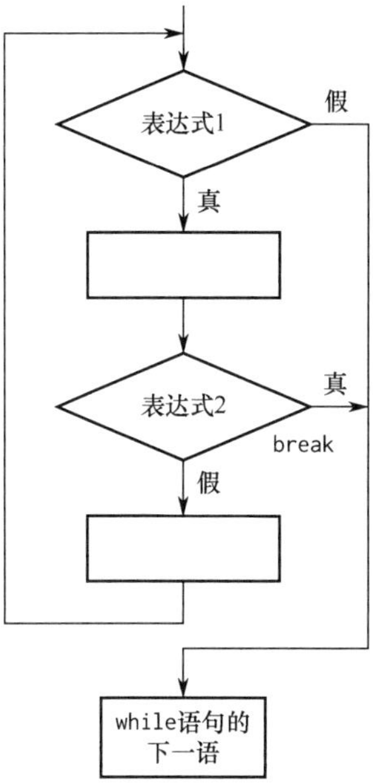

图 6.9　循环与 break 语句结合的流程图

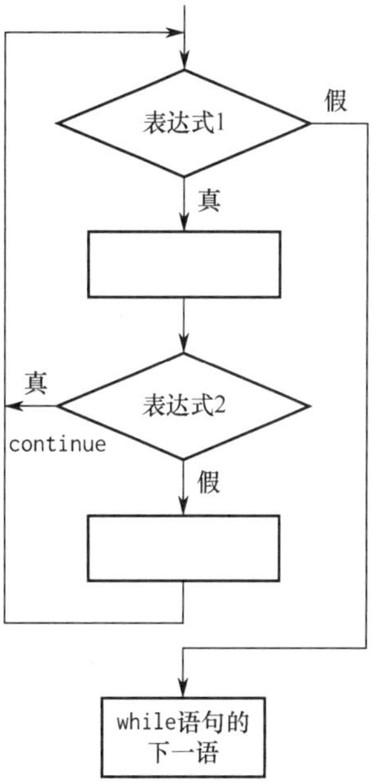

图 6.10　循环与 continue 语句结合的流程图

【例 6.8】显示输入的字符。若按的是 Esc 键，则退出循环；若按的是回车键，则显示“The No. is”，继续输入下一个字符。

```
#include<stdio.h>
void main()
{
   char c;
   for(;;)                       /*设置循环*/
     {
       c=getch();                /*字符输入函数*/
       if(c==27) break;          /*判断若按 Esc 键则退出循环*/
       if(c==13) {printf("The No. is \n");continue;} /*若按回车键则显示信息*/
       printf("%c\n", c);        /*显示输入的字符，直到按回车或 Esc 键*/
     }
    printf("The end");
 }
```

注意：

1）break 语句会打断并结束 for 循环。

2）continue 语句会结束本次循环，并继续下一次循环。

C 语言中三种循环的比较如下：

1）三种循环都可用来处理同一个问题，一般可以互相代替。

2）对于 while 和 do-while 循环，循环体中应包括使循环趋于结束的语句。for 语句的结构完整，功能最强。

3）用 while 和 do-while 循环时，循环变量的初始化操作应在 while 和 do-while 语句之前完成，而 for 语句可在表达式 1 中实现循环变量的初始化。

6.6　程序举例

【例 6.9】 用公式 $\frac{\pi}{4}=1-\frac{1}{3}+\frac{1}{5}-\frac{1}{7}+\cdots$ 求 π 的值。

算法的 N-S 流程图如图 6.11 所示，程序如下。

```
#include<math.h>
#include<stdio.h>
void main()
{
  int s;
  float n,t,pi;
  t=1,pi=0;n=1.0;s=1;
  while(fabs(t)>1e-6)
      {pi=pi+t;
       n=n+2;
       s=-s;
       t=s/n;
}
   pi=pi*4;
   printf("pi=%10.6f\n",pi);
  }
```

运行结果：

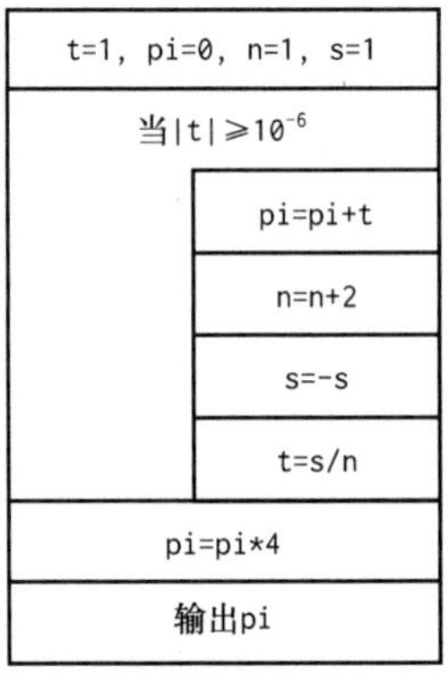

图 6.11　例 6.9 算法的 N-S 流程图

【例 6.10】判断 *m* 是否为素数。

算法的 N-S 流程图如图 6.12 所示，程序如下。

```
#include<math.h>
#include<stdio.h>
void main()
{
  int m,i,k;
  scanf("%d",&m);
  k=sqrt(m);
  for(i=2;i<=k;i++)
    if(m%i==0)break;
  if(i>=k+1)
    printf("%d is a prime number\n",m);
  else
    printf("%d is not a prime number\n",m);
}
```

运行结果：

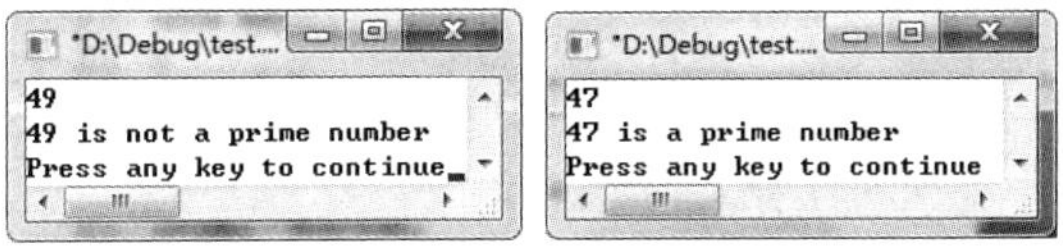

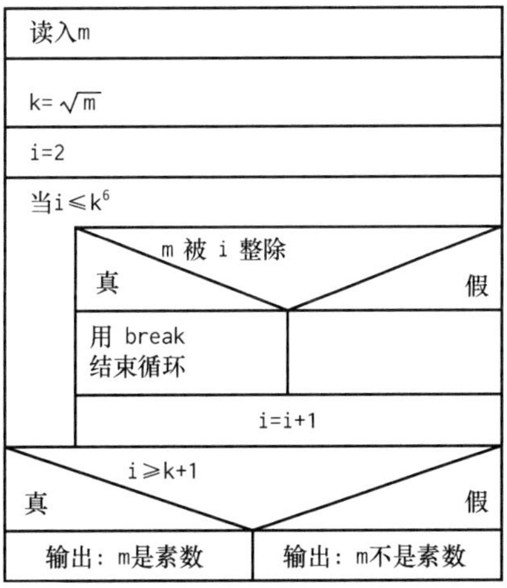

图 6.12　例 6.10 算法的 N-S 流程图

【例 6.11】求 100 至 200 间的全部素数。

```
#include<math.h>
#include<stdio.h>
void main()
{
 int m,i,k,n=0;
 for(m=101;m<=200;m=m+2)
 {
```

```
    k=sqrt(m);
    for(i=2;i<=k;i++)
      if(m%i==0)break;
    if(i>k)printf("%4d",m);
 }
printf("\n");
}
```

运行结果：

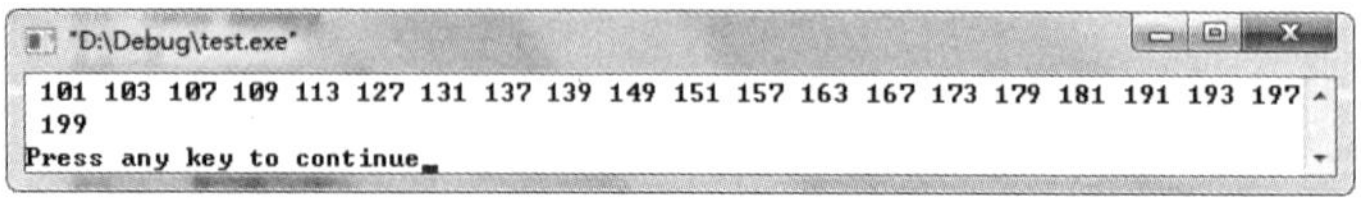

6.7 本章小结

本章主要讨论了三种循环结构，即 for、while 和 do-while 循环。

一般情况下，三种循环语句都可用来处理同一类问题，但当循环次数确定时，用 for 循环比较方便。

三种循环都可互相嵌套，以构成各种混合嵌套结构。

while 循环和 for 循环都要先判断条件再执行循环体语句，因此有可能一次也不执行循环体语句，而 do-while 循环不论怎样都会先执行一次循环体语句。

使用循环结构时要注意避免以下几个问题：

1）循环体语句为复合语句，但未使用花括号。

2）使程序发生无限循环。

3）混淆 break 和 continue 语句的功能。

习题

6.1 填空题。

（1）如下 for 循环语句最多可执行____次。

```
for(x=0,y=0;(y!=99)&&(x<4);x++);
```

（2）如下程序的运行结果是_______。

```
#include<stdio.h>
void main()
{int x=2;
 while(x--);
 printf("%d\n",x);}
```

（3）以下程序的功能是从键盘上输入若干学生的成绩，统计并输出最高成绩和最低成绩，并在输入负数时结束。请填写程序中的空白之处。

```
#include<stdio.h>
void main()
{float x,amax,amin;
```

```
 scanf("%f",&x);
 amax=x;
 amin=x;
 while(________)
{if(x>amax) amax=x;
 if(_________)amin=x;
 scanf("%f",&x);
}printf("\namax=%f\namin=%f\n",amax,amin);}
```

（4）设 i,j,k 均为 int 型变量，则执行以下 for 语句后，k 的值是______。

```
for(i=0,j=10;i<=j;i++,j--)
k=i+j;
```

6.2 选择题。

（1）如下程序的运行结果是____。

```
#include<stdio.h>
void main()
{int x=3,y=6,a=0;
while(x++!=(y-=1))
{a+=1;
if(y<x)break;
}
printf("x=%d,y=%d,a=%d\n",x,y,a);}
```

A. x=4,y=4,a=1　　B. x=5,y=5,a=1　　C. x=5,y=4,a=3　　D. x=5,y=4,a=1

（2）输入数据 right?并回车，如下程序段的运行结果为______。

```
char c;
while((c=getchar())!='?')
putchar(c);
```

A. right?　　B. right　　C. thgir?　　D. thgir

（3）如下程序的运行结果是____。

```
#include<stdio.h>
void main()
     {int i;
     for(i=1;i<=5;i++)
     {if(i%2)
       printf("*");
     else
      continue;
      printf("#");
     }
     printf("$\n");
     }
```

A. *#*#*#$　　B. #*#*#*$　　C. *#*#$　　D. #*#*$

（4）如下程序的运行结果是____。

```
#include<stdio.h>
void main()
{int n=4;
  while(n--)
  printf("%d",--n);
}
```

A. 20　　B. 21　　C. 32　　D. 43

（5）如下程序的运行结果是____。

```
#include<stdio.h>
void main()
    {int i,j,m;
    for(i=5;i>=1;i--)
    {m=0;
    for(j=i;j<=5;j++)
        m=m+i*j;
    }
    printf("%d\n",m);
    }
```

A. 15　　B. 20　　C. 25　　D. 30

6.3 输入一个整数，求它的各位数字之和及位数。例如，234 的各位数字之和是 9，位数是 3。

6.4 编写程序，输入两个正整数 *m* 和 *n*，求其最大公约数和最小公倍数。

6.5 编写程序，打印所有“水仙花数”。所谓“水仙花数”，是指一个 3 位数，其各位数字的立方和等于该数本身。例如，153 是一水仙花数，因为 $153 = 1^3 + 5^3 + 3^3$。

6.6 编写程序，输入一个正整数 *n*，输出 $\frac{2}{1}+\frac{3}{2}+\frac{5}{3}+\frac{8}{5}+\cdots$（该序列从第 2 项起，后一项的分子是前一项分子与分母的和，后一项的分母是前一项的分子）的前 *n* 项之和，结果保留两位小数。

6.7 一个小球从 100m 的高度自由下落，每次落地后都反跳到原来高度的一半，再下落。编写程序，求小球在第 10 次落地时共经过了多少米，以及第 10 次反弹的高度。

6.8 猴子吃桃问题。猴子第 1 天摘下了若干桃子，并马上吃了一半，还不过瘾，又多吃了一个。第 2 天早上将剩下的桃子吃掉了一半，又多吃了一个。以后每天早上都吃前一天剩下的一半零一个。到第 7 天早上想再吃时，就只剩下一个桃子。编写程序，求第 1 天共摘了多少个桃子。

6.9 编写程序打印如下图案。

```
*
* * *
* * * * *
* * * * * * *
* * * * *
* * *
*
```

6.10 两个乒乓球队进行比赛，各出 3 人。甲队为 A、B、C 三人，乙队为 X、Y、Z 三人，并已抽签决定了比赛名单。有人向队员打听比赛名单，A 说他不和 X 比，C 说他不和 X、Z 比。编写程序，找出 3 对赛手的名单。

6.11 编写程序，打印如下图形。

```
   *
  ***
 *****
*******
```

6.12 编写程序，输出如下乘法九九表。

1×1=1								
1×2=2	2×2=4							
1×3=3	2×3=6	3×3=9						
1×4=4	2×4=8	3×4=12	4×4=16					
1×5=5	2×5=10	3×5=15	4×5=20	5×5=25				
1×6=6	2×6=12	3×6=18	4×6=24	5×6=30	6×6=36			
1×7=7	2×7=14	3×7=21	4×7=28	5×7=35	6×7=42	7×7=49		
1×8=8	2×8=16	3×8=24	4×8=32	5×8=40	6×8=48	7×8=56	8×8=64	
1×9=9	2×9=18	3×9=27	4×9=36	5×9=45	6×9=54	7×9=63	8×9=72	9×9=81

6.13 编写程序，求 $s_n = a + aa + aaa + \cdots + \underbrace{aaa\cdots a}_{n个}$ 的值。例如，当 $a = 2$，$n = 4$ 时，$s_n = 2 + 22 + 222 + 2222$，$a$ 和 n 的值有键盘输入

第 7 章　数　　组

在程序设计中，经常需要使用很多相同数据类型的变量来保存数据，若采用简单变量的定义方式，则需要很多不同的标识符作为变量名，并且这些变量在内存中的存放是随机的。随着变量的增多，组织和管理好这些变量会使程序变得复杂。因此，对于这种情况，最好使用数组。

在 C 语言中，一个数组可以分解为多个数组元素，这些数组元素的数据类型相同，在计算机的内存中连续存放，并且每个数组元素占用相同长度的存储空间。

根据数组元素的类型，数组可以分为数值数组、字符数组、指针数组、结构数组等。本章介绍数值数组和字符数组，其余的数组类型将在后续各章中陆续介绍。

7.1　一维数组

【引例 1】依次输入 5 名学生的考试成绩，输出高于平均分的成绩（程序 1）。

用简单变量实现的程序如下：

```
#include<stdio.h>
void main()
{ int a0,a1,a2,a3,a4;
  float av;
  scanf("%d",&a0); scanf("%d",&a1);
  scanf("%d",&a2); scanf("%d",&a3);
  scanf("%d",&a4);
  av=(a0+a1+a2+a3+a4)/5.0;
  if(a0>av) printf("%3d",a0);
  if(a1>av) printf("%3d",a1);
  if(a2>av) printf("%3d",a2);
  if(a3>av) printf("%3d",a3);
  if(a4>av) printf("%3d",a4);
}
```

上面的程序使用了 5 个简单变量 a0 到 a4，程序中有很多相似的语句，显得很复杂。如果学生人数是 40 人或人数不确定，那么程序会更复杂。事实上，程序不能这样写。请看下面的例子。

【引例 2】依次输入 5 名学生的考试成绩，输出高于平均分的成绩（程序 2）。

用数组实现的程序如下：

```
#include<stdio.h>
void main()
{ int i;
  int a[5];     /*数组的 5 个元素 a[0],a[1],a[2],a[3],a[4]相当于上面程序的五个变量*/
  float av=0;
```

```
    for(i=0;i<5;i++)
    {scanf("%d",&a[i]);   /*利用循环为数组的 5 个元素 a[0]~a[4]赋值 */
     av+=a[i];            /*求 5 个元素 a[0]~a[4]的和 */
    }
    av=av/5.0;            /*求 5 个元素的平均值*/
    for(i=0;i<5;i++)
    {if(a[i]>av) printf("%3d",a[i]);} /*利用循环在数组中找到高于平均分的元素并输出 */
}
```

可以看出，使用数组简化了程序。若把程序中的 5 换成 40，则可处理 40 名学生的成绩。

7.1.1　一维数组的定义及初始化

1. 一维数组的定义

在 C 语言中使用数组必须先进行定义。

一维数组的定义方式如下：

```
类型说明符 数组名[常量表达式];
```

其中，"类型说明符"是任意一种数据类型；"数组名"是用户定义的数组标识符；方括号中的"常量表达式"表示数据元素的个数，也称数组的长度。

例如，

```
int a[5];               说明整型数组 a，它有 a[0],a[1],a[2],a[3],a[4]共 5 个元素。
float b[10],c[20];      说明实型数组 b，它有 10 个元素；说明实型数组 c，它有 20 个元素。
char ch[20];            说明字符数组 ch，它有 ch[0]~ch[19]共 20 个元素。
```

对于数组类型的说明，应注意以下几点：

1）数组的类型实际上是指数组元素的类型。对于同一个数组，其所有元素的数据类型都是相同的。

2）数组名的书写规则应符合标识符的书写规则。

3）数组名不能与其他变量名相同。

例如，

```
#include<stdio.h>
void main()
     {
       int a;
       float a[10];
       …
     }
```

是不合法的。

4）方括号中的"常量表达式"表示数组元素的个数，这些元素在内存中连续存放，占用一片连续的内存空间。如 a[5]表示数组 a 有 5 个元素，其下标是从 0 开始计算的。因此，5 个元素分别为 a[0],a[1],a[2],a[3],a[4]。这 5 个元素在内存中连续存放，因为数组类型为整型，所以每个元素分配 4 字节内存，数组共分配 4×5 = 20 字节的连续内存空间。

5）不能在方括号中用变量来表示元素的个数，但可以用符号常量或常量表达式来表示。

例如，

```
#define FD 5
#include<stdio.h>
void main()
    {
       int a[3+2],b[FD]; /* FD 是符号常量，3+2 和 FD 都是常量表达式 */
       …
    }
```

是合法的。

但是，下述说明方式是错误的：

```
#include<stdio.h>
void main()
    {
        int n=5;
        int a[n];      /* 定义 a 数组时，表示元素个数不能使用变量 n */
        …
    }
```

6）允许在同一个类型说明中，说明多个数组和多个变量。

例如，

```
int a,b,c,d,k1[10],k2[20];
```

2. 一维数组的初始化

给数组赋值的方法除用赋值语句对数组元素逐个赋值外，还可采用初始化赋值和动态赋值的方法。

初始化赋值的一般形式如下：

```
类型说明符 数组名[常量表达式]={初始值列表};
```

其中{}内的各个数据值即为各元素的初值，各值之间用逗号间隔。例如，

```
int a[10]={0,1,2,3,4,5,6,7,8,9};
```

相当于

```
a[0]=0;a[1]=1;…;a[9]=9;
```

C 语言对数组的初始化赋值还有以下几个规定。

1）可以只给部分元素赋初值。

当{}内的值的个数少于元素个数时，只给前面的部分元素赋值。例如，

```
int a[10]={0,1,2,3,4};
```

表示只给 a[0]～a[4]这 5 个元素赋值，而后 5 个元素自动赋 0 值。

2）只能给元素逐个赋值，不能给数组整体赋值。

例如，给 10 个元素全部赋 1 值，只能写为

```
int a[10]={1,1,1,1,1,1,1,1,1,1};
```

而不能写为

```
int a[10]=1;
```

3）如果给全部元素赋值，那么在数组说明中，可以不给出数组元素的个数。

例如，

```
int a[5]={1,2,3,4,5};
```

可写为

```
int a[]={1,2,3,4,5};
```

7.1.2　一维数组元素的引用

数组元素是组成数组的基本单元。数组元素也是一种变量，其标识方法为数组名后跟一个下标，下标表示元素在数组中的顺序号。

数组元素的一般形式如下：

```
数组名[下标]
```

其中，数组名与前面定义的数组名相同，方括号中的“下标”只能为整型量或整型表达式，且下标的下限为“0”，上限为“数组长度-1”。

下标超过下限或上限称为下标越界，C 语言不做越界检查，需要编程者在程序中控制。如果“下标”为实数，VC++编译程序将会报错。例如，

```
float a[10],i=6.0;
a[5+3]=1962;     /* 正常编译 */
a[i]=2019;       /* 编译报错,因为 i 不是整型数据而是实型数据 */
```

数组元素通常也称下标变量。必须先定义数组，才能使用下标变量。在 C 语言中只能逐个地使用下标变量，而不能一次引用整个数组。数组元素的下标通常使用循环变量。

例如，输出有 10 个元素的数组时，必须使用循环语句逐个输出下标变量：

```
int i,a[10]={3,1,4,1,5,9,2,6,5,3};
for(i=0; i<10; i++)
    printf("%d ",a[i]);
```

而不能用一个语句输出整个数组。例如，下面的写法是错误的：

```
printf("%d ",a);
```

【例 7.1】 将 0～9 依次存入数组中，然后逆序输出。

```
#include<stdio.h>
void main()
{
  int i,a[10];
  for(i=0;i<=9;i++)
      a[i]=i;               /* a[i]可以赋值，i 是整型变量 */
  for(i=9;i>=0;i--)
      printf("%d ",a[i]);   /*a[i]可以被输出*/
      printf("\n");
}
```

运行结果：

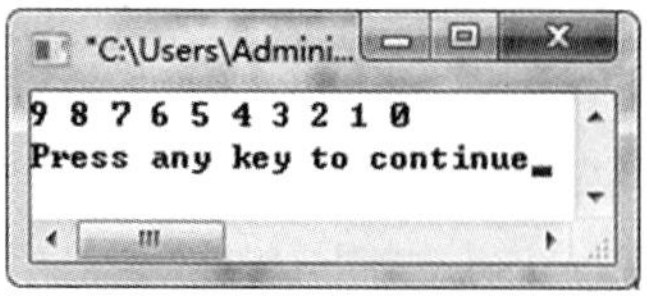

【例 7.2】例 7.1 的另一种程序写法。

```
#include<stdio.h>
void main()
{
  int i,a[10];
  for(i=0;i<10;)
      a[i++]=i;
  for(i=9;i>=0;)
      printf("%d ",a[i--]);
  printf("\n");
 }
```

【例 7.3】将从 1 开始的十个奇数依次存入数组，然后输出。

```
#include<stdio.h>
void main()
{
  int i,a[10];
  for(i=0;i<10;)
      a[i++]=2*i+1;
  for(i=0;i<=9;i++)
      printf("%d ",a[i]);
}
```

运行结果：

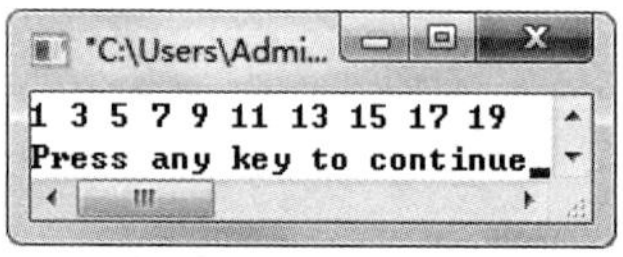

本例中用一个循环语句给 a 数组各元素送入奇数值，然后用另一个循环语句输出各个奇数。在第一个 for 语句中，省略了表达式 3；在下标变量中使用了表达式 i++，用以修改循环变量。当然，在第二个 for 语句中也可以这样做，因为 C 语言允许用表达式表示下标。

7.1.3 一维数组程序举例

在程序执行过程中，可以对数组动态赋值。这时可用循环语句配合 scanf 函数逐个对数组元素赋值。

【例 7.4】输入 10 个整数并依次存到数组中，然后输出最大值。

```
#include<stdio.h>
void main()
{
```

```
  int i,max,a[10];
  printf("input 10 numbers:\n");
  for(i=0;i<10;i++)
      scanf("%d ",&a[i]);
  max=a[0];
  for(i=1;i<10;i++)
      if(a[i]>max) max=a[i];
  printf("maxmum=%d\n",max);
}
```

运行结果：

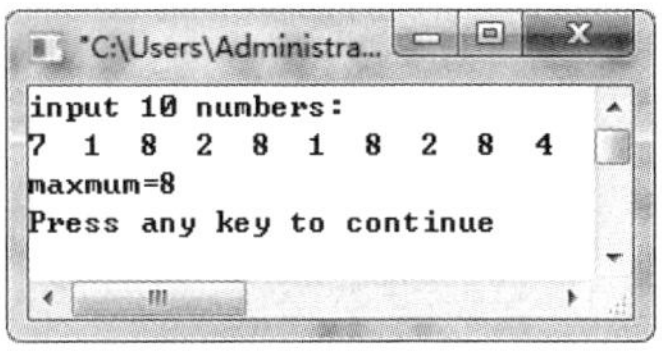

程序中的第一个 for 语句逐个输入 10 个数到数组 a 中，然后把 a[0]送入 max。在第二个 for 语句中，从 a[1]到 a[9]逐个与 max 中的内容进行比较，若比 max 的值大，则把该下标变量送入 max，因此 max 总是存放已比较过的下标变量中的最大者。比较结束，输出 max 的值。

【例 7.5】 选择法排序。输入 10 个整数，并由大到小输出。

```
#include<stdio.h>
void main()
{
  int i,j,k,t,a[10];
  printf("input 10 numbers:\n");
  for(i=0;i<10;i++)      /*此循环依次为 10 个数组元素赋值*/
      scanf("%d",&a[i]);
  for(i=0;i<10;i++)      /*此循环为 10 个数组元素进行选择排序*/
  {   k=i;
      for(j=i+1;j<10;j++)/*此内循环寻找下标为 i 的元素后面的元素的最大值并记录下标 k */
        if(a[k]<a[j]) {k=j;}
      if(i!=k){t=a[i];a[i]=a[k];a[k]=t;} /*若找到最大值则交换 a[i]和 a[k]的值*/
  }
  for(i=0;i<10;i++)
      printf("%d ",a[i]);
  printf("\n");
}
```

运行结果：

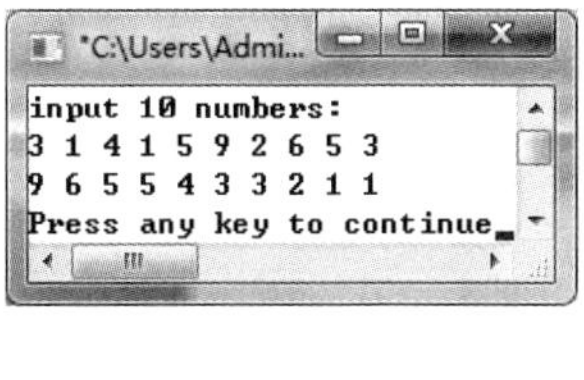

程序中使用了三个并列的 for 循环语句。第一个 for 语句用于输入 10 个元素的初值；第二个 for 语句用于排序，其循环体内嵌套了一个 for 语句；第三个 for 语句用于输出排序后的 10 个数组元素。本程序的排序采用逐个比较的方法进行。在 i 次循环时，把第一个元素的下标 i 赋给 k，然后进入小循环，从 a[i+1]起到最后一个元素止逐个与 a[k]进行比较，若有比 a[k]大者则将其下标送给 k。一次循环结束后，k 即为最大元素的下标。若此时 i≠k，说明 k 值已不是进入小循环之前所赋的值，则交换 a[i]和 a[k]的值,再对 i+1 以后的各个元素排序。排序完成后，第三个 for 语句输出排序后的 10 个数组元素。

7.2 二维数组

7.2.1 二维数组的定义及初始化

1. 二维数组的定义

二维数组的概念：当数组的每个元素不是一个简单数据，而是由同类型、等长度的一维数组构成时，整体上看就是一个二维数组。

前面介绍的数组只有一个下标，称为一维数组，其数组元素也称单下标变量。在实际问题中，很多变量是二维的或多维的，因此 C 语言允许构造多维数组。多维数组的元素有多个下标，以标识它在数组中的位置，所以也称多下标变量。本节只介绍二维数组，多维数组的介绍可由二维数组的介绍类推得到。

二维数组定义的一般形式如下：

```
类型说明符 数组名[常量表达式 1][常量表达式 2]
```

其中，“常量表达式 1”表示第一维下标的长度，“常量表达式 2”表示第二维下标的长度。

例如，

```
int a[3][4];
```

说明了一个三行四列的数组，数组名为 a，其下标变量的类型为整型。该数组的下标变量共有 3×4 个，即

```
a[0][0],a[0][1],a[0][2],a[0][3]
a[1][0],a[1][1],a[1][2],a[1][3]
a[2][0],a[2][1],a[2][2],a[2][3]
```

二维数组在概念上是二维的，即其下标在两个方向上变化，下标变量在数组中的位置也位于一个平面中，而不像一维数组只是一个向量。然而，实际的硬件存储器却是连续编址的，即存储器单元是一维线性排列的。在一维存储器中存放的二维数组是按行排列的，即存放一行之后，再顺次存放第二行，因为每行都相当于一个大元素。也就是说，先存放 a[0]行，再存放 a[1]行，最后存放 a[2]行。每行中有 4 个元素，这些元素也是依次存放的。由于数组 a 说明为 int 类型，该类型占 4 字节的内存空间，因此每个元素均占 4 字节的内存空间。

2. 二维数组的初始化

二维数组的初始化也是在进行类型说明时，给各下标变量赋初值。二维数组可按行分段赋值，也可按行连续赋值。

例如，数组 a[5][3]的不同赋值方式如下。

1）按行分段赋值可写为

```
int a[5][3]={{80,75,92},{61,65,71},{59,63,70},{85,87,90},{76,77,85}};
```

2）按行连续赋值可写为

```
int a[5][3]={80,75,92,61,65,71,59,63,70,85,87,90,76,77,85};
```

这两种赋初值的结果完全相同。

【例 7.6】二维数组中存放 5 名学生的三门课程的成绩，求各科的平均分和总平均分（用二维数组初始化存放原始成绩）。

```
#include<stdio.h>
void main()
{
  int i,j,s,average,v[3];
  int a[5][3]={{80,75,92},{61,65,71},{59,63,70},{85,87,90},{76,77,85}};
  for(i=0;i<3;i++)
      { s=0;
        for(j=0;j<5;j++)
          s=s+a[j][i];
        v[i]=s/5;
      }
  average=(v[0]+v[1]+v[2])/3;
  printf("Math:%d\nC language:%d\nFoxpro:%d\n",v[0],v[1],v[2]);
  printf("total:%d\n", average);
 }
```

运行结果：

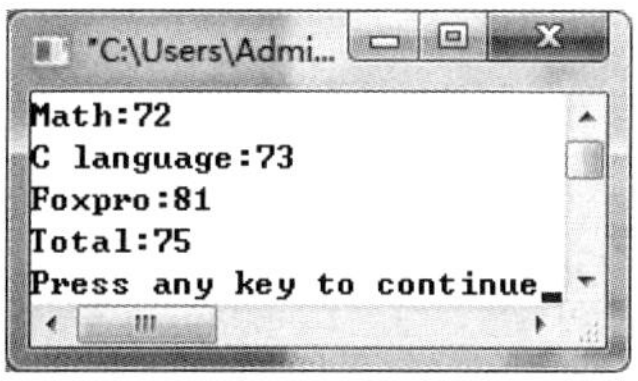

对于二维数组的初始化赋值，还有以下说明。

1）可以只对部分元素赋初值，未赋初值的元素自动取 0 值。

例如，

```
int a[3][3]={{1},{0,2},{3}};
```

对每行的第一列元素赋值，未赋值的元素取 0 值。赋值后各元素的值为

```
1  0  0
0  2  0
3  0  0
```

2）若对全部元素赋初值，则第一维的长度可以不给出。

例如，

```
int a[3][3]={1,2,3,4,5,6,7,8,9};
```

可以写为

```
int a[][3]={1,2,3,4,5,6,7,8,9};
```

3）数组是一种构造类型的数据。二维数组可视为由一维数组的嵌套构成。设一维数组的每个元素又都是一个数组，于是就构成了二维数组，前提是数组长度和各元素的类型必须相同。根据这样的分析，一个二维数组也可分解为多个一维数组。C语言允许这种分解。

例如，二维数组 a[3][4]可分解为三个一维数组，其数组名分别为

```
a[0]
a[1]
a[2]
```

这三个一维数组不需要另做说明即可使用。这三个一维数组都有 4 个元素，例如一维数组 a[0]的元素为 a[0][0],a[0][1],a[0][2],a[0][3]。

必须强调的是，a[0],a[1],a[2]不能当作下标变量使用，它们是数组名，不是一个单纯的下标变量。

7.2.2 二维数组元素的引用

二维数组的元素也称双下标变量，其表示形式如下：

```
数组名[行下标][列下标]
```

其中，下标应为整型量或整型表达式。例如，

```
a[3][4]
```

表示 a 数组 3 行 4 列的元素。

下标变量和数组的说明形式上有些相似，但两者具有完全不同的含义。数组说明的方括号中给出的是某一维的长度，即可取下标的最大值（长度-1）；而数组元素中的下标是该元素在数组中的位置标识。前者只能是常量，后者可以是常量、变量或表达式。

7.2.3 二维数组程序举例

【例 7.7】如下所示，一个学习小组有 5 人，每人有三门课程的考试成绩。编写程序，计算学习小组单门课程的平均成绩和各课程的总平均成绩（用循环和 scanf 语句输入原始成绩）。

课程\学生	张	王	李	赵	周
Math	80	61	59	85	76
C	75	65	63	87	77
FoxPro	92	71	70	90	85

用一个二维数组 a[5][3]来存放 5 人三门课程的成绩，用一个一维数组 v[3]来存放所求得的各门课程的平均成绩，用变量 average 来存放小组各门课程的总平均成绩。编程如下：

```
#include<stdio.h>
void main()
```

```
{
  int i,j,s=0,average,v[3],a[5][3];
  printf("input score\n");
  for(i=0;i<3;i++)
  {    s=0;
       for(j=0;j<5;j++)
       {scanf("%d",&a[j][i]);
       s=s+a[j][i];}
       v[i]=s/5;
  }
  average =(v[0]+v[1]+v[2])/3;
  printf("Math:%d\nC language:%d\nFoxPro:%d\n",v[0],v[1],v[2]);
  printf("Total:%d\n",average);
}
```

程序中首先使用了一个双重循环。在内循环中依次读入某门课程各名学生的成绩，并累加这些成绩，退出内循环后将该累加成绩除以 5，结果送入 v[i]，这就是该门课程的平均成绩。外循环共循环三次，分别求出三门课程各自的平均成绩并存放到数组 v 中。退出外循环后，把 v[0],v[1],v[2]相加后除以 3，即得到各门课程的总平均成绩。最后按题意输出各成绩。

7.3 字符数组

用来存放字符量的数组称为字符数组。

7.3.1 字符数组的定义及初始化

1. 字符数组的定义

字符数组的定义形式与前面介绍的数值数组的定义形式相同。

例如，

```
char c[10];
```

由于字符型和整型通用，因此也可定义为 int c[10];，但这时每个数组元素占 4 字节的内存单元。

字符数组也可以是二维或多维数组。例如，

```
char c[5][10];
```

即为二维字符数组。

2. 字符数组的初始化

字符数组也允许在定义时做初始化赋值。例如，

```
char c[10]={'c',' ','p','r','o','g','r','a','m'};
```

赋值后数组 c 的各个元素的值如下：

c[0]的值为'c'
c[1]的值为' '
c[2]的值为'p'
c[3]的值为'r'
c[4]的值为'o'
c[5]的值为'g'
c[6]的值为'r'
c[7]的值为'a'
c[8]的值为'm'

其中，c[9]未被赋值，系统自动对其赋 0 值。

对全体元素赋初值时，也可省去长度说明。例如，

```
char c[]={'c',' ','p','r','o','g','r','a','m'};
```

这时 c 数组的长度自动定为 9。

7.3.2 字符数组的引用

字符数组的引用和前面的数值数组一样，可以利用下标一个一个地对数组元素进行输入和输出。

【例 7.8】 输出二维数组中每一行的字符。

```
#include<stdio.h>
void main()
{
  int i,j;
  char a[][5]={{'B','A','S','I','C',},{'d','B','A','S','E'}};
  for(i=0;i<=1;i++)
    {
      for(j=0;j<=4;j++)
          printf("%c",a[i][j]);
      printf("\n");
    }
}
```

运行结果：

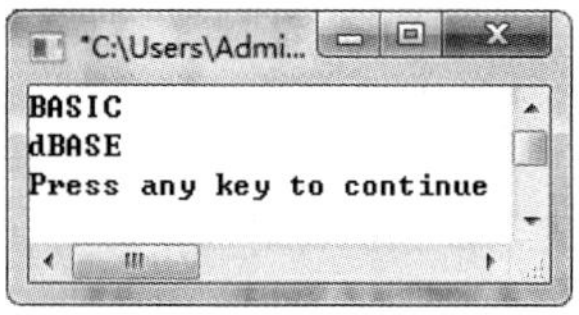

本例中的二维字符数组由于在初始化时，全部元素都被赋以初值，因此一维下标的长度可以不加以说明。

7.3.3 字符串和字符串结束标志

在 C 语言中，没有专门的字符串变量，通常用一个字符数组来存放一个字符串。前面在介绍字符串常量时，已说明字符串总以'\0'作为串结束符。因此在把一个字符串存入一个数组时，也把串结束符'\0'存入数组，并以此作为该字符串是否结束的标志。有了串结束符'\0'，就不必再用字符数组的长度来判断字符串的长度。

C 语言允许用字符串的方式对数组进行初始化赋值。例如，

```
char c[]={'C',' ','p','r','o','g','r','a','m','\0'};
```

可写为

```
char c[]={"C program"};
```

或去掉{}后写为

```
char c[]="C program";
```

用字符串方式赋值比用字符逐个赋值要多占 1 字节，多占的这个字节用于存放字符串结束标志'\0'。上面的数组 c 在内存中的实际存放情况如下：

C		p	r	o	g	r	a	m	\0

其中，'\0'是由 C 编译系统自动加上的。由于采用了串结束标志'\0'，因此在用字符串赋初值时一般无须指定数组的长度，而由系统自行处理。

7.3.4　字符数组的输入/输出

采用字符串方式后，字符数组的输入/输出会变得简单、方便。

除上述用字符串赋初值的办法外，还可用 printf 函数和 scanf 函数一次性地输出/输入一个字符数组中的字符串，而不必使用循环语句逐个地输入/输出每个字符。

【例 7.9】 利用字符数组名输出字符串。

```
#include<stdio.h>
void main()
{
  char c[]="BASIC\ndBASE";
  printf("%s\n",c);
}
```

运行结果：

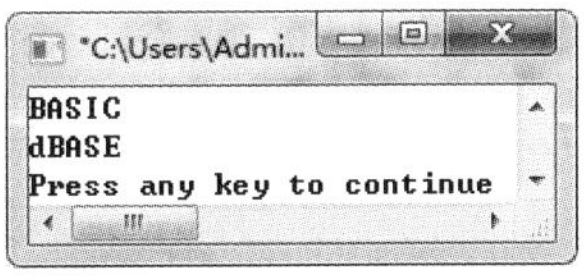

注意，在本例的 printf 函数中，使用的格式字符串为“%s”，它表示输出的是一个字符串。在输出表列中，给出数组名即可，而不能写为

```
printf("%s",c[]);
```

【例 7.10】 输入一个不含空格的、不超过 14 个字符的字符串，并输出该字符串。

```
#include<stdio.h>
void main()
{
  char st[15];
  printf("input string:\n");
  scanf("%s",st);
  printf("%s\n",st);
}
```

本例中由于将数组长度定义为 15，因此输入的字符串长度必须小于 15，以留出 1 字节用于存放字符串的结束标志'\0'。要说明的是，当用 scanf 函数输入字符串时，字符串中不能含有空格，否则将以空格作为字符串的结束符。

例如，当输入的字符串中含有空格时，运行情况为

```
input string:
this is a book
```

输出为

```
this
```

从输出结果可以看出，空格以后的字符都未能输出。为避免出现这种情况，C 语言提供了字符串输入函数 gets()，它可以接收含空格的字符串，其详细介绍见后。

如果写为 scanf("%s",&st);，那么这是不合法的。由于数组名 st 就代表了这个首地址，因此在 st 前面不能再加地址运算符&。将 scanf("%s",&st[0]);写为 scanf("%s",st);，结果是一样的。

7.3.5　字符串处理函数

C 语言提供了丰富的字符串处理函数，大致可分为字符串的输入、输出、合并、修改、比较、转换、复制、搜索几类。使用这些函数可大大减轻编程的负担。使用输入/输出字符串函数之前，应在程序中包含头文件“stdio.h”；使用其他字符串函数之前，应在程序中包含头文件“string.h”。

下面介绍几个最常用的字符串函数。

1. 字符串输出函数 puts

格式：puts (字符数组名)

功能：把字符数组中的字符串输出到显示器，即在屏幕上显示该字符串。

【例 7.11】 用 puts()函数输出字符串。

```
#include<stdio.h>
void main()
{
  char c[]="BASIC\ndBASE";
  puts(c);
}
```

运行结果：

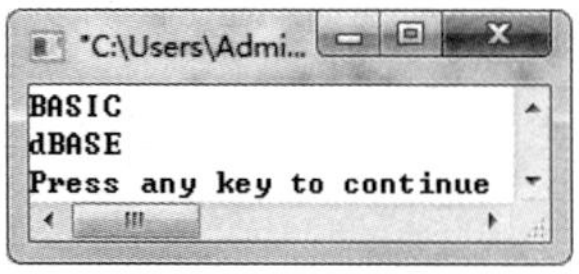

从程序中可以看出，puts 函数中可以使用转义字符，因此输出结果分为两行。puts 函数完全可以被 printf 函数取代。当需要按一定格式输出时，通常使用 printf 函数。

2. 字符串输入函数 gets

格式：gets(字符数组名)

功能：从键盘上输入一个字符串（输入的字符串中可以有空格）。

该函数把输入的字符串存储到字符数组中，并得到一个函数值，即该字符数组的首地址。

【例 7.12】字符串输入函数 gets()的使用。

```
#include<stdio.h>
void main()
{
  char st[15];
  printf("input string:\n");
  gets(st);
  puts(st);
}
```

运行结果：

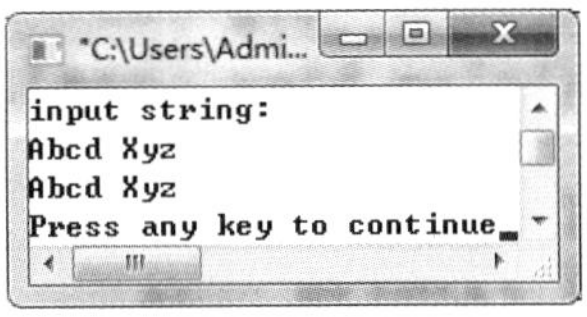

可以看出，当输入的字符串中含有空格时，输出仍为全部字符串，这说明 gets 函数并不以空格作为字符串输入结束的标志，而只以回车作为字符串输入结束的标志，这就是与 scanf 函数的不同。

3. 字符串连接函数 strcat

格式：strcat(字符数组名 1,字符数组名 2)

功能：把字符数组 2 中的字符串连接到字符数组 1 中的字符串的后面，并删除前一个字符串后面的串结束标志“\0”。该函数的返回值是字符数组 1 的首地址。

【例 7.13】strcat()函数的使用。

```
#include<string.h>
#include<stdio.h>
void main()
{
  char st1[30]="My name is ";
  int st2[10];
  printf("input your name:\n");
  gets(st2);
  strcat(st1,st2);
  puts(st1);
}
```

运行结果：

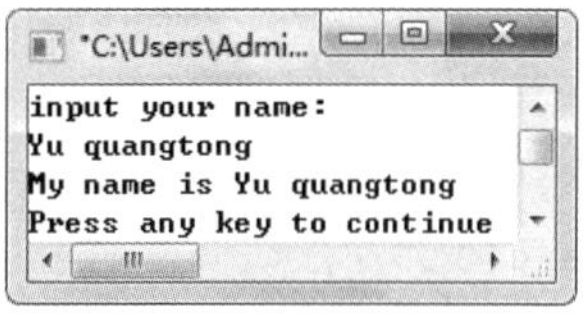

本程序把初始化赋值的字符数组与动态赋值的字符串连接起来。要注意的是，字符数组 1 应定义足够的长度，否则无法全部装入被连接的字符串。

4. 字符串拷贝函数 strcpy

格式：strcpy(字符数组名 1,字符数组名 2)

功能：把字符数组 2 中的字符串拷贝到字符数组 1 中，串结束标志“\0”也一同拷贝。“字符数组名 2”也可以是一个字符串常量，这时相当于把一个字符串赋予一个字符数组。

【例 7.14】 strcpy()函数的使用。

```
#include<string.h>
#include<stdio.h>
void main()
{
  char st1[15],st2[]="C Language";
  strcpy(st1,st2);
  puts(st1);printf("\n");
}
```

本函数要求字符数组 1 应有足够的长度，否则不能全部装入所拷贝的字符串。

5. 字符串比较函数 strcmp

格式：strcmp(字符数组名 1,字符数组名 2)

功能：按照 ASCII 码的顺序比较两个数组中的字符串，并由函数返回值返回比较结果。

字符串 1 = 字符串 2，返回值 =0；
字符串 2 > 字符串 2，返回值 >0；
字符串 1 < 字符串 2，返回值 <0。

本函数也可用于比较两个字符串常量，或比较数组和字符串常量。

【例 7.15】 字符串比较函数 strcmp()的使用。

```
#include<string.h>
#include<stdio.h>
void main()
{ int k;
  char st1[15],st2[15];
  printf("input two string:\n");
  gets(st1); gets(st2);
  k=strcmp(st1,st2);
  if(k==0) printf("st1=st2\n");
  else if(k>0) printf("st1>st2\n");
  else printf("st1<st2\n");
```

```
}
```

运行结果：

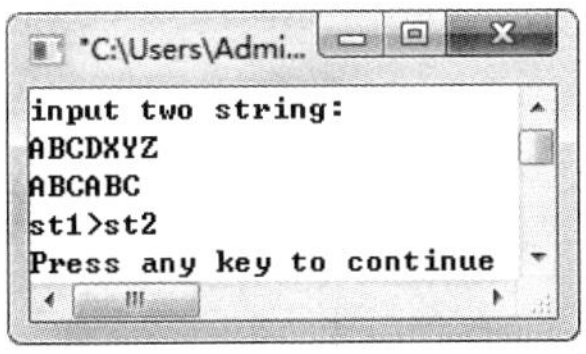

本程序比较输入的字符串和数组 st2 中的字符串，比较结果返回到 k 中，根据 k 值再输出结果提示串。当输入为 ABCDXYZ 和 ABCABC 时，由 ASCII 码可知“ABCXYZ”大于“ABCABC”，k>0，因此输出结果“st1>st2”。

6. 测字符串长度函数 strlen

格式：strlen(字符数组名)

功能：测字符串的实际长度（不含字符串结束标志'\0'）并将长度作为函数返回值。

【例 7.16】 测字符串长度函数 strlen()的使用。

```
#include<string.h>
#include<stdio.h>
void main()
{ int k;
  static char st[]="C language";
  k=strlen(st);
  printf("The lenth of the string is %d\n",k);
}
```

运行结果：

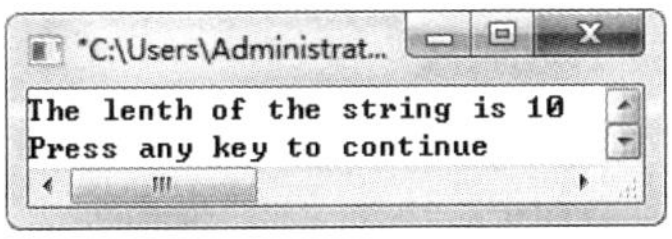

7.4 程序举例

【例 7.17】 采用“冒泡法”对任意输入的 10 个整数按由小到大的顺序排序。

冒泡法排序思路：对相邻的两个数据进行比较，先比较第 1 个数据和第 2 个数据，若顺序不对则交换；再比较第 2 个数据和第 3 个数据，若顺序不对则交换……第 10 个数为最大的数，为一轮比较冒出的大泡。类似地，对前 9 个数据进行冒泡，第二大的数排在第 9 位。以此类推，直到第 2 个数排好，第 1 个数就是最小的。排序完成。程序如下：

```
#define N 10
#include<stdio.h>
void main()
{
  int a[10],i,j,t;
  for(i=0;i<N;i++)
```

```
    scanf("%d",&a[i]);              /*输入 10 个整数*/
  for(i=0;i<N-1;i++)                /*N-1 次，大数沉底*/
    for(j=0;j<N-(i+1);j++)          /* 因为 i 从 0 开始，所以原来分析的 N-i 次应是 N-(i+1)次*/
          if(a[j]>a[j+1])
          {
           t=a[j];a[j]=a[j+1];a[j+1]=t;
          }
  for(i=0;i<N;i++)                  /*输出排序后的 10 个整数*/
     printf("%d ",a[i]);
  printf("\n");
}
```

运行结果：

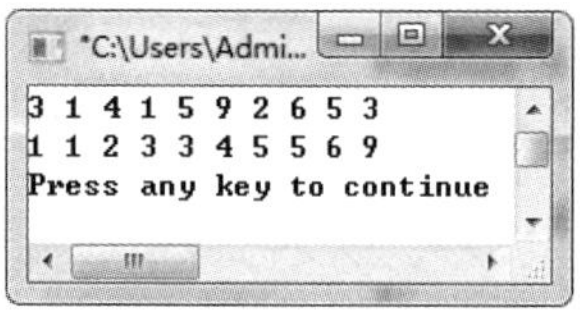

【例 7.18】采用“选择法”对任意输入的 10 个整数按由小到大的顺序排序。

选择法排序思路：先假定第 1 个元素最小，下标 1 存储到变量 k 中，将变量 k 做下标对应的数组元素和后面的元素进行比较，若发现更小的元素，则把这个元素的下标存储到变量 k 中，如此下去，直到找到最后一个元素。在一轮比较中找到最小元素的下标 k 后，将该下标 k 对应的最小元素和第 1 个元素交换，第 1 个元素就是最小的。采用同样的方法，对后面的 9 个数据进行同样的操作，将第 2 个元素换成第二小的。以此类推，当前 9 个数据站好队时，第 10 个数据是最大的。排序完成。程序如下：

```
#define N 10
#include<stdio.h>
void main()
{
  int b[10],i,j,t,k;
  for(i=0;i<N;i++)
     scanf("%d",&b[i]);
  for(i=0;i<N-1;i++)
  {   k=i;                                /* 第 i 次找小数，假设 b[i]就是小数 */
      for(j=i+1;j<N;j++)                  /* 从 b[i+1]开始，到 b[N-1]结束 */
      {     if(b[j]<b[k])                 /* 如果某个元素 < 当前最小值 */
          { k=j;                          /* 记录其下标 */
          }
      }
      if(i!=k )
      {t=b[i];b[i]=b[k];b[k]=t;}          /* 交换小数到 b[i]位置 */
  }
  for(i=0;i<N;i++)
    printf("%d ",b[i]);
```

```
    printf("\n");
}
```

运行结果：

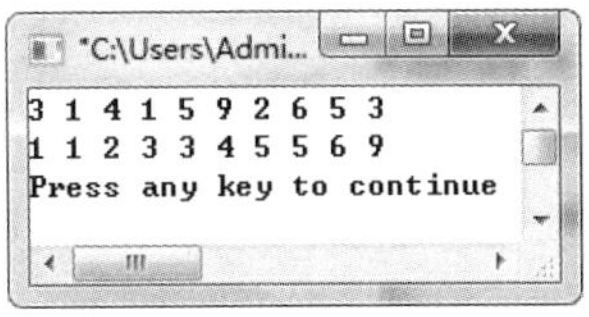

【例 7.19】先将数组元素由大到小排序，再把一个整数按大小顺序插入已排好序的数组。

要把一个数按大小插入已排好序的数组，首先应确定排序是从大到小还是从小到大进行的。若排序是从大到小进行的，则可把待插入数与数组中的各数逐个比较，找到第一个比插入数小的元素 i 时，该元素之前即为插入位置；然后从数组最后一个元素开始到该元素为止，逐个后移一个单元；最后，把插入数赋予元素 i。若被插入数比所有元素值都小，则插入到最后的位置。程序如下：

```
#include<stdio.h>
void main()
{
  int i,j,k,s,n,a[11]={127,3,6,28,54,68,87,105,162,18};
  for(i=0;i<10;i++)
      { k=i;
    for(j=i+1;j<10;j++)
    if(a[k]<a[j]) k=j;
    if(k!=i)
    {
      s=a[i];
      a[i]=a[k];
      a[k]=s;
    }
    printf("%d ",a[i]);
      }
    printf("\ninput number:\n");
    scanf("%d",&n);
    for(i=0;i<10;i++)
      if(n>a[i])
      {for(s=9;s>=i;s--) a[s+1]=a[s];
      break;}
      a[i]=n;
    for(i=0;i<=10;i++)
      printf("%d ",a[i]);
    printf("\n");
 }
```

运行结果：

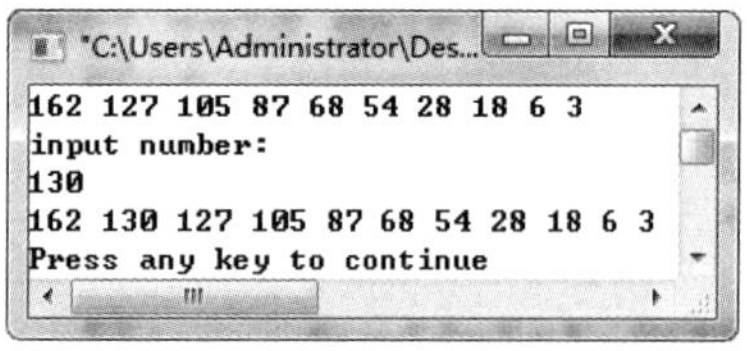

程序首先对数组 a 中的 10 个数从大到小排序并输出排序结果，然后输入待插入的整数 n，再用一个 for 语句把 n 和数组元素逐个比较。若发现有 n>a[i]，则由一个内循环把 i 以下的各元素值顺次后移一个单元。后移应从后向前进行（从 a[9]开始到 a[i]为止）。后移结束后，即跳出外循环。插入点为 i，把 n 赋给 a[i]即可。若所有元素均大于被插入数，则并不进行过后移工作。此时 i=10，结果是把 n 赋给 a[10]。最后一个循环的作用是，输出插入数后的数组的各个元素值。

程序运行时，输入数 130。从结果可以看出 130 已插入到 162 和 127 之间。

【例 7.20】 如下所示，在二维数组 a 中选出各行最大的元素，组成一个一维数组 b。

```
a=( 3   16  87  65
    4   32  11 108
   10   25  12  37 )
b=(87 108 37)
```

本题的编程思路是，在数组 a 的每行中寻找最大的元素，找到之后把该值赋给数组 b 的相应元素。程序如下：

```
#include<stdio.h>
void main()
{
    int a[][4]={3,16,87,65,4,32,11,108,10,25,12,27};
    int b[3],i,j,k;
    for(i=0;i<=2;i++)
      { k=a[i][0];
    for(j=1;j<=3;j++)
         if(a[i][j]>k) k=a[i][j];
              b[i]=k;}
    printf("\narray a:\n");
    for(i=0;i<=2;i++)
      { for(j=0;j<=3;j++)
           printf("%5d",a[i][j]);
        printf("\n");
      }
      printf("\narray b:\n");
      for(i=0;i<=2;i++)
        printf("%5d",b[i]);
      printf("\n");
}
```

运行结果：

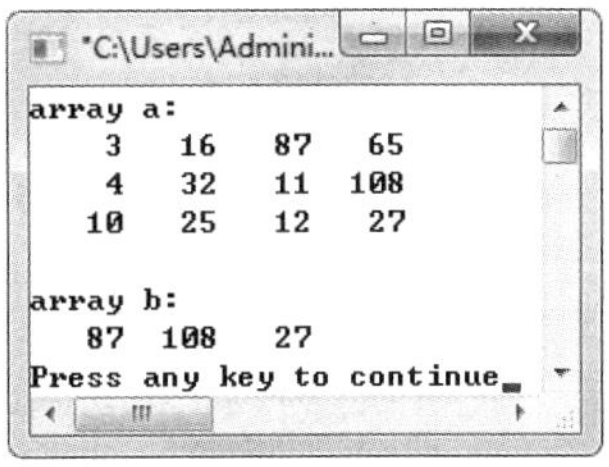

程序中的第一个 for 语句中又嵌套了一个 for 语句，组成了双重循环。外循环控制逐行处理，并把每行的第 0 列元素赋予 k。进入内循环后，把 k 与后面的各列元素进行比较，并把比 k 大者赋给 k。内循环结束时，k 即为该行最大的元素，然后把 k 值赋给 b[i]。外循环全部完成时，数组 b 中已装入 a 中各行的最大值。后面的两个 for 语句分别输出数组 a 和数组 b。

【例 7.21】输入五个国家的名称并按字母顺序排列输出。

本题的编程思路如下：五个国家名应由一个二维字符数组来处理。然而，C 语言规定可以把一个二维数组当成多个一维数组来处理。因此，本题又可以按五个一维数组来处理，而每个一维数组就是一个国家名字符串。用字符串比较函数比较各一维数组的大小并排序，输出结果即可。

编程如下：

```
#include<stdio.h>
void main()
{
    char st[20],cs[5][20];
    int i,j,p;
    printf("input country's name:\n");
    for(i=0;i<5;i++)
      gets(cs[i]);
    printf("\n");
    for(i=0;i<5;i++)
      { p=i;strcpy(st,cs[i]);
    for(j=i+1;j<5;j++)
       if(strcmp(cs[j],st)<0) {p=j;strcpy(st,cs[j]);}
    if(p!=i)
      {
      strcpy(st,cs[i]);
      strcpy(cs[i],cs[p]);
      strcpy(cs[p],st);
      }
    puts(cs[i]);}printf("\n");
}
```

在程序的第一个 for 语句中，用 gets 函数输入五个国家名字符串。上面说过，C 语言允许把一个二维数组按多个一维数组来处理，本程序说明 cs[5][20]为二维字符数组，可分为五个一维数组 cs[0],cs[1],cs[2],cs[3],cs[4]。因此，在 gets 函数中使用 cs[i]是合法的。

在第二个 for 语句中又嵌套了一个 for 语句，组成了双重循环。这个双重循环完成按字母顺序排序的工作。在外层循环中，把字符数组 cs[i]中的国名字符串拷贝到数组 st 中，并把下标 i 赋给 P。进入内层循环后，将 st 与 cs[i]以后的各字符串进行比较，若有比 st 小者，则把该字符串拷贝到 st 中，并把其下标赋给 p。内循环完成后，若 p 不等于 i，则说明有比 cs[i]更小的字符串出现，因此交换 cs[i]和 st 的内容。至此，已确定了数组 cs 的第 i 号元素的排序值，然后输出该字符串。在外循环全部完成之后，即完成全部排序和输出。

7.5 本章小结

1）数组是程序设计中最常用的数据结构。数组可分为数值数组（整数组、实数组），字符数组，以及后面将要介绍的指针数组、结构数组等。

2）数组可以是一维的、二维的或多维的。

3）数组类型说明由类型说明符、数组名、数组长度（数组元素个数）三部分组成。数组元素又称下标变量。数组的类型是指下标变量取值的类型。

4）对数组的赋值，可以用数组初始化赋值、输入函数动态赋值和赋值语句赋值三种方法实现。对数值数组不能用赋值语句整体赋值、输入或输出，而必须用循环语句逐个对数组元素进行操作。

习题

7.1 填空题。

（1）在 C 语言中，字符串不存放在一个变量中，而存放在一个______中。

（2）设有 int a[3][4]={{1},{2},{3}};，则 a[1][1]的值为______。

（3）若有定义 double x[3][5];，则 x 数组中行下标的下限是_____，列下标的上限是_____。

（4）在 C 语言中，二维数组元素在内存中的存放顺序是_________________。

（5）字符'0'的 ASCII 码为_____（十进制形式）。

（6）要将两个字符串连接成一个字符串，使用的函数是__________。

（7）设有定义 char s[12]="string";，则 printf("%d\n",strlen(s));的输出是________。

（8）字符串“Jilin Changchun”占____字节的存储空间。

（9）要比较两个字符串中的字符是否相同，可使用的库函数是________。

（10）在程序中用到 putchar()函数时，应在程序的开头写上文件包含命令________。

（11）在 C 语言中，引用数组只能通过____数组元素来实现，而不能通过整体引用____来实现。

（12）在 C 语言中，将字符串作为____处理。

（13）在一维数组的定义“类型说明符数组[常量表达式]”中，“常量表达式”可以包括_____和______，但不能包括____________。

（14）变量定义时，若对数组全部元素赋初值，则数组长度__________。

（15）若有定义 int a[3][4]={{1,2},{0},{4,6,8,10}};，则初始化后，a[1][2]得到的初值是______，a[2][1]得到的初值是______。

7.2 求一个 3×3 整型矩阵的对角线元素之和。

7.3 将一个数组中的值按逆序重新存放。例如，原来顺序为 8, 6, 5, 4, 1，要求改为 1, 4, 5, 6, 8。

7.4 找出一个二维数组的鞍点，即该位置上的元素在该行上最大、在该列上最小。当然，也可能没有鞍点。

7.5 输出以下的杨辉三角形。

```
1
1   1
1   2   1
1   3   3   1
1   4   6   4   1
1   5   10  10  5   1
```

7.6 编写程序，输出一张九九乘法口诀表。提示：将乘数、被乘数和乘积放入一个二维数组中，再输出该数组。

7.7 有一篇文章，共有 3 行文字，每行有 80 个字符。编写程序，分别统计其中的英文大写出字母、小写字母、数字、空格及其他字符的个数。

7.8 编写程序将两个字符串连接起来，不要用 strcat 函数。

7.9 编写程序，从键盘上输入若干学生的成绩，计算平均成绩，并输出低于平均分的成绩。输入负数时结束输入，假设学生数量不超过 100 名。

7.10 编写程序，输出以下图案。

```
*  *  *  *  *
 *  *  *  *  *
  *  *  *  *  *
   *  *  *  *  *
    *  *  *  *  *
```

第 8 章　函　　数

8.1　概述

当我们面临一个大问题时，为有效求解问题，方法是将问题分解。在设计一个大程序时，关键是把它划分成若干小且容易处理的程序模块，每个程序模块用来实现一个特定的功能，这样的程序模块在 C 语言中称为函数。C 语言通过函数实现模块化程序设计。

在前面介绍过，C 程序是由函数组成的。虽然在前面各章的程序中大多只有一个主函数 main，但实用程序往往由多个函数组成。可以说 C 程序的全部工作都是由各式各样的函数完成的，所以也把 C 语言称为函数式语言。

由于采用了函数模块式的结构，C 语言易于实现结构化程序设计，可使程序的层次结构清晰，便于程序的编写、阅读、调试。

从用户使用的角度看，函数可分为库函数和用户自定义函数两种（与数学中的标准函数和自定义函数类似），其中用户自定义函数在后面简称为自定义函数。

1）库函数：由 C 系统提供，用户无须定义，也不必在程序中进行类型说明，只需在程序前包含该函数原型的头文件，即可在程序中直接调用。在前面各章的例题中反复用到的 printf、scanf 等函数均属此类。C 语言的常用库函数见本书的附录 C。

2）自定义函数：用户为求解问题而专门编写的函数，称为自定义函数。自定义函数需要在程序中定义后，方可使用。

【例 8.1】利用库函数 pow 求 2^3。

```
#include<stdio.h>
#include<math.h>   /* match.h 文件中有 pow 等数学类库函数定义 */
void main()
{
    int x,y,z;
    printf("input two numbers:\n");
    scanf("%d%d",&x,&y);
    z=pow(x,y);      /* 调用 pow 库函数 */
    printf("z=%d\n",z);
}
```

运行结果：

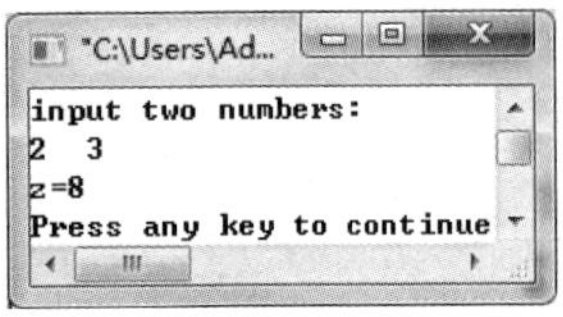

程序中使用了 pow 函数来求 x 的 y 次方。由于程序前面的<math.h>文件中定义了该函数，因此可以直接使用。

【例 8.2】利用自定义函数 userpow 求 2^3。

```
#include<stdio.h>
int userpow(int a,int b) /*自定义名为 userpow 的函数(名字不要与关键字和预定义标识符同名)*/
{
    int i,c=1;
    for(i=0;i<b;i++) c=c*a;
    return c;
    }
void main()                    /* 定义主函数 main */
    {
        int x,y,z;
        printf("input two numbers:\n");
        scanf("%d%d",&x,&y);
        z=userpow(x,y);        /* 调用自定义函数 userpow，名字要与前面定义的名字一致 */
        printf("z=%d\n",z);
    }
```

运行结果：

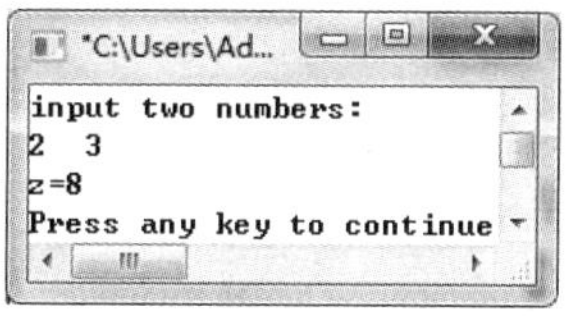

程序中定义了两个函数 userpow 和 main，它们各自独立，都有自己的函数头及由{}括起来的函数体。C 语言规定程序的执行首先从 main 函数开始，main 函数的定义和例 8.1 中 main 函数的定义并无多大区别，只是函数体内的 z=pow(x,y);换成了 z=userpow(x,y);，这里所用的 userpow 函数在库函数中并不存在，是用户自己命名的，因此要在主函数体内的 z=userpow(x,y);语句中使用它，就需要用户自己定义。因此，程序在 main 函数前面定义了有 userpow 函数。程序运行结果和上一个例题完全相同。

main 函数是主函数，它可以调用其他函数，但不允许被其他函数调用。C 程序的执行总是从 main 函数开始，完成对其他函数的调用后再返回到 main 函数，最后由 main 函数结束整个程序。一个 C 源程序必须有且只能有一个主函数 main。

8.2　函数定义的一般形式

1. 无参函数的定义形式

```
类型标识符 函数名()
{
    声明部分
    执行语句
}
```

其中“类型标识符”和“函数名”称为函数头。“类型标识符”指明函数的类型，函数的类型实际上是函数返回值的类型。该类型标识符与前面介绍的各种说明符相同。函数名是由用户定义的标识符，函数名后有一对圆括号，括号中可以无参数，但括号不可少。

{}中的内容称为函数体。函数体的声明部分是对函数体内部所用变量的类型说明。

不要求函数有返回值时，函数类型可以写为 void。例如，我们可以改写一个函数的定义如下：

```
void Hello()
{
    printf ("Hello,world \n");
}
```

其中，Hello 函数是一个无参函数，当它被其他函数调用时，输出字符串“Hello world”，该函数结束返回时没有返回值。

2. 有参函数的定义形式

```
类型标识符 函数名(形参变量表列)
    {
    声明部分
    执行语句
    }
```

与无参函数相比，有参函数多了一项内容，即形参变量表列。在形参表列中给出的参数称为形参变量，它们可以是各种类型的变量，各参数之间用逗号分隔。调用函数时，主调函数会对这些形参变量赋以实际值。形参既然是变量，就必须在形参表列中给出形参的类型说明。

例如，一个求两个数中的大数的函数可写为

```
int max(int a, int b)
{
  if (a>b) return a;
  else return b;
}
```

第 1 行说明 max 函数是一个整型函数，它返回的函数值是一个整数。形参为 a,b，它们均为整型量。a,b 的具体值是由主调函数在调用时传送过来的。在函数体{}内，除形参外，未使用其他变量，因此只有执行语句而没有声明部分。在 max 函数的函数体中，return 语句的作用是结束 max 函数运行并把 a（或 b）的值作为函数的值返回给主调函数。在有返回值的函数中，至少应有一个 return 语句。

在 C 程序中，一个函数的定义可以放在任意位置，既可放在主函数 main 之前，也可放在 main 之后。例如，可把 max 函数放在主函数 main 之后，也可把它放在主函数 main 之前。程序如下所示（此例是把 max 函数的定义整体放在 main 函数前面，当然，这两个函数也可以整体交换位置）。

【例 8.3】输入两个整数，输出最大值。

```
#include<stdio.h>
int max(int a,int b)
{
    if(a>b)return a;
    else return b;
```

```
}
void main()
{
    int x,y,z;
    printf("input two numbers:\n");
    scanf("%d%d",&x,&y);
    z=max(x,y);
    printf("maxmum=%d",z);
}
```

现在我们可以从函数定义、函数说明及函数调用的角度来分析整个程序，以便深入了解函数的各种特点。

程序的第 2 行至第 6 行为 max 函数的定义，第 7 行至第 14 行为 main 函数的定义。程序的执行首先从第 7 行的 main 函数开始。程序的第 12 行调用 max 函数，此时 main 函数被挂起，程序转到第 2 行执行 max 函数，并把 x,y 中的值传送给 max 的形参 a, b。max 函数执行的结果（a 或 b）返回值赋给变量 z，最后由主函数输出 z 的值。

按此分析方法，读者可以读一下例 8.2 中的程序。

8.3　函数参数与函数值

8.3.1　形参变量和实际参数

前面介绍过，函数的参数分为形参和实参两种。本节深入介绍形参、实参的特点和两者的关系。形参出现在函数定义的形参表中，在整个函数体内都可使用，离开该函数则不能使用。实参出现在主调函数中，进入被调函数后，实参变量也不能使用。形参和实参的功能是进行数据传送。发生函数调用时，主调函数把实参的值传送给被调函数的形参变量，并执行被调函数，从而实现主调函数向被调函数的数据传送。

例如，在例 8.3 中，被调函数 max 首部 int max(int a,int b)一行中的 a 和 b 就是形参变量，主调函数 main 函数体内 z=max(x,y);一行中的 x 和 y 就是实参，程序执行到这一行时，先对 x 和 y 求值，再把值传送给对应的形参变量 a 和 b，然后执行被调函数。被调函数执行结束后，返回到 z=max(x,y);这一行继续向下执行。这里的实参 x 也可写成 x-3+3 这样的表达式。

函数的形参和实参具有以下特点：

1）形参变量只有在被调用时才分配内存单元，在调用结束时，即刻释放所分配的内存单元。因此，形参只有在函数内部有效。函数调用结束返回主调函数后，则不能再使用该形参变量。

2）实参可以是常量、变量、表达式、函数等，无论实参是何种类型，在进行函数调用时，它们都必须具有确定的值，以便把这些值传送给形参。因此应预先用赋值、输入等办法使实参获得确定的值。

3）实参和形参在数量上、类型上、顺序上应严格一致，否则会发生类型不匹配的错误。

4）函数调用中发生的数据传送是单向的，即只能把实参的值传送给形参，而不能把形参的值反向传送给实参。因此，在函数调用过程中，形参的值会发生改变，而实参的值不会变化。

【例 8.4】形参变量值的变化不影响实参。

```
#include<stdio.h>
void main()
{
    int n;
    printf("input number\n");
    scanf("%d",&n);
    s(n);
    printf("n1=%d\n",n);
}
int s(int n)
{
    int i;
    for(i=n-1;i>=1;i--)
      n=n+i;
    printf("n2=%d\n",n);
}
```

运行结果：

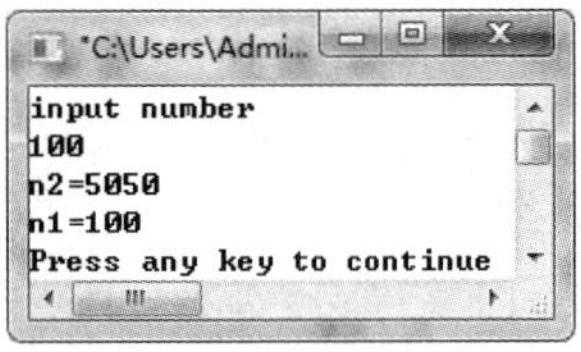

程序中定义了一个函数 s，其功能是求 $\sum n_i$ 的值。在主函数中输入 n 值，并作为实参在调用时传给 s 函数的形参 n（注意，本例中的形参变量和实参变量的标识符都为 n，但它们是两个不同的量，因为各自的存储区域不同）。在主函数中用 printf 语句输出一次 n 值，这个 n 值是实参 n 的值。在函数 s 中也用 printf 语句输出了一次 n 值，这个 n 值是形参最后取得的 n 值 5050。从运行情况来看，输入 n 值为 100，即实参 n 的值为 100。把该值传给函数 s 时，形参 n 的初值也为 100，在执行函数的过程中，形参 n 的值变为 5050。返回主函数后，输出实参 n 的值仍为 100。可见，实参的值不随形参的变化而变化。

8.3.2 函数的返回值

函数的返回值是指函数被调用后，执行函数体中的程序段所取得并返回给主调函数的值。例如，调用正弦函数取得正弦值，调用例 8.3 的 max 函数取得最大数等。对函数的值（或称函数返回值）有以下说明。

1）函数的值只能通过 return 语句返回给主调函数。

return 语句的一般形式如下：

```
return 表达式;
```

或

```
return (表达式);
```

该语句的功能是计算表达式的值，结束本函数，并将值返回给主调函数。在函数中允许存在多个 return 语句，但每次调用只能有一个 return 语句被执行，因此只能返回一个函数值。若 return 后面的表达式省略或遇到函数体的右括号“}”，则返回不确定的数据。

2）return 后面的表达式值的类型和函数定义中函数的类型应保持一致。若两者不一致，则以函数类型为准，自动进行类型转换。

3）若函数值为整型，则在函数定义时可以省去类型说明。

4）不返回函数值的函数可以明确定义为“空类型”，其类型说明符为 void。例如，例 8.4 中的函数 s 并不向主函数返回函数值，因此可定义为

```
void s(int n)
{ …
}
```

一旦函数被定义为空类型，就不能在主调函数中使用被调函数的函数值。例如，将 s 定义为空类型后，在主函数中写语句

```
sum=s(n);
```

就是错误的。

为使程序具有良好的可读性并减少错误，凡不要求返回值的函数都应定义为空类型。

8.4　函数的调用

8.4.1　函数调用的一般形式

在 C 语言中，函数调用的一般形式如下：

```
函数名(实际参数表);
```

调用无参函数时，无实际参数表。实际参数表中的参数可以是常数、变量或其他构造类型的数据及表达式，各实参之间用逗号分隔。

8.4.2　函数调用的方式

在 C 语言中可用以下几种方式调用函数。

1）函数表达式调用：函数作为表达式中的一项出现在表达式中，以函数返回值参与表达式的运算。这种方式要求函数有返回值。例如，z=max(x,y);是一个赋值表达式，它把 max 的返回值赋给变量 z。

2）函数语句调用：函数调用的一般形式加上分号即构成函数语句。例如，printf("%d",a); 和 scanf("%d",&b);都是以函数语句的方式调用函数的。

3）函数实参调用：函数作为另一个函数调用的实际参数出现。这种情况把函数的返回值作为实参进行传送，因此要求该函数必须有返回值。例如，printf("%d",max(x,y));就是把 max 调用的返回值作为 printf 函数的实参来使用的。在函数调用中，还应该注意的一个问题是求值顺序，实参表中各项实参的求值顺序自右至左，前面在介绍 printf 函数时提到过，这里从函数调用的角度再次强调一下。

例如，

```
#include<stdio.h>
void main()
{
    int i=8;
    printf("%d,%d\n",--i,++i);
}
```

按照从右至左的顺序求值，运行正确结果为

```
8,9
```

如果对 printf 语句中的--i,++i 从左至右求值，那么错误结果为

```
7,8
```

应特别注意的是，虽然是自右至左求值的，但输出顺序不变，即输出顺序总和实参表中实参的顺序相同。

8.4.3 函数调用的声明

在一个函数（主调函数）中调用另一个函数（被调函数）需要具备哪些条件呢？

1）首先，被调函数必须是已经存在的函数，它可以是库函数，也可以是自定义函数。但光有这一点不够，一般还需要对被调函数进行声明。

2）如果使用库函数，那么一般应在文件的开头使用#include 命令，将被调用的库函数所在的头文件包含到文件中。例如，

```
#include<stdio.h>
```

头文件 stdio.h 中包含了输入/输出函数库所用到的一些函数的定义。

3）如果使用自定义函数，那么主调函数与被调函数应在同一个文件中，而且被调函数应在主调函数的后面。一般应在文件的前面或主调函数中对被调函数进行声明，即向编译系统声明将要调用此函数，并将有关信息通知给编译系统。

其一般形式如下：

```
类型说明符 被调函数名(类型 形参,类型 形参,…);
```

或

```
类型说明符 被调函数名(类型,类型,…);
```

括号内给出形参的类型和形参名，或只给出形参类型。这便于编译系统检错，以防止可能出现的错误。

【例 8.5】利用自定义函数 userpow 求 2^3。

```
#include<stdio.h>
void main()
{   int userpow(int a,int b);          /*声明被调函数*/
    int x,y,z;
    printf("input two numbers:\n");
    scanf("%d%d",&x,&y);
    z=userpow(x,y);
    printf("z=%d\n",z);
```

```
}
int userpow(int a,int b)
{
    int i,c=1;
    for(i=0;i<b;i++) c=c*a;
    return c;
}
```

运行结果：

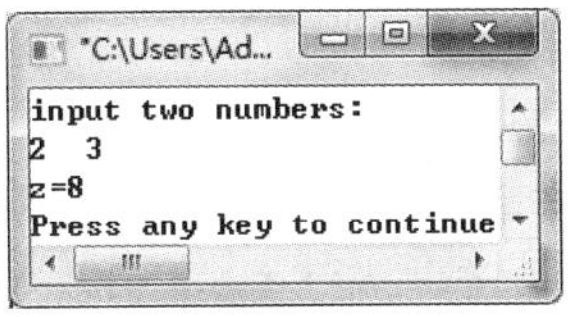

程序中主调函数 main 放在被调函数 userpow 的前面，main 函数中对 userpow 函数的声明为

```
int userpow (int a,int b);
```

或

```
int userpow (int,int);
```

也可把被调函数的声明写在所有函数的前面，例如，例 8.5 也可以写成如下格式：

```
#include<stdio.h>
int userpow(int a,int b);     /*在所有函数前面声明被调函数*/
void main()
  { int x,y,z;
  …
  }
```

C 语言中规定在以下几种情况下，可以省去主调函数中对被调函数的声明。

1）被调函数的形参变量和返回值都是整型时，可以不对被调函数进行声明，而直接调用。这时，系统将自动对被调函数的返回值按整型处理。例 8.4 的主函数中未对函数 s 做声明而直接调用即属于此种情形。

2）当被调函数的函数定义出现在主调函数之前时，在主调函数中也可不对被调函数再做声明而直接调用。例如，在例 8.2 中，函数 userpow 的定义放在 main 函数之前，因此可在 main 函数中省去对 userpow 函数的声明 int userpow(int a,int b);。

3）若在所有函数的定义之前，在函数外预先声明了各个函数的类型，则在以后的各个主调函数中，可不再对被调函数进行声明，这是 C 语言中声明被调函数的常用方式。

4）对库函数的调用不需要再做声明，但必须把该函数的头文件用 include 命令包含在源程序的前面。

8.4.4　函数的嵌套调用

C 语言中不允许做嵌套的函数定义，即在一个函数的函数体内，不能再定义另一个函数，因此各函数之间是平行的，不存在上一级函数和下一级函数的问题。但是，C 语言允许在一个被调函数的定义中出现对另一个函数的调用，这样就出现了函数的嵌套调用，即在被调函数中又调用其他函数。嵌套函数的执行过程如图 8.1 所示。

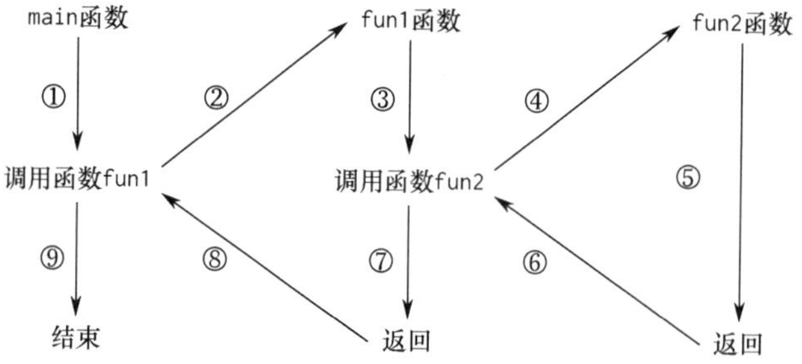

图 8.1 嵌套函数的执行过程

图 8.1 给出了两层嵌套的情形。其执行过程如下：执行 main 函数中调用 fun1 函数的语句时，即转去执行 fun1 函数，在 fun1 函数中调用 fun2 函数时，又转去执行 fun2 函数，fun2 函数执行完毕返回 fun1 函数的断点继续执行，fun1 函数执行完毕返回 main 函数的断点继续执行。

【例 8.6】 计算 $s = 2^2! + 3^2!$。

本题可编写两个函数，一个是用来计算平方值的函数 f1，另一个是用来计算阶乘值的函数 f2。主函数先调用 f1 计算平方值，再在 f1 中以平方值作为实参，调用 f2 计算其阶乘值，然后返回 f1，再返回主函数，在循环程序中计算累加和。

```
#include<stdio.h>
int f2(int);
int f1(int p);
void main()
{
  int i,s=0;
  for (i=2;i<=3;i++)
    s=s+f1(i);
  printf("\ns=%d\n",s);
}
int f1(int p)
{
    int k,r;
    k=p*p;
    r=f2(k);
    return r;
}
int f2(int q)
{
    int i,c=1;
    for(i=1;i<=q;i++)
       c=c*i;
    return c;
}
```

运行结果：

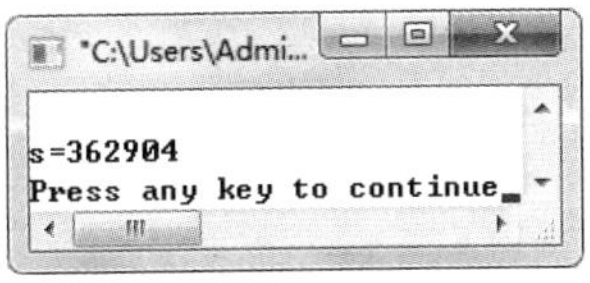

在程序中，函数 f1 和 f2 均为整型，它们都在主函数之后定义，因此在主函数前对 f1 和 f2 加以说明。在主程序中，执行循环程序依次把 i 值作为实参去调用函数 f1 求 i^2 值。在 f1 中又发生对函数 f2 的调用，这时把 i^2 的值作为实参去调用 f2，在 f2 中完成求 $i^2!$ 的计算。f2 执行完毕后，把 c 值（即 $i^2!$）返回 f1，再由 f1 返回主函数实现累加。至此，由函数的嵌套调用实现了题目的要求。如果数值很大，那么函数和一些变量的类型都应声明为实型，否则会造成计算错误。

8.4.5　函数的递归调用

一个函数在其函数体内调用自身，称为递归调用，这种函数称为递归函数。C 语言允许函数的递归调用，在递归调用中，主调函数和被调函数是同一个函数，因此只能写出一个函数定义。递归调用是函数嵌套调用的特例，初学者在分析递归函数时，可以假想把递归函数写出独立的几份，分好层次，按嵌套调用来研究，递归函数每调用一次就进入新的一层。

例如，有函数 f 如下：

```
int f(int x)
{
  int y=2;
  z=f(y);
  return z;
}
```

这个函数是一个递归函数，但运行该函数将无休止地调用其自身，这当然是不正确的。为了防止递归调用无休止地进行，必须在函数内给出终止递归调用的方法。常用的方法是加条件判断，满足某种条件后就不再做递归调用，然后逐层返回。下面举例说明递归调用的执行过程。

【例 8.7】用递归法计算 $n!$。

用递归法计算 $n!$时，可用下述公式表示：

$$n!=\begin{cases}1, & n=0,1\\ n(n-1)!, & n>1\end{cases}$$

按照上面的公式，编程如下。

```
#include<stdio.h>
int ff(int n)
{
    if(n==0||n==1) return 1;
    else return n*ff(n-1);
}
void main()
{
```

```
    int n, y;
    printf("input a inteager number:\n");
    scanf("%d",&n);
    if(n<0) {printf("n<0,input error");return 0;}
    y=ff(n);
    printf("%d!=%d\n",n,y);
}
```

运行结果：

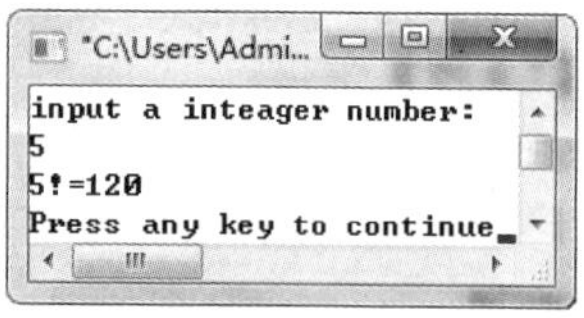

程序中给出的函数 ff 是一个递归函数。主函数调用 ff 后即进入函数 ff 执行，若 n==0 或 n==1，则都将结束函数的执行；否则就递归调用 ff 函数自身。由于每次递归调用的实参都为 n-1，即把 n-1 的值赋给形参 n，最后当 n-1 的值为 1 时再做递归调用，形参 n 的值也为 1，将使递归终止，然后可逐层回归。

下面再举例说明这一过程。设执行本程序时输入为 5，即求 5!。在主函数中的调用语句为 y=ff(5)，进入 ff 函数后，由于 n=5，而不等于 0 或 1，因此应执行 n*ff(n-1)，即 5*ff(5-1)。该语句对 ff 做递归调用，即 ff(4)。

进行 4 次递归调用后，ff 函数形参取得的值变为 1，因此不再继续递归调用，而开始逐层返回主调函数。ff(1)的函数返回值为 1，ff(2)的返回值为 1*2=2，ff(3)的返回值为 2*3=6，ff(4)的返回值为 6*4=24，最后返回值 ff(5)为 24*5=120。

递归是递推和回归两个过程的缩写，递推过程是函数自身层层调用的过程，回归过程是函数层层返回的过程，当递推过程达到终止条件而不再调用时，就进入层层回归的函数返回过程。

例 8.7 也可不用递归的方法来完成。例如，可以用循环结构，即从 1 开始乘以 2，再乘以 3……直到 n。循环结构容易理解和实现，但有些问题用递归算法实现时，程序更加简单。

前面研究的递归是函数直接调用自身，也称直接递归。如果有多个函数，如 f1、f2 和 f3，f1 调用 f2，f2 调用 f3，f3 调用 f1，那么这也是递归，称为间接递归。

8.5　数组作为函数参数*

数组可以作为函数的参数来传送数据。数组作为函数的参数有两种形式：一种是把数组元素（下标变量）作为实参使用；另一种是把数组名作为函数的形参和实参使用。

1. 数组元素作为函数实参

数组元素就是下标变量，它与普通变量并无区别。因此它作为函数实参使用时与普通变量是完全相同的，发生函数调用时，把作为实参的数组元素的值传送给形参，实现单向的值传送。

【例 8.8】判别一个整型数组中各元素的值，若大于 0 则输出该值，若小于等于 0 则输出 0 值。

```
#include<stdio.h>
void nzp(int v)
{
    if(v>0)
      printf("%d ",v);
    else
      printf("%d ",0);
}
void main()
{
    int a[5],i;
    printf("input 5 numbers\n");
    for(i=0;i<5;i++)
      {scanf("%d",&a[i]);
    nzp(a[i]);}
    printf("\n");
}
```

运行结果：

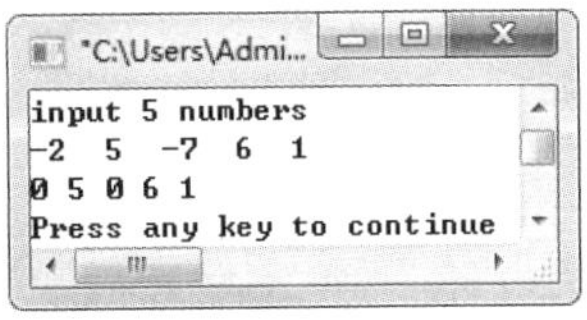

程序中首先定义一个无返回值函数 nzp，并说明其形参 v 为整型变量。在函数体中根据 v 值输出相应的结果。在 main 函数中用一个 for 语句输入数组的各元素，每输入一个元素就以该元素作为实参调用一次 nzp 函数，即把 a[i]的值传送给形参 v，供 nzp 函数使用。

2. 数组名作为函数参数

用数组名作为函数参数与用数组元素作为实参有以下几点不同：

1）用数组元素作为实参时，要求数组元素的类型和函数形参变量的类型是一致的。换句话说，对数组元素的处理是按普通变量对待的。用数组名作为函数实参时，要求形参必须是类型相同的数组，形参表中必须有明确的数组说明。当形参和实参二者不一致时，就会发生错误。

2）普通变量或下标变量作为函数参数时，形参变量和实参变量是由编译系统分配的两个不同的内存单元。函数调用时发生的值传送是把实参变量的值赋给形参变量。在用数组名作为函数参数时，不进行值的传送，因为数组名就是数组的首地址，进行的传送只是地址的传送，也就是说把实参数组的首地址赋给形参数组名。实际上，形参数组和实参数组为同一数组的两个名字，共同拥有同一段内存空间，在主调函数和被调函数中名字可以相同，也可以不同。

图 8.2 说明了实参数组与形参数组的关系。图中设 a 为实参数组，类型为整型，a 占用

以 2000 为首地址的一块内存区域。b 为形参数组名。发生函数调用时，进行地址传送，把实参数组 a 的首地址 2000 传送给形参数组名 b，于是 b 也取得该地址 2000，所以 a,b 两数组共同占用以 2000 为首地址的一段连续内存单元。从图中还可以看出，a 和 b 下标相同的元素实际上也占用相同的两个内存单元（整型数组的每个元素占 4 字节）。例如，a[0]和 b[0]都占用 2000 到 2003 的单元，当然 a[0]等于 b[0]。以此类推，有 a[i]等于 b[i]。

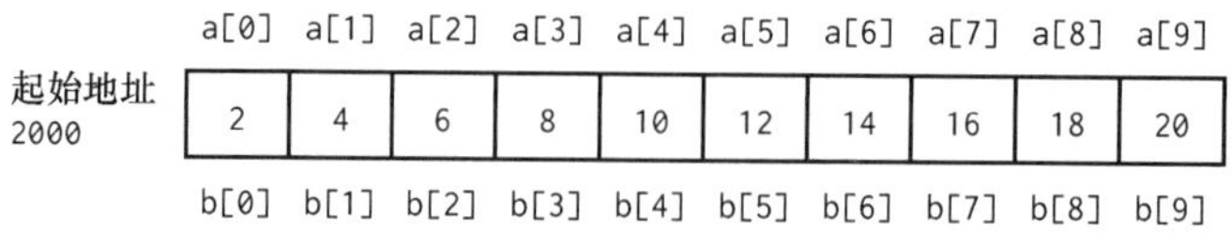

图 8.2 实参数组与形参数组的关系

【例 8.9】输入一名学生 5 门课程的成绩，求平均成绩。

```
#include<stdio.h>
float aver(float a[5])  /*数组 a[5]为形参，这里写为 a[]也可，因为与实参是同一个数组*/
{
    int i;
    float av,s=a[0];
    for(i=1;i<5;i++)
      s=s+a[i];
    av=s/5;
    return av;
}
void main()
{
    float sco[5],av;
    int i;
    printf("Input 5 scores:\n");
    for(i=0;i<5;i++)
      scanf("%f",&sco[i]);
    av=aver(sco);                    /*数组名 sco 作为实参*/
    printf("average score is %5.2f\n",av);
}
```

运行结果：

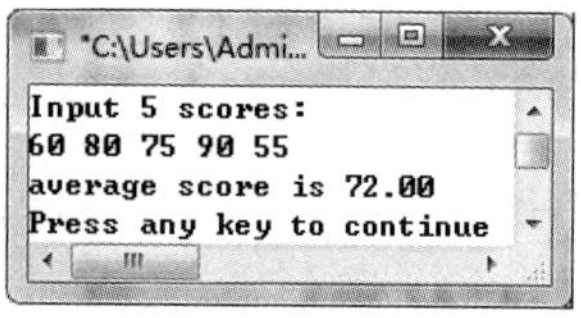

程序首先定义了一个实型函数 aver，它有一个形参，即实型数组 a，其长度为 5。函数 aver 将各元素的值相加后求平均值，并返回给主函数。主函数 main 中首先完成数组 sco 的输入，然后以数组名 sco 作为实参调用 aver 函数，函数的返回值送给 av，最后输出 av 值。从运行情况可以看出，程序实现了所要求的功能。

3）前面已经讨论过，使用变量作为函数参数时，进行的值传送是单向的，即只能从实参传向形参，而不能从形参传回实参。形参的初值和实参相同，而形参的值发生改变后，实参并不变化，因此两者的终值是不同的。而当用数组名作为函数参数时，情况则不相同。由于实际上形参和实参为同一数组，因此当形参数组发生变化时，实参数组也随之变化。当然，这种情况不能理解为发生了“双向”的值传递，但从实际情况来看，调用函数之后实参数组的值将由于形参数组的值的变化而变化。为了说明这种情况，我们把例 8.8 改写为例 8.10 的形式。

【例 8.10】判别一个整型数组中各元素的值，若大于 0 则输出该值，若小于等于 0 则输出 0 值。改用数组名作为函数参数。

```
#include<stdio.h>
void nzp(int a[5])
{
    int i;
    printf("\nvalues of array a are:\n");
    for(i=0;i<5;i++)
    {
    if(a[i]<0) a[i]=0;
    printf("%d ",a[i]);
    }
}
void main()
{
    int b[5],i;
    printf("\ninput 5 numbers:\n");
    for(i=0;i<5;i++)
      scanf("%d",&b[i]);
    printf("initial values of array b are:\n");
    for(i=0;i<5;i++)
      printf("%d ",b[i]);
    nzp(b);
    printf("\nlast values of array b are:\n");
    for(i=0;i<5;i++)
      printf("%d ",b[i]);
printf("\n");
}
```

运行结果：

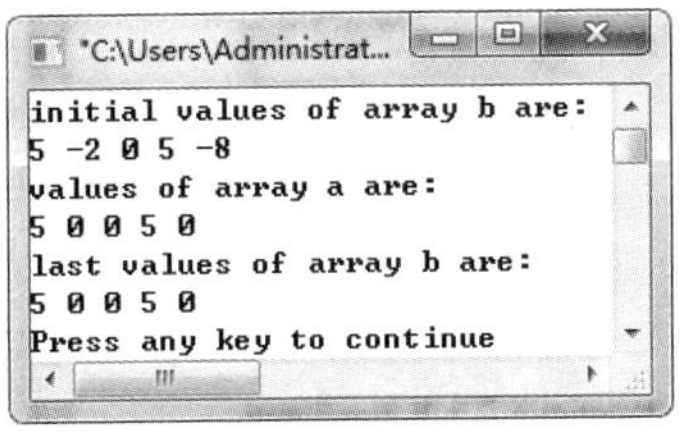

程序中函数 nzp 的形参为整型数组 a，主函数中的实参数组 b 也为整型数组，长度为 5。

在主函数中，首先输入数组 b 的值，然后输出数组 b 的初始值。接着，以数组名 b 为实参调用 nzp 函数。在 nzp 函数中，按要求将负值单元清 0，并输出形参数组 a 的值。返回主函数后，再次输出数组 b 的值。从运行结果可以看出，数组 b 的初值和终值是不同的，数组 b 的终值和数组 a 的终值是相同的，这说明实参和形参是同一个数组，它们同时得以改变。

用数组名作为函数参数时，还应注意以下几点：

1）形参数组和实参数组的类型必须一致，否则将出现错误。

2）形参数组使用的是实参数组元素，在形参表中定义时可以不给出长度，但方括号不能省略，可以用一个变量来表示数组元素的个数。

例如，例 8.10 中的第 2 行可写为

```
void nzp(int a[])
```

如果使用两个参数，那么可写为

```
void nzp(int a[], int n)
```

其中未给出形参数组 a 的长度，而由 n 值动态地表示数组的长度。n 的值由主调函数的实参进行传送。

由此，例 8.10 又可改写为例 8.11 所示的形式。

【例 8.11】 判别一个整型数组中各元素的值，若大于 0 则输出该值，若小于等于 0 则输出 0 值。以动态值表示数组的长度。

```
#include<stdio.h>
void nzp(int a[],int n)
{
    int i;
    printf("\nvalues of array a are:\n");
    for(i=0;i<n;i++)
      {
        if(a[i]<0) a[i]=0;
        printf("%d ",a[i]);
      }
}
void main()
{
    int b[5],i;
    printf("\ninput 5 numbers:\n");
    for(i=0;i<5;i++)
      scanf("%d",&b[i]);
    printf("initial values of array b are:\n");
    for(i=0;i<5;i++)
      printf("%d ",b[i]);
    nzp(b,5);
    printf("\nlast values of array b are:\n");
    for(i=0;i<5;i++)
      printf("%d ",b[i]);
```

```
}
```

程序中，未直接给出 nzp 函数的形参数组 a 的长度，而由 n 动态地确定其长度。在 main 函数中，函数调用语句为 nzp(b,5)，其中实参 5 将赋给形参 n，作为形参数组的长度。

3）多维数组也可作为函数的参数。在定义函数时，对形参数组可以指定每一维的长度，也可省去第一维的长度。因此，以下写法都是合法的：

```
int MA(int a[3][10]);
```

或

```
int MA(int a[][10]);
```

8.6 变量的作用域

在讨论函数的形参变量时，曾经提到形参变量仅在被调用期间才分配内存单元，调用结束后会立即释放内存单元。这表明形参变量只有在函数内才是有效的，离开函数就不能再使用。这种变量有效性的范围称为变量的作用域。不仅形参变量有其作用域，而且 C 语言中的所有变量都有自己的作用域。变量说明的方式不同，其作用域也不同。按作用域，C 语言中的变量可分为两种，即局部变量和全局变量。

8.6.1 局部变量

局部变量在函数体内或形参表中进行定义和说明，其作用域仅限于函数内，离开函数后再使用这种变量就是非法的。

例如，

```
#include<stdio.h>
int f1(int a)            /*函数 f1*/
 {                                          ┐
      int b,c;                              ├ a,b,c 在函数 f1 内有效
      …                                     ┘
 }

 int f2(int x)           /*函数 f2*/
 {                                          ┐
    int y,z;                                ├ x,y,z 在函数 f2 内有效
    …                                       ┘
 }

void main()
    {int m,n;                               ┐
    …                                       ├ m,n 在函数 main 内有效
                                            ┘
    }
```

在函数 f1 内定义了三个变量，即形参 a 和普通变量 b,c。在函数 f1 的范围内 a,b,c 有效，或者说 a,b,c 变量的作用域限于函数 f1 内。同理，x,y,z 变量的作用域限于函数 f2 内，

m,n 变量的作用域限于 main 函数内。关于局部变量的作用域，还要说明以下几点：

1）主函数中定义的变量只能在主函数中使用，而不能在其他函数中使用。同时，主函数中也不能使用其他函数中定义的变量，因为主函数也是一个函数，它与其他函数是平行关系。

2）形参变量是被调函数的局部变量，实参变量是主调函数的局部变量。

3）允许在不同的函数中使用相同的变量名，它们代表不同的对象，分配不同的内存单元，互不干扰，不会发生混淆。

4）在复合语句中也可以定义变量，其作用域仅在复合语句范围内。

例如，

```
#include<stdio.h>
void main()
{
  int s,a;
  ...
{
  int b;                                s,a 作用域
  s=a+b;          b 作用域
  ...
}
    ...
}
```

【例 8.12】复合语句中定义的变量与函数体中的变量同名

```
#include<stdio.h>
void main()
{   int i=2,j=3,k;
    k=i+j;
    {
      int k=8;
      printf("k1=%d\n",k);
    }
    printf("k2=%d\n",k);
}
```

运行结果：

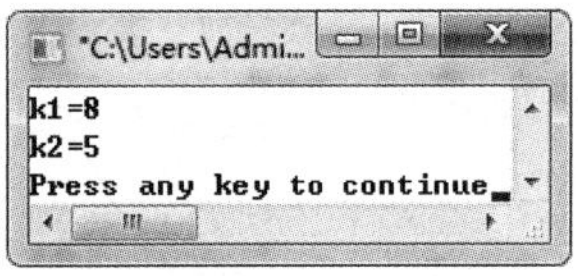

程序在 main 中定义了一个变量 k，未赋初值；在复合语句内也定义了一个变量 k，并赋了初值 8。两个变量同名，占用不同的存储单元，是两个不同的变量。C 语言规定，当变量同名时，在复合语句内使用自己的变量，在复合语句外使用函数体定义的变量。因此，得出了上述运行结果。

8.6.2　全局变量

全局变量是在函数外部定义的变量，其作用域是从定义变量的位置开始到程序的结束，即全局变量可被有效范围内的多个函数共用。全局变量增加了函数之间数据联系的渠道，如果在一个函数中改变了全局变量的值，那么就能影响到其他函数对这些全局变量的引用。因此，全局变量提供了各函数之间的直接数据传递通道。通过函数的调用最多能返回一个值，而通过全局变量可以实现函数之间的多值传递。

```
#include<stdio.h>
int a,b;                /*全局变量*/
void f1()               /*函数 f1*/
{
  …
}
float x,y;              /*全局变量*/
int f2()                /*函数 fz*/
{
  …
}
void main()             /*主函数*/
{
  …
}
```

从上面程序段可以看出，a,b,x,y 都是在函数外部定义的外部变量，都是全局变量。从定义位置看，x 和 y 只能在定义位置后面的 f2 和 main 函数中使用；而 a 和 b 由于定义在程序的最前面，因此可以在后面的 f1,f2 和 main 函数中使用。

【例 8.13】 输入正方体的长 l、宽 w 和高 h，求体积和三个面的面积 x*y,x*z,y*z。

```
#include<stdio.h>
int s1,s2,s3;            /*定义全局变量*/
int vs( int a,int b,int c)
{
    int v;
    v=a*b*c;
    s1=a*b;
    s2=b*c;
    s3=a*c;
    return v;
}
void main()
{
 int v,l,w,h;
 printf("Input length,width and height\n");
 scanf("%d%d%d",&l,&w,&h);
```

```
 v=vs(l,w,h);
 printf("v=%d,s1=%d,s2=%d,s3=%d\n",v,s1,s2,s3);
}
```

运行结果：

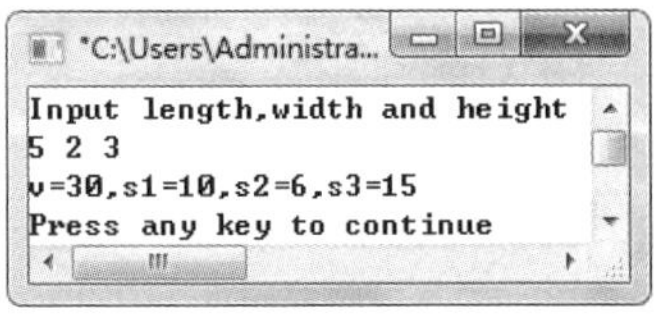

【例 8.14】全局变量与局部变量同名。

```
#include<stdio.h>
int a=3,b=4;            /*a,b 为全局变量*/
add(int a,int b)        /*a,b 为局部变量*/
{int c;
 c=a+b;
return(c);
}
void main()
{int a=8;
 printf("%d\n",add(a,b));
}
```

运行结果：

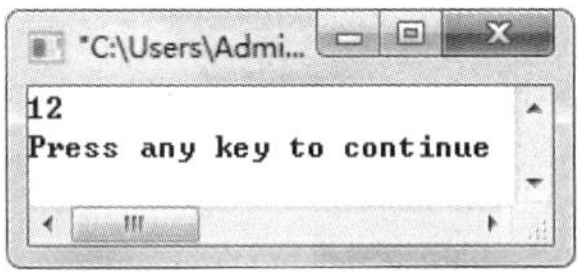

如果在同一个文件中，全局变量与局部变量同名，那么在局部变量的作用域内，全局变量会被“屏蔽”，即它不起作用。

8.7 变量的存储类型*

8.7.1 变量的静态和动态存储方式

前面曾经介绍，按作用域（空间）分，变量可分为全局变量和局部变量；而按变量值存在的时间（生存期）分，变量可分为静态存储方式和动态存储方式。

静态存储方式是指在程序运行期间分配固定的存储空间的方式。

动态存储方式是指在程序运行期间根据需要动态分配存储空间的方式。

C 程序在运行时，存储空间可以三个部分，即程序区、静态存储区和动态存储区，如图 8.3 所示。

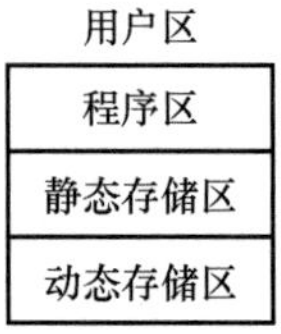

图 8.3 C 程序运行时的存储空间分配

程序区用来存储当前运行的程序，程序结束后释放这一空间；静态存储区存放全局变量，在程序开始执行时给全局变量分配存储区，程序结束即释放；动态存储区存放局部变量，在函数开始调用时分配动态存储空间，函数结束时释放这些空间。当其他函数被调用时，可以重新分配这些空间。

在 C 语言中，每个变量和函数都有两个属性：数据类型和数据的存储类别。

8.7.2　局部变量的存储类型

1. 形参变量

形参变量存储在动态存储区，用 auto 加以声明。auto 也可省略，省略时默认为 auto。例如，下面的两种写法结果是一样的：

```
int fun (auto int x)
{
    …
}
```

或

```
int fun (int x)
{
    …
}
```

2. 函数中的局部变量

函数中的局部变量既可通过 auto（可缺省）加以声明（此时定义的变量称为自动局部变量，它存储在动态存储区），也可通过 static 加以声明（此时定义的变量称为静态局部变量，它存储在静态存储区）。

自动局部变量在函数被调用时才给这些变量分配存储单元，函数调用结束后，所分配的存储单元将被释放。函数被调用的运行时期是该函数的自动局部变量的生存期。自动局部变量的有限生存期不仅可节省内存空间，而且可使函数的独立性、可靠性和通用性增强。

对于静态局部变量，函数调用结束后，所分配的存储单元并不释放，也就是说，变量的值不消失而保留原值，在下次该函数被再次调用时，该变量已有值，即上次函数被调用结束时的值。

【例 8.15】动态局部变量与静态局部变量。

```
#include<stdio.h>
 void main()
 {
   int i,a=3,fun(int);
   for(i=1;i<=3;i++)
   {
     printf("i=%d:\n",i);                /*输出调用函数的次数*/
     printf("  fun=%d\n",fun(a));        /*输出调用返回的值*/
   }
 }
 int fun(int x)
 {
    auto int y=0;                        /*定义动态局部变量*/
    static int z=5;                      /*定义静态局部变量*/
    printf(" y=%d,z=%2d",y,z);           /*输出被调用开始时的值*/
```

```
    y=y+2;
    z=z+x+y;
    printf(" y=%d,z=%2d",y,z);              /*输出被调用结束时的值*/
    return z;
}
```

运行结果：

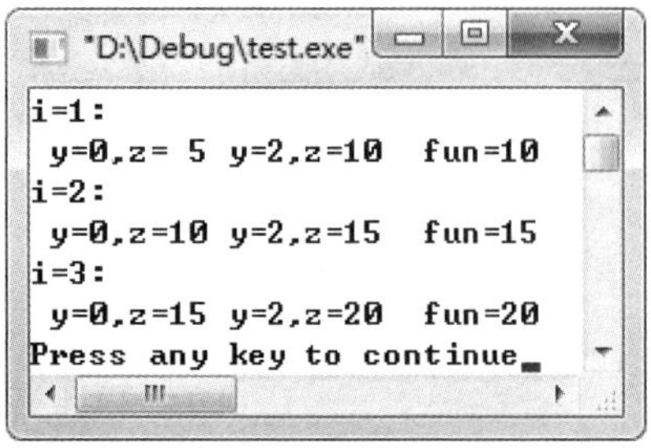

静态局部变量在静态存储区分配存储单元，它在编译时赋初值（只赋初值一次），在程序运行时它已有初值，以后函数每次被调用时不再赋初值，而是保留上次函数被调用结束时的值（因为它的存储单元未被释放）。动态局部变量在动态存储区分配存储单元，编译时并未赋初值，它的初值是在函数每次被调用时被赋予的，每调用一次，就重新赋一次初值。动态局部变量在函数被调用时动态分配存储单元，函数调用结束后所分配的存储单元将被释放，因此它是在被调用时赋初值的，相当于重新执行一次赋值语句。

静态局部变量在定义时如果未被初始化，那么会自动被初始化为 `0`（对数值型变量）或 `'\0'`（对字符型变量）。动态局部变量在定义时如果未初始化，那么它的值是一个不确定的值，因为它的存储单元是在函数被调用时动态分配的。

虽然静态局部变量在函数被调用结束后的值仍然保留，但它并不能被其他函数使用，而只能在本函数再次被调用时使用，因为它是局部变量，它的作用域只能是本函数。

3. 寄存器类型的变量

用寄存器定义的变量存储在 CPU 的寄存器中，而不像普通的变量那样存储在内存单元中，这意味着使用寄存器变量的操作速度要比使用普通变量快得多，因为寄存器变量实际上存放在 CPU 中，不需要通过内存进行访问。寄存器变量只适用于自动局部变量和函数的形参变量，而且只能用于整型和字符型变量。由于寄存器变量属于自动产生型变量（`auto` 可省略），因此全局变量和静态局部变量不能定义为寄存器类型的变量。

寄存器变量通常用在同一变量名频繁出现的地方。例如，将用来控制循环的变量定义为寄存器变量，可以提高运行速度。

VC++不能同时存放过多的寄存器变量，但我们也不必为定义了过多的寄存器变量而担心，因为编译程序会自动地将超过限制的寄存器变量当作自动变量进行处理，为它们分配内存单元，但并不真正把它们放到寄存器中。

8.7.3 全局变量的存储类型

全局变量分配在静态存储区，其生存期是整个程序运行期间。全局变量可被所定义的文件中的各个函数共同引用。当一个 C 程序由多个文件构成时，在某个文件中定义的全局变量是否能被另一个文件中的函数引用呢？此时，分如下两种情况：

1）允许其他文件中的函数引用。当需要引用其他文件中已经定义的全局变量时，应在需要引用的文件中用 extern 做外部声明。示例如下。

文件 filel.c 中的内容：

```
float x=2.5;        /*定义全局变量 x 和 a*/
float a=5;
main()
{
    …
}
```

文件 file2.c 中的内容：

```
extern float x;    /*声明全局变量 x 可被本文件中的函数引用*/
void sort(float p)
{
    float y;
    float b;
    y=x;
    b=a;            /*此语句有问题*/
    …
}
```

在文件 file2.c 中，已用 extern 声明变量 x 为外部全局变量（在其他文件中已定义了全局变量 x），因此该文件中的函数可以引用变量 x，但不能引用变量 a。

全局变量的作用域是从它的定义点到文件结束，但可用 extern 将其作用域扩大到有 extern 声明的其他文件中。

2）只能被本文件中的函数引用。要使所定义的全局变量只能被本文件中的函数引用，而不能被其他文件中的函数引用，只需在定义时加上 static，此时所定义的全局变量称为静态全局变量。示例如下。

文件 file1.c 的内容：

```
static float a;        /*定义只能被本文件中的函数引用的全局变量*/
float x;               /*定义可以其他文件中的函数引用的全局变量*/
main ()
{
    …
}
```

文件 file2.c 的内容：

```
extern float a;        /*此声明有问题*/
extern float x;        /*声明全局变量 x 可被本文件中的函数引用*/
void sort (float p)
{
    …
}
```

注意 static 用于说明局部变量和全局变量时的区别。在用 static 说明全局变量时，并不是指该变量是静态存储的，而是指该变量是局部于本文件中引用的，不能在其他文件中引用它。无论是否使用 static 说明，全局变量均是静态存储的。

8.8　内部函数与外部函数*

一个函数如果只能被本文件中的其他函数调用，而不能被其他文件中的函数调用，那么称它为内部函数。定义内部函数时，在函数名和函数类型之前加 static，即

```
static 类型标识符 函数名(形参列表)
```

一个函数如果不仅能被本文件中的其他函数调用，而且能被其他文件中的函数调用，那么称它为外部函数。定义外部函数时，在函数名和函数类型之前加 extern（或省略），即

```
extern 类型标识符 函数名(形参列表)
```

或

```
类型标识符 函数名(形参列表)
```

在需要调用外部函数的文件中，一般要用 extern 声明所用函数是外部函数。示例如下。

文件 file1.c 的内容：

```
void main()
{
  extern int max (int,int);          /*声明函数 max 是外部函数*/
  extern float find(float);          /*此语句有问题*/
  …
}
```

文件 file2.c 的内容：

```
static float find(float p)           /*函数 find 是内部函数*/
{
  …
}
```

文件 file3.c 的内容：

```
int max (int x,int y)                /*函数 max 是外部函数*/
{
  …
}
```

8.9　本章小结

本章介绍了函数的定义和传值调用方法。作为 C 语言程序设计的重要内容，函数是实现模块化程序设计的重要手段；传值调用的重要用途是，可使得作为局部变量的实参的值在调用函数的前后不发生变化，进而有效保护数据不被意外修改。

另外，介绍了变量的作用域及存储类型在程序中的作用。要注意的是，可以使用全局变量作为各个函数之间的数据通道，每个函数既可读取这个变量，又可修改这个变量。

对于递归函数的设计，一定要有使用递归结束条件，否则会使程序无限递归。

习题

8.1　填空题。

（1）C 语言程序的基本组成单位是________。

（2）C 语言程序总是从________开始执行。

（3）当函数的返回值与函数类型不一致时，会发生________。

（4）凡是在函数中未指定存储类别的变量，其隐含的存储类别为________。

（5）静态型局部变量的作用域是________。

（6）C 语言规定，调用一个函数时，实参变量和形参变量之间的数据传递方式是_____。

（7）若定义的函数没有返回值，则应在该函数说明时加一个类型说明符________。

（8）在 C 语言中，一个函数直接或间接地调用自身，便构成了函数的________。

8.2　程序填空。

（1）下面的程序的运行结果为如下图形，请填空。

```
      *
     ***
    *****
   *******
#include<stdio.h>
void disp(int i)
{    int j,k;
     for(j=0;j<=8-i;j++)
     printf(" ");
     for(k=0;k<________;k++)
     printf("*");
     __________________;
     }
 void main()
     {  int i;
        for(i=0;i<4;i++)
    ___________________;}
```

（2）下面是一个计算阶乘的程序，请填空。

```
#include<stdio.h>
double factorial(int );
void main()
{int n;
printf("enter an integer:");
scanf("%d",&n);
printf("\n%d!=%lg\n",_________,_______________);
}
double factorial(int i)
{double result=1.0;
```

```
    int j;
    for(j=1;j<=i;j++)
    result*=j;
    ______________;
    }
```

8.3 编写两个函数，分别求两个整数的最大公约数和最小公倍数，用主函数调用这两个函数，并输出结果。两个整数由键盘输入。

8.4 编写一个判断素数的函数，在主函数输入一个整数，输出其是否为素数的信息。

8.5 编写一个函数，将给定的 3×3 二维整型数组转置，即行列互换。

8.6 编写一个函数，使输入的一个字符串按反序存放，在主函数中输入和输出字符串。

8.7 编写一个函数，将两个字符串连接起来。

8.8 编写一个函数，由实参传来一个字符串，统计该字符串中字母、数字、空格和其他字符的个数，在主函数中输入字符串，并输出上述结果。

8.9 编写一个函数，用“起泡法”对输入的 10 个字符按由小到大的顺序排列。

8.10 编写一个函数，输入一个十六进制数，输出相应的十进制数。

8.11 编写程序，给出年、月、日，计算该日是该年的第几天。

8.12 用递归方法求 n 阶勒让德多项式的值，递归公式为

$$p_n(x)=\begin{cases}1, & n=0\\ x, & n=1\\ ((2n-1)x-p_{n-1}(x)-(n-1)p_{n-2}(x))/n, & n>1\end{cases}$$

8.13 用递归法将一个整数 n 转换成字符串。例如，输入 483，应输出字符串“483”。n 的位数不确定，可以是任意位数的整数。

8.14 输入 10 名学生 5 门课程的成绩，分别用函数实现下列功能：

（1）计算每名学生的平均分。

（2）计算每门课程的平均分。

（3）找出所有 10 个分数中最高的分数所对应的学生和课程。

第 9 章　预处理命令*

9.1　概述

在前面各章的源程序中，已多次使用以“#”号开头的预处理命令，如包含命令#include、宏定义命令#define 等。在源程序中，这些命令都放在函数之外，而且一般都放在源文件的前面，它们称为预处理部分。

所谓预处理，是指在进行编译的第一遍扫描（词法扫描和语法分析）之前所做的工作，其实质是对源程序内容进行等价变换改造，为后续的编译做准备，此过程不进行语法检查。预处理是 C 语言的一个重要功能，它由预处理程序负责完成。当对一个源文件进行编译时，系统将自动引用预处理程序对源程序中的预处理部分进行处理，处理完毕后，自动进行源程序的编译工作。

C 语言提供了多种预处理功能，如宏定义、文件包含、条件编译等。合理地使用预处理功能编写的程序，既便于阅读、修改、移植和调试，又有利于模块化程序设计。本章介绍常用的几种预处理功能。

9.2　宏定义#define

在 C 语言源程序中，允许用一个标识符来表示一个字符串，这称为“宏”，被定义为“宏”的标识符称为“宏名”。在编译预处理时，对程序中出现的所有“宏名”，都用宏定义中的字符串去代换，这称为“宏代换”。

宏定义是由源程序中的宏定义命令#define 完成的。宏代换是由预处理程序自动完成的。

在 C 语言中，“宏”分为有参宏和无参宏两种。下面分别讨论这两种“宏”的定义和调用。

9.2.1　无参宏定义

无参宏的宏名后不带参数。其定义的一般形式如下：

```
#define  标识符  字符串
```

其中，“#”表示这是一条预处理命令，凡是以“#”开头的，均为预处理命令，“define”为宏定义命令，“标识符”为定义的宏名，“字符串”可以是常数、表达式、格式串等。

在前面介绍的符号常量的定义#define PI 3.14159 就是一种无参宏定义；此外，常对程序中反复使用的表达式进行宏定义。

例如，

```
#define M (y*y+3*y)
```

它的作用是指定标识符 M 来代替表达式(y*y+3*y)。在编写源程序时，程序中所有的(y*y+3*y)都可由 M 代替，而对源程序进行编译时，将首先由预处理程序进行宏代换，即用(y*y+3*y)表达式去代换所有的宏名 M，然后进行编译。

【例 9.1】无参宏定义举例。

```
#define M (y*y+3*y)
```

```
#include<stdio.h>
void main()
{
  int s,y;
  printf("input a number:  ");
  scanf("%d",&y);
  s=3*M+4*M+5*M;
  printf("s=%d\n",s);
}
```

运行结果：

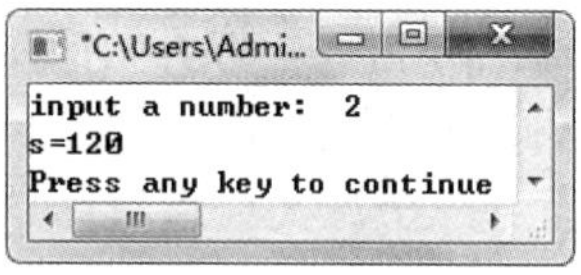

程序中首先进行宏定义，即定义 M 来替代表达式(y*y+3*y)，在 s=3*M+4*M+5* M 中做了宏调用。在预处理时，经过宏代换后，该语句变为

```
s=3*(y*y+3*y)+4*(y*y+3*y)+5*(y*y+3*y);
```

但要注意的是，在宏定义中，表达式(y*y+3*y)两边的括号不能少，否则可能会发生错误。例如，做以下定义后：

```
#define M y*y+3*y
```

展开宏时，将得到下述语句：

```
s=3*y*y+3*y+4*y*y+3*y+5*y*y+3*y;
```

这相当于

$3y^2+3y+4y^2+3y+5y^2+3y$;

显然，这与原题意的要求不符，计算结果当然是错误的，因此在定义宏时，应保证在宏代换之后不会发生错误。

对于宏定义，还要说明以下几点：

1）宏定义用宏名来表示一个字符串，在宏代换时又用该字符串来取代宏名。这只是一种简单的代换，字符串中可以包含任何字符，可以是常数，也可以是表达式，预处理程序对它不做任何检查。即使有错误，也只能在编译已被宏代换后的源程序时发现。

2）宏定义不是说明或语句，在行末不必加分号，若加上分号则连分号也一起代换。宏定义必须写在函数之外，其作用域为宏定义命令起到源程序结束。

3）宏名在源程序中若用双引号括起来，则预处理程序不对其做宏代换。

【例 9.2】 双引号中的宏名不做宏代换。

```
#define OK 100
#include<stdio.h>
void main()
{
  printf("1--OK\n");
  printf("2--%d\n",OK);
```

```
}
```

运行结果：

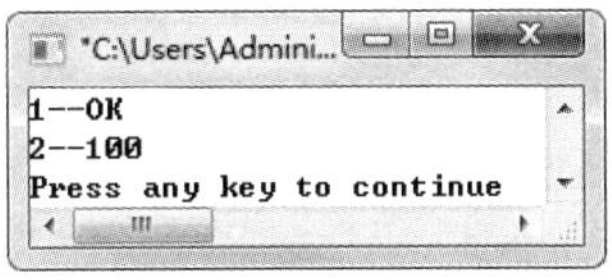

例中定义宏名 OK 表示 100，但在前一个 printf 语句中 OK 被引号括起，因此不做宏代换。程序的运行结果为 1--OK，表示把“OK”当作字符串处理。后一个 printf 语句中 OK 未被引号括起，因此做宏代换。程序的运行结果为 2--100，表示把这个 OK 当作宏名处理了。

4）宏定义允许嵌套，在宏定义的字符串中可以使用已被定义的宏名。在宏代换时，由预处理程序层层代换。

例如，

```
#define PI 3.1415926
#define S PI*y*y          /* PI 是已定义的宏名*/
```

语句

```
printf("%f",S);
```

在宏代换后变为

```
printf("%f",3.1415926*y*y);
```

5）习惯上宏名用大写字母表示，以便于与变量区别；但也允许用小写字母。

6）可用宏定义表示数据类型，以便于书写方便。

例如，

```
#define INTEGER int
```

在程序中即可用 INTEGER 做整型变量说明：

```
INTEGER a,b;
```

7）对“输出格式”做宏定义，可以减少书写麻烦。

【例 9.3】输出格式的宏定义。

```
#define P printf
#define D "%d\n"
#define F "%f\n"
#include<stdio.h>
void main()
{
  int a=5, c=8, e=11;
  float b=3.8, d=9.7, f=21.08;
  P(D F,a,b);
  P(D F,c,d);
  P(D F,e,f);
}
```

运行结果：

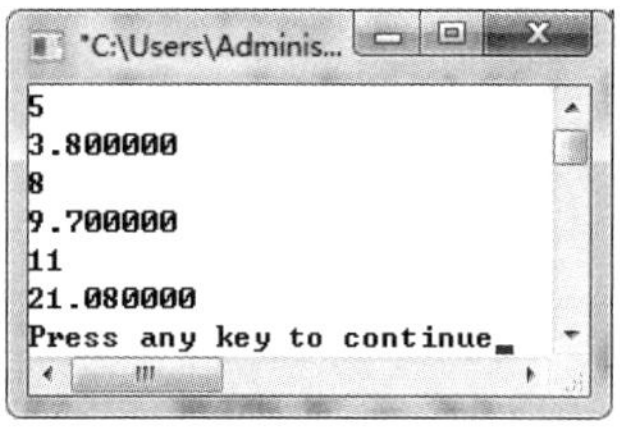

9.2.2　带参宏定义

C 语言允许宏带有参数。宏定义中的参数称为形式参数，宏调用中的参数称为实际参数。对带参数的宏，在调用时不仅要进行宏代换，而且要用实参去代换形参。

带参宏定义的一般形式如下：

```
#define  宏名(形参表)  字符串
```

在字符串中含有各个形参。

带参宏调用的一般形式如下：

```
宏名(实参表);
```

例如，

```
#define M(y) y*y+3*y        /*宏定义*/
       …
k=M(5);                     /*宏调用*/
       …
```

在进行宏调用时，先进行整体宏代换：

```
k=y*y+3*y;
```

再用实参 5 去代替形参 y，经预处理展开宏后的语句为

```
k=5*5+3*5;
```

【例 9.4】 输入两个整数，求最大值，用带参宏定义实现。

```
#define MAX(a,b) (a>b)?a:b
#include<stdio.h>
void main()
{ int x,y,max;
  printf("input two numbers:    ");
  scanf("%d%d",&x,&y);
  max=MAX(x,y);
  printf("max=%d\n",max);
}
```

运行结果：

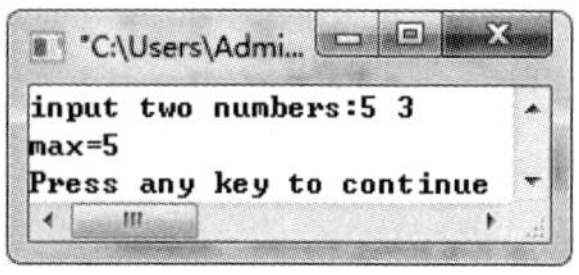

程序的第 1 行定义带参宏，用宏名 MAX(a,b)表示条件表达式(a>b)?a:b，形参 a,b 均出

现在条件表达式中。程序第 7 行的 max=MAX(x,y)为宏调用，实参 x,y 将代换形参 a,b。展开宏后，该语句为

```
max=(x>y)?x:y;
```

用于计算 x,y 中的大数。

对于带参宏定义，有以下问题需要说明：

1）带参宏定义中，宏名和形参表之间不能出现空格。

例如，将

```
#define MAX(a,b) (a>b)?a:b
```

写为

```
#define MAX  (a,b)  (a>b)?a:b
```

时，将被认为是无参宏定义，宏名 MAX 代表字符串(a,b) (a>b)?a:b。展开宏时，宏调用语句

```
max=MAX(x,y);
```

将变为

```
max=(a,b)(a>b)?a:b(x,y);
```

这显然是错误的。

2）在带参宏定义中，形式参数不分配内存单元，因此不必进行类型定义；而宏调用中的实参有具体的值，要用它们去代换形参，就必须进行类型说明，这与函数中的情况不同。在函数中，形参和实参是两个不同的量，各有自己的作用域，调用时要把实参值赋给形参，进行“值传递”。而在带参宏中，只是符号代换，不存在值传递的问题。

3）宏定义中的形参是标识符，而宏调用中的实参可以是表达式。

4）在宏定义中，字符串内的形参通常要用括号括起来以避免出错，最好把字符串也用括号括起来。

【例 9.5】求$(a+1)^2$时，错误的带参宏定义。

```
#define SQ(y) y*y
#include<stdio.h>
void main()
{ int a,sq;
  printf("input a number:     ");
  scanf("%d",&a);
  sq=SQ(a+1);
  printf("sq=%d\n",sq);
}
```

运行结果：

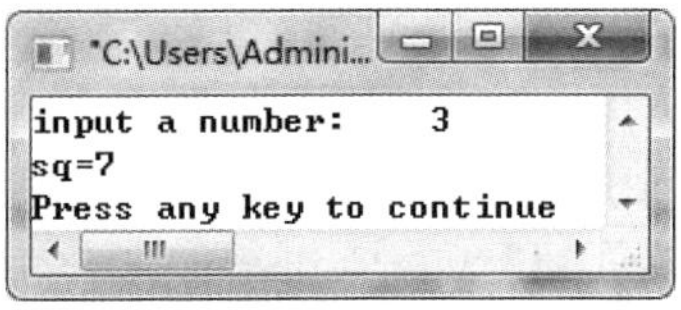

输入 3，结果应该不是想要的$(3+1)^2$，问题出在哪里？这是由代换只做符号代换而不做

其他处理造成的。宏代换后将得到如下语句：

```
sq=a+1*a+1;
```

由于 a 为 3，因此 sq 的值为 7。这显然与题意相违，因此参数两边的括号是不能少的。我们把首行改成#define SQ(y) (y)*(y)后，正确的运行结果如下：

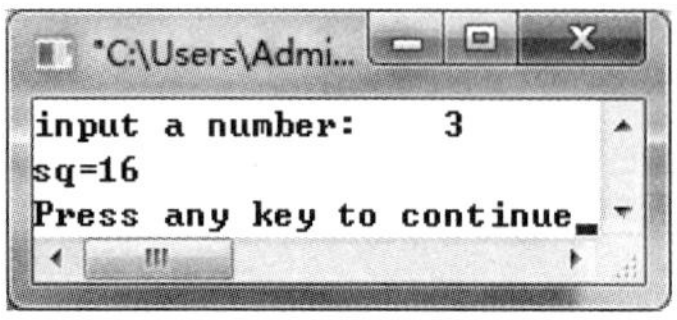

【例 9.6】用宏定义求 160/((a+1)*(a+1))。

```
#define SQ(y)  ((y)*(y))
#include<stdio.h>
void main()
{ int a,sq;
  printf("input a number:  ");
  scanf("%d",&a);
  sq=160/SQ(a+1);
  printf("sq=%d\n",sq);
}
```

运行结果：

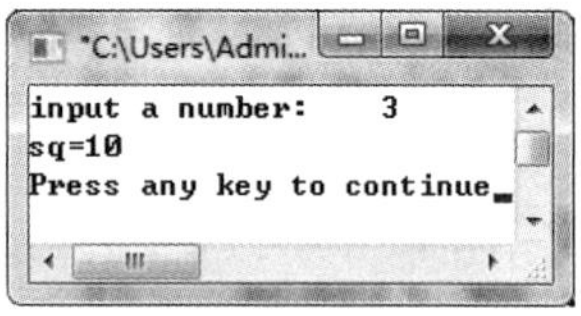

在宏代换后，sq=160/SQ(a+1);变为 sq=160/((a+1)*(a+1));，结果正确。
以上讨论说明，对于宏定义，应在参数两侧加括号，还应在整个字符串外加括号。

9.3 文件包含

文件包含是 C 预处理程序的另一个重要功能。
文件包含命令行的一般形式如下：

```
#include<文件名>
```

或

```
#include"文件名"
```

前面已多次用此命令包含过库函数的头文件。例如，

```
#include<stdio.h>
#include<math.h>
```

文件包含命令的功能是，把指定的文件插入该命令行的位置以取代该命令行，进而把指定的文件和当前的源程序文件连成一个源文件。

在程序设计中，文件包含是很有用的。一个大程序可以分为多个模块，由多个程序员分别编程。有些共用的符号常量或宏定义等可单独组成一个文件，在其他文件的开头用包含命令包含该文件即可使用。这样，就可避免在每个文件开头都去书写那些共用量，进而节省时间并减少错误。

对文件包含命令，还要说明以下几点：

1）包含命令中的文件名可以用双引号括起来，也可以用尖括号括起来。例如，以下写法都是合法的：

```
#include"stdio.h"
#include<math.h>
```

但这两种写法是有区别的：尖括号表示到 VC++系统包含文件目录中查找（包含目录由用户在设置环境时设置），而不到源文件目录中查找；双引号则表示首先到当前的源文件目录中查找，未找到时才到包含目录中查找。用户编程时，可根据自己文件所在的目录来选择某种命令形式。例如，有下面的程序：

```
#include"pro1.c"

main()

{ … }
```

此时的"pro1.c"源程序文件应该在当前目录中。

2）一个#include 命令只能指定一个被包含文件，若有多个文件要包含，则需用多个#include 命令。

3）文件包含允许嵌套，即在一个被包含的文件中又可包含另一个文件。

9.4　条件编译

预处理程序提供了条件编译的功能，可以按不同的条件去编译不同的程序部分，因而产生不同的目标代码文件。这对于程序的移植和调试是很有用的。

条件编译有三种形式，下面分别介绍。

1）第一种形式：

```
#ifdef  标识符
  程序段 1
#else
  程序段 2
#endif
```

它的功能是，若标识符已被#define 命令定义过，则对程序段 1 进行编译；否则对程序段 2 进行编译。若没有程序段 2（它为空），则格式中的#else 可以省略，即可写为

```
#ifdef  标识符
    程序段
#endif
```

【例 9.7】宏名 R 存在时，程序只能计算圆的面积，R 不存在时只能计算正方形的面积。

```
#define R ok
```

```
#include<stdio.h>
void main()
{ float c,r,s;
  printf ("input a number:  ");
  scanf("%f",&c);
  #ifdef R
    r=3.14159*c*c;
    printf("area of round is: %f\n",r);
  #else
    s=c*c;
printf("area of square is: %f\n",s);
#endif
}
```

运行结果：

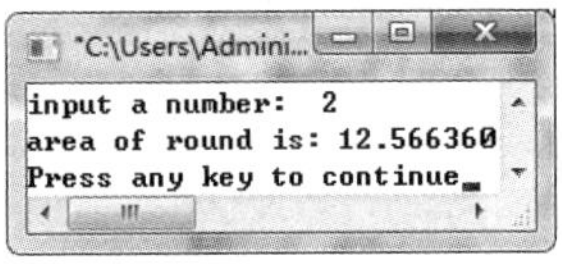

由于在程序的第 7 行插入了条件编译预处理命令，因此要根据 R 是否被定义来决定编译哪段计算和输出语句。由于在程序的第 1 行已对 R 做过宏定义，因此对第一段计算和输出语句进行编译，所以运行结果是输出圆的面积。

程序第 1 行的宏定义中，定义 R 表示字符串 ok；其实 R 也可为任何字符串，甚至不给出任何字符串而写为

```
#define R
```

只有取消程序的第 1 行时，才会去编译第二段计算和输出语句，运行结果如下：

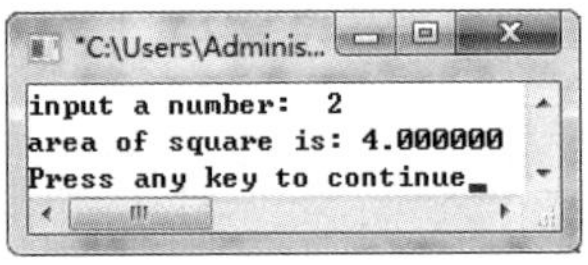

2）第二种形式：

```
#ifndef 标识符
     程序段 1
#else
     程序段 2
#endif
```

与第一种形式的区别是，第二种形式将“ifdef”改为“ifndef”。它的功能是，如果标识符未被#define 命令定义，那么对程序段 1 进行编译，否则对程序段 2 进行编译。这与第一种形式的功能正好相反。

3）第三种形式：

```
#if 常量表达式
```

```
    程序段 1
#else
    程序段 2
#endif
```

它的功能是，若常量表达式的值为真（非 0），则对程序段 1 进行编译；否则对程序段 2 进行编译。因此，可以使程序在不同的条件下完成不同的功能。

【例 9.8】 例 9.7 用第三种形式编译实现。

```
#include<stdio.h>
void main()
{ float c,r,s;
  printf ("input a number:  ");
  scanf("%f",&c);
  #if 1
    r=3.14159*c*c;
    printf("area of round is: %f\n",r);
  #else
    s=c*c;
  printf("area of square is: %f\n",s);
  #endif
}
```

例中采用了第三种形式的条件编译。在程序的第 6 行中，`#if` 后面的常量表达式为 1（非 0），因此在条件编译时，常量表达式的值为真，所以计算并输出圆面积。如果将 1 改为 0，那么计算并输出正方形的面积。

上面介绍的条件编译当然也可采用条件语句来实现，但采用条件语句时将会对整个源程序进行编译，生成的目标代码程序很长；而采用条件编译时，将根据条件只编译其中的程序段 1 或程序段 2，生成的目标程序较短。条件选择的程序段很长时，采用条件编译的方法是十分必要的。

9.5　本章小结

1）预处理功能是 C 语言特有的功能，它是在对源程序正式编译前由预处理程序完成的。程序员在程序中用预处理命令来调用这些功能。

2）宏定义用一个标识符来表示一个字符串，这个字符串可以是常量、变量或表达式。在宏调用中，将用该字符串代换宏名。

3）宏定义可以带有参数，宏调用时是以实参代换形参，而不是“值传送”。

4）为避免宏代换时发生错误，宏定义中的字符串应加括号，字符串中出现的形参两边也应加括号。

5）文件包含是预处理的一个重要功能，它可用来把多个源文件链接成一个源文件进行编译，生成一个目标文件。

6）条件编译允许只编译源程序中满足条件的程序段，使生成的目标程序较短，从而减少内存的开销，并提升程序的效率。

7）使用预处理功能便于程序的修改、阅读、移植和调试，也便于实现模块化程序设计。

习题

9.1 选择题。

（1）设有以下宏定义：

```
#define  N  3
#define Y(n)  ((N+1)*n)
```

则执行语句 z=2*(N+Y(5+1));后，z 的值为____。

A. 出错　　B. 42　　C. 48　　D. 54

（2）以下程序运行后，输出的结果是____。

```
#include<stdio.h>
#define  PT  5.5
#define  S(x)  PT*x*x
void main()
{int a=1,b=2;
 printf("%4.1f\n",S(a+b));
}
```

A. 49.5　　B. 9.5　　C. 22.0　　D. 45.0

（3）以下程序的输出结果是____。

```
#define  f(x)  x*x
#include<stdio.h>
void main()
{int a=6,b=2,c;
 c=f(a)/f(b);
 printf("%d\n",c);
}
```

A. 9　　B. 6　　C. 36　　D. 18

（4）以下程序运行后，输出的结果是____。

```
#define  MA(x)  x*(x-1)
#include<stdio.h>
void main()
{int a=1,b=2 ;
printf("%d\n",MA(1+a+b)) ;}
```

A. 6　　B. 8　　C. 10　　D. 12

（5）有如下程序：

```
#define  N  2
#define  M  N+1
#define  NUM  2*M+1
```

```
#include<stdio.h>
void main()
{int i;
for(i=1;i<=NUM;i++)printf("%d\n",i);
}
```

该程序中的 for 循环执行的次数是____。

A. 5　　B. 6　　C. 7　　D. 8

9.2　输入两个整数，求它们相除的余数。编写程序，用带参宏来实现。

9.3　三角形的面积为

$$\text{area} = \sqrt{s(s-a)(s-b)(s-c)}$$

式中 $s=\frac{1}{2}(a+b+c)$ ，a, b, c 为三角形的三条边长。定义两个带参宏分别求 s 和 area。编写程序，在程序中用带实参的宏名来求面积 area。

9.4　编写程序，分别用函数和带参宏，从三个数中找出最大数。

9.5　编写程序，定义一个带参宏，使两个参数的值互换，输入两个数作为使用宏时的实参，并输出互换后的两个值。

第 10 章　指　　针*

指针是 C 语言中广泛使用的一种数据类型，运用指针编程是 C 语言最主要的风格之一。利用指针变量可以表示各种数据结构，能很方便地使用数组和字符串，并能像汇编语言一样处理内存地址，从而编写出精练而高效的程序。指针极大地丰富了 C 语言的功能，学习指针是学习 C 语言的最重要的一环，能否正确理解和使用指针是我们是否掌握 C 语言的一个标志；同时，指针也是 C 语言中学习起来最为困难的一部分，在学习中除要正确理解基本概念外，还要多编写程序并上机调试，只要做到了这些，指针就不难掌握。

10.1　地址和指针的基本概念

计算机内存是以字节为单位的一片连续的线性存储空间，为便于访问这些内存单元，必须为每个字节单元编上唯一的编号，第 1 个字节编号为 0，第 2 个字节编号为 1，以此类推。这些内存单元的编号称为地址，利用这些地址可准确地找到并使用具体的内存单元，就像宾馆采用房间编号来管理各个房间一样。

在 C 语言中，同类型的变量分配等长度的连续存储空间。定义一个变量时，会根据变量的类型分配一定字节数的连续存储单元，如整型变量分配 4 字节，字符变量分配 1 字节等。为一个变量分配的存储单元的首地址（第 1 个字节的内存地址）称为该变量的地址，也称该变量的指针。例如，定义

```
int i=20198;
char c1,c2;
float x;
```

它给整型变量 i 分配 4 字节的存储空间，给字符变量 c1 和 c2 各分配 1 字节的存储空间，给 float 实型变量 x 分配 4 字节的存储空间，存储空间分配示意图如图 10.1 所示。要说明的是，这 4 个变量地址编号是假想的，内存中的实际存储空间由系统分配，不一定挨在一起。

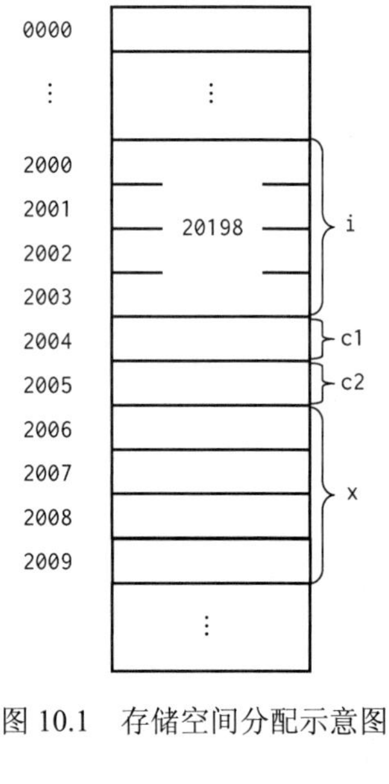

图 10.1　存储空间分配示意图

变量分配存储空间的首字节单元地址（字节单元编号）称为该变量的地址。例如，假设 i 的地址为 2000，c1 的地址为 2004，c2 的地址为 2005，x 的地址为 2006，虽然内存地址 2000,2001,2002,2003 都是 i 的存储空间，但只有首地址 2000 称为变量 i 的地址，也称指针。可见，首地址就像是待访问存储单元的指示标志，在 C 语言中形象地将其称为指针。

在前面的 C 语言程序设计中，对数据的处理往往直接使用变量。变量具有三要素，即名字、类型和值。每个变量都通过变量名与相应的存储单元联系，具体分配哪些单元给变量（或者说该变量的地址是什么）不需要编程者考虑，C 语言编译系统会完成

变量名到对应内存单元地址的变换。变量分配存储空间的大小由变量的类型决定，而变量的值是指相应存储单元的内容。如图 10.1 所示，变量 i 对应的内存空间地址是 2000，i 的类型为整型，分配 4 字节，i 的内容为 20198，即 2000,2001,2002,2003 四个字节单元所保存的内容。因此，在编程时可以直接使用变量名 i 来存取 2000 字节单元的内容 20198（实际上是直接使用变量对应的存储单元地址来访问的，因为 C 语言编译系统在编译时会将变量名转化为相应的地址）。我们将这种直接按变量名或地址来存取变量值的方式称为直接存取方式。

注意，按变量名访问内存时，实际上仍是通过地址进行访问的。但要说明的是，前面在编程时，对变量的操作实际上是对变量对应的存储单元的操作。

与直接存取方式相对应的是间接存取方式。这种方式通过定义一种特殊的变量专门存放内存或变量的地址，然后根据该地址的值来访问相应的存储单元。间接存取示意图如图 10.2 所示。在图 10.2(a)中，系统为特殊变量 p（用来存放地址）分配的存储空间地址是 4800，p 中保存的是变量 i 的地址，即 2000。读取变量 i 的值 20198 时，不直接通过变量 i，也不直接通过保存 20198 的内存单元地址 2000 去取值，而先通过变量 p 得到 p 的值 2000，即 i 的首地址，再根据地址 2000 读取它所指向单元的值 20198。这种首先间接通过变量 p 得到变量 i 的地址，然后存取变量 i 的值的方式，称为间接存取。通常称变量 p 指向变量 i，变量 i 是变量 p 所指向的对象，它们之间的关系如图 10.2(b)表示。

在 C 语言中用指针来表示一个变量指向另一个变量的指向关系。所谓指针，即地址。一个变量的指针即该变量的地址，如 2000 就是变量 i 的指针。专门存放地址的变量称为指针变量，如 p 即是一个指针变量，它存放的是变量 i 的地址 2000。

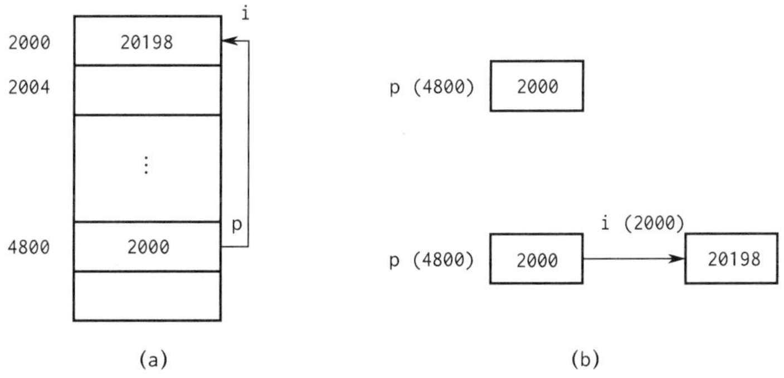

图 10.2　间接存取示意图

10.1.1　指针变量的定义与初始化

1. 指针变量的定义

指针变量仍应遵循先定义、后使用的原则。定义指针变量的形式与前面定义变量的形式相似，都用说明语句来实现，定义时应指明指针变量的类型和变量名。指针变量的定义形式如下：

```
数据类型标识符 *指针变量名;
```

例如，

```
int *p, *p1;        /* 定义两个指向整型变量的指针变量 p 和 p1 */
```

```
float *f, *q;        /* 定义两个指向单精度实型变量的指针变量 f 和 q */
double *d;           /* 定义一个指向双精度实型变量的指针变量 d */
char *c;             /* 定义一个指向字符型变量的指针变量 c */
```

注意：在指针变量的定义中，*是一个说明符，它表明其后的变量才是指针变量；也就是说，只有 p 是指针变量，而*p 不是指针变量。

指针变量与前面学过的变量一样，也具有变量的三要素，即名称、类型和值。

指针变量名称与普通变量名称一样，也要使用合法的标识符。指针变量的类型和值与普通变量的有所不同。

定义指针变量时，指定的数据类型不是指针变量本身（变量存放的值）的数据类型，而是指针变量指向的对象（或目标）的数据类型。例如，float 型指针变量 f,q 只能指向单精度实型变量（或者说只能存放单精度实型变量的地址）。指针本身的类型只能是整型（因为指针存放的地址是整数），而与它指向的对象的数据类型无关。

指针变量存放的是指向的某个变量的地址值，而普通变量保存的是该变量本身的值。这是指针变量与普通变量的显著差别之一。

注意，指针变量并不固定指向某类型的固定变量，而可以指向同类型的不同变量。不同类型的指针指向不同类型的变量，所指变量占用的空间也不相同，如 c 指向的字符变量占 1 字节，d 指向的双精度实型变量占 8 字节。

为方便起见，在以后的讨论中不再区分指针与指针变量，而按习惯把指针变量简称为指针。

2. 指针运算符与地址运算符

与指针引用有关的两个运算符是&和*。

1）&：取地址运算符，获取后面跟随的变量的地址。

2）*：指针运算符，或称指向运算符、间接访问运算符，获取后面跟随的指针变量指向的目标。

指针指向的对象可以表示为如下形式：

*指针变量

此处*是访问指针所指对象的运算符，它与指针定义时的*完全不同。

例如，

```
int a,*p=&a;
```

说明指针 p 指向 a，a 是 p 指向的对象，后面可用*p 来引用 a，*p 与 a 是等价的，*p 可以像普通变量一样使用。又如，

```
a=12;
*p=12;
printf("%d%d",*p,a);
```

第一条、第二条语句都对变量 a 进行赋值，而第三条语句以不同形式输出变量 a 的值。

再如，

```
scanf("%d",&a);
scanf("%d",&*p);
scanf("%d",p);
```

以上这三条语句都完成从键盘输入一个整数到变量 a 中的功能，它们是等价的。

注意，*与&具有相同的优先级，结合方向是从右到左。因此，&*p 即&(*p)，它对变量 *p 取地址，与&a 等价；p 与&(*p)等价，a 与*(&a)等价。

根据 scanf 的要求，输入项必须采用地址形式，在第三条语句中未对 p 取地址，原因是 p 本身是指针，其内容就是 a 的地址。若写为 scanf("%d",&p);，则是错误的。

3. 指针变量初始化

定义指针变量后，如何使用指针？它与普通变量有何不同？这是下面将要讨论的问题。

先看如下的指针定义：

```
int *pa,*pb;
float *pf;
```

上面两行说明语句仅定义了指针变量 pa,pb,pf，但这些指针变量并未指向确定的变量（或内存单元）。由于这些指针变量还未被赋给确定的地址值，因此只有将某一具体变量的地址赋给指针变量后，指针变量才能指向确定的变量（内存单元）。

在定义指针的同时给指针一个初始值，称为指针变量初始化。例如，

```
int a=18,b=6;
int *pa=&a;            /*将变量 a 的地址赋给指针变量 pa */
float x,*px=&x;        /*将变量 x 的地址赋给指针变量 px */
```

第 1 行定义整型变量 a，并为之分配 4 字节的存储单元；第 2 行定义指针变量 pa，在内存区为指针变量 pa 分配存储空间，同时通过取地址运算符&把已定义变量 a 的地址值取出，并保存在指针变量 pa 中，从而使指针变量 pa 在定义时就指向确定的变量 a。同理，px 指向变量 x。

例如，指针变量初始化：

```
#include<stdio.h>
void main()
{
  int a=18,*p=&a;
  printf("a=%d\n",a);
  printf("*p=%d\n",*p);
}
```

运行结果：

```
a=18
*p=18
```

上例中，第 4 行在定义指针变量 p 的同时，将变量 a 的地址赋给 p，这样 p 就指向 a，*p 就是 a，最后两行输出语句输出的结果相同也证实了这一点。

10.1.2　指针运算

定义指针变量后，就可以引用指针变量。

对指针变量的引用包含两个方面：一是对指针变量本身的引用，如对指针变量进行各种运算；二是利用指针来访问所指向的变量，如对指针的间接引用。

1. 指针的赋值运算

1）将变量地址值赋给指针变量，使指针指向该变量。

例如，

```
int a,b,*pa,*pb;
float *pf;
```

第 1 行定义整型变量 a,b 及指针变量 pa,pb。pa,pb 还未被赋值，因此 pa,pb 未指向任何变量，如图 10.3(a)所示。

又如，

```
a=12;b=18;
pa=&a;
pb=&b;
```

第 1 行对变量 a,b 赋值，第 2 行、第 3 行将变量 a,b 的地址分别赋给指针变量 pa,pb，使 pa,pb 分别指向变量 a,b。这样，变量 a 可以表示为*pa，变量 b 可以表示为*pb，如图 10.3(b)所示。

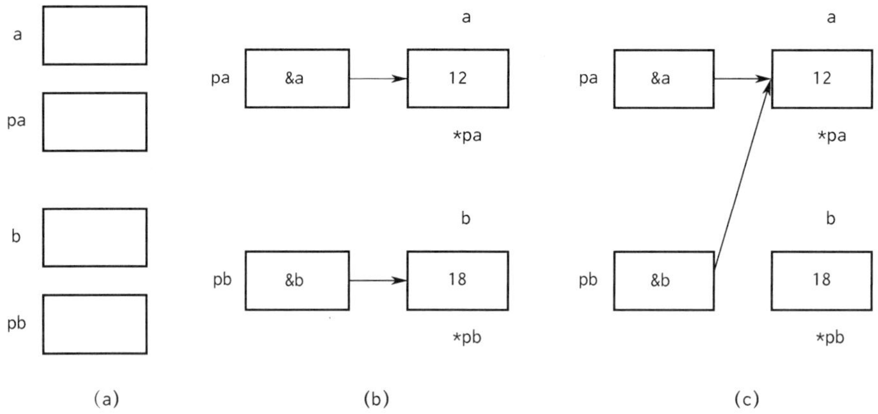

图 10.3　指针地址赋值示意图

2）相同类型指针变量之间的赋值。

pa 与 pb 都是整型指针变量，它们可以相互赋值。例如，

```
pb=pa;
```

是合法的，此时 pa,pb 都指向变量 a，a,*pa,*pb 是等价的，如图 10.3(c)所示。

注意，只有相同类型的指针变量才能相互赋值。例如，pf=pa;是不合法的，因为 pa 是整型指针，pf 是实型指针。

3）给指针变量赋空值。

当指针变量刚定义时，它的值是不确定的，因而指向一个不确定的单元，若这时引用指针变量，则可能产生不可预料的后果（破坏程序或数据）。为避免这些问题，除上面介绍的给指针变量赋予确定的地址值外，还可给指针变量赋空值，说明指针不指向任何变量。

空指针值用 NULL 表示，NULL 是在头文件 stdio.h 中预定义的常量，其值为 0，在使用时应加上预定义行。例如，

```
#include<stdio.h>
pa=NULL;
```

也可用下面的语句给指针赋空值：

```
pa=0;
```

或

```
pa='\0';
```

这里指针 pa 并不指向 0 地址单元，而具有一个确定的空值，表示 pa 不指向任何变量。

注意，指针虽然可以赋值为 0，但却不能把其他的整数作为地址赋给指针。

例如，即使知道整型变量 a 的地址是 2000，也不能使用下面的赋值语句：

```
pa=2000;
```

而只能使用语句

```
pa=&a;
```

对全局指针变量与局部静态指针变量而言，在定义时若未被初始化，则编译系统自动初始化为空指针 0。局部指针变量不会自动初始化，因此指向不明确。引用未指向确定变量的指针变量时，可能带来严重的后果。

【例 10.1】从键盘输入两个整数到 a,b，按由大到小的顺序输出。

```
#include<stdio.h>
void main()
{
    int a,b,*pa=&a,*pb=&b,*p;    /*定义指针变量 pa,pb，并进行初始化，如图 10.4(a)所示*/
    scanf("%d%d",&a,&b);
    if(*pa<*pb)
    {
        p=pa;                    /*进行指针交换，如图 10.4(b)和(c)所示*/
        pa=pb;
        pb=p;
    }
    printf("\n a=%d,b=%d\n",a,b);
    printf("\n max=%d,min=%d",*pa,*pb);    /*pa 指向大数，pb 指向小数*/
}
```

输入和输出结果：

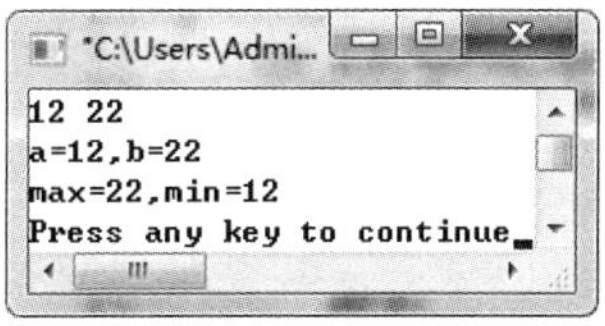

例 10.1 中，指针变量 pa 和 pb 一开始就被初始化，分别指向变量 a 和 b，输出时约定 pa 指向大数，pb 指向小数。比较 a 和 b 的大小，a 小时交换指针 pa 和 pb，使 pa 指向大数 b，pb 指向小数 a，从而达到题目要求。指针变化情况示意图如图 10.4 所示。

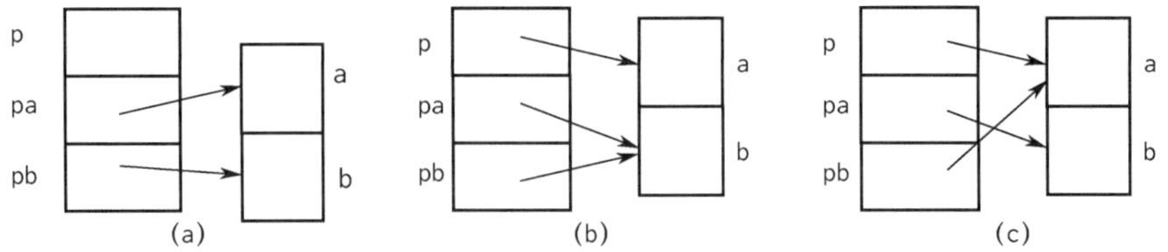

图 10.4　指针的变化情况示意图

2. 指针的算术运算

由于指针是一种特殊的变量，因此其运算也具有相应的特点。

一个指针可以加、减一个整数 n，但其结果不是指针值直接加或减 n，而是与指针所指对象的数据类型有关。指针变量的值（地址）应增加或减少“n×sizeof(指针类型)”。例如，

```
int *p,a=2,b=4,c=6;
```

假设 a 的起始地址为 4000，变量 a,b,c 挨着存放，如图 10.5(a)所示。

```
p=&a;
```

表示 p 指向变量 a，即 p 的内容是 4000，如图 10.5(b)所示。

```
p=p+2;
```

表示指针向下移动两个整型变量的位置，p 的值为 4000+2×sizof(int)=4000+2×4=4008，而不是 4002，因为整型变量占 4 字节，如图 10.5(c)所示。

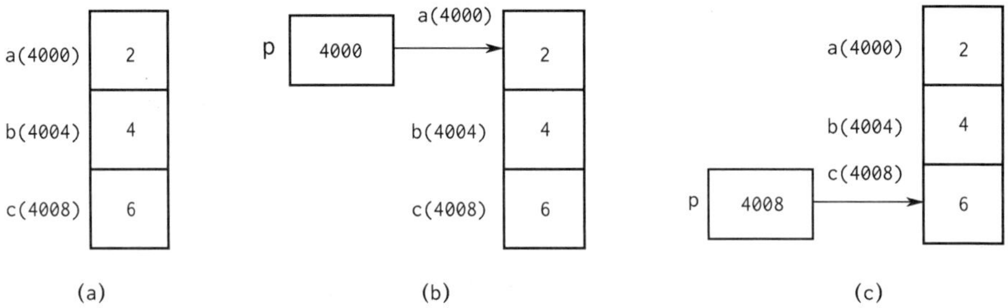

图 10.5　指针移动示意图

可以直观地理解为：

p=p+n 表示 p 向高地址方向移动 n 个存储单元块（一个单元块是指指针所指变量所占用存储空间）。

p=p-n 表示 p 向低地址方向移动 n 个存储单元块。

p++、++p 表示把当前指针 p 向高地址方向移动一个存储单元块。

若 p++作为操作数，则先引用 p，再将 p 向高地址方向移动一个存储单元块，而++p 先移动指针再引用 p。

p--、--p 表示把当前指针 p 向低地址方向移动一个存储单元块。

若 p--作为操作数，则先引用 p，再将 p 向低地址方向移动一个存储单元块，而--p 先移动指针再引用 p。

这里为研究指针的算术运算，假定 a,b,c 三个变量是连续顺序存储的，而实际存储时它们不一定连续。只有一个数组的各个元素是连续顺序存储的，因此指针的算术运算适用于数组。指针 p 指向数组的某个元素并执行 p++后，指针 p 便指向下一个元素；指向同一

个数组的两个指针相减，可表示两个指针之间的元素个数。两个指针变量不能做加法运算，详见 10.2 节。

3. 指针的关系运算

与基本类型变量一样，指针可以进行关系运算。在关系表达式中，允许对两个指针进行所有的关系运算。若 p,q 是两个同类型的指针变量，则 p>q、p<q、p==q、p!=q、p>=q 都是合法的。

指针的关系运算在指向数组的指针中广泛运用，详见 10.2 节。假设 p,q 是指向同一数组的两个指针，并执行运算 p>q，那么其含义是，若表达式结果为真（非 0 值），则说明 p 所指元素在 q 所指元素之后，或者说 q 所指元素离数组的第一个元素更近一些。

注意，在指针进行关系运算之前，指针必须指向确定的变量或存储区域，即指针有初始值。另外，只有相同类型的指针才能进行比较。

10.1.3 多级指针

指针不但可以指向基本类型的变量，还可以指向指针变量，这种指向指针类型数据的指针变量称为指向指针的指针，或称多级指针。

下面以二级指针或称双重指针为例，说明多级指针的定义和使用。

二级指针的定义形式如下：

```
数据类型  **指针变量
```

例如，

```
int a,*p,**pp;
a=22;
p=&a;
pp=&p;
```

假设变量 a 的地址为 4000，指针 p 的地址为 4100，则二级指针 pp 的地址为 4800。a,p,pp 三者的关系如图 10.6 所示。

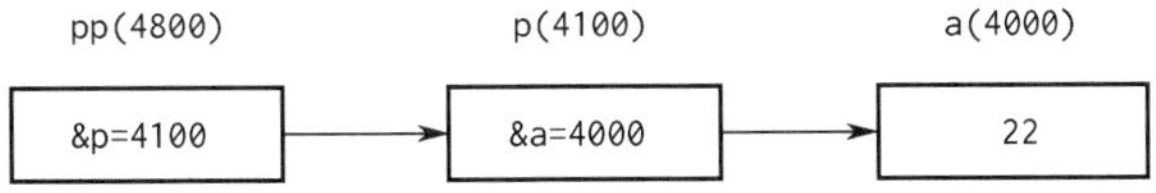

图 10.6　三个二级指针的关系

由图 10.6 可知，a 的地址为 4000，保存在指针变量 p 中；p 的地址值为 4100，保存在 pp 中，即双重指针 pp 指向指针变量 p；此时，要引用 a 的值，可以用*p，也可以用**pp。

注意，虽然 p,pp 都是指针变量，但 pp 只能指向指针变量而不能指向普通变量。

例如，语句

```
p=&a;
pp=&p;
```

是合法的，而语句

```
pp=&a;
```

是非法的，因为不能将 a 这个整型变量的地址赋给 pp，而只能将一个整型指针变量的地址赋给它。二级指针与一级指针是两种不同类型的数据，尽管它们保存的都是地址，但不可以相互赋值。

使用双重指针可在建立复杂的数据结构时，提供较大的灵活性。

理论上，还可以定义更多级的指针。例如，可以定义三级指针：

```
char ***p;
```

然而，实际使用时一般只用两级，多了反而容易引起混乱，给编程带来麻烦。

【例 10.2】二级指针的使用。

```
#include<stdio.h>
void main()
{
    int a=22,*p,**pp;
    p=&a;                               /*指针 p 指向 a*/
    pp=&p;                              /*二级指针 pp 指向指针 p*/
    printf("*p=%d\n",*p);               /*一级指针引用输出 a*/
    printf("**pp=%d\n",**pp);           /*二级指针引用输出 a*/
}
```

运行结果：

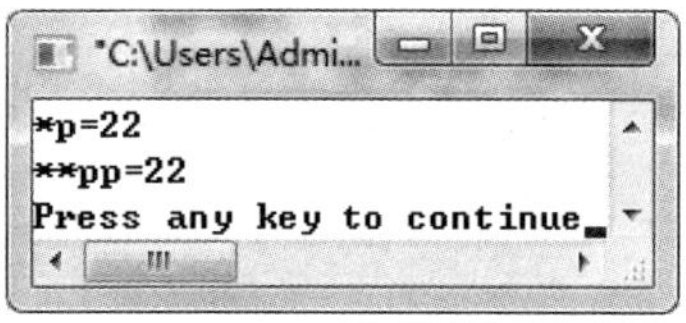

由于*p 与**pp 都代表变量 a，所以输出结果相同，但要注意它们之间的区别：p 直接指向 a，*p 是一级指针引用。pp 直接指向 p，再通过 p 指向 a，pp 间接指向 a，**pp 是二级指针引用。

10.2 指针与函数

10.2.1 指针作为函数参数

函数参数不仅可以是前面讨论过的基本类型，也可以是指针类型。利用指针作为函数参数，可以实现函数之间多个数据的传递。当形参为指针变量时，其对应的实参可以是指针变量或存储单元地址。

1）函数形参为指针变量，用指针变量作为实参。

【例 10.3】编写一个交换两个变量的函数，在主程序中调用，实现两个变量值的交换。

```
#include<stdio.h>
void main()
{
    int a,b;
    int *pa,*pb;
    void swap(int *p1,int *p2);
    scanf("%d%d",&a,&b);
```

```
    pa=&a;
    pb=&b;
    swap(pa,pb);
    printf("a=%d,b=%d\n",a,b);
}
void swap(int *p1,int *p2)
{
    int temp;
    temp=*p1;
    *p1=*p2;
    *p2=temp;
}
```

输入和输出结果：

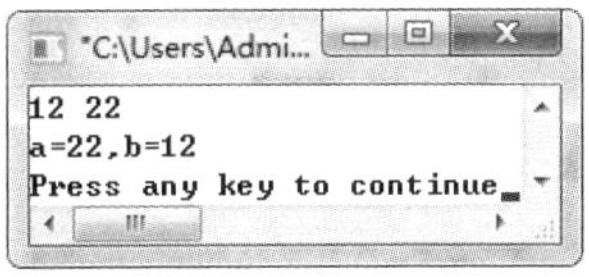

程序中定义的 swap()的两个形参是指针变量 p1 和 p2，其功能是交换 p1 和 p2 指向的两个变量的值。实参是指向两个变量 a 和 b 的指针 pa 和 pb。程序执行时，首先由主函数输入两个值 12,22 到变量 a 与 b 中，然后将 a 和 b 的地址分别赋给 pa 和 pb，即 pa 指向 a，pb 指向 b。在调用函数 swap(pa,pb)时，程序转向 swap()，执行时实参 pa 和 pb 的值分别传给 swap()的形参 p1 和 p2，这样形参 p1 和实参 pa 就都指向变量 a，p2 和 pb 都指向变量 b。在执行函数体时，*p1 和*p2 的值互换，从而实现 a 和 b 的互换。函数返回时，虽然形参 p1 和 p2 已被释放，但 a 和 b 的值已在函数运行时被交换过，所以最后能输出正确的结果。

2）函数形参为指针变量，用变量地址作为实参。

【例 10.4】 将例 10.3 中的函数调用改为用变量地址作为实参。

```
#include<stdio.h>
void main()
{   int a,b;
    void swap(int *p1,int *p2);
    scanf("%d%d",&a,&b);
    swap(&a,&b);
    printf("a=%d,b=%d\n",a,b);
}
void swap(int *p1,int *p2)
{   int temp;
    temp=*p1;
    *p1=*p2;
    *p2=temp;
}
```

输入和输出结果：

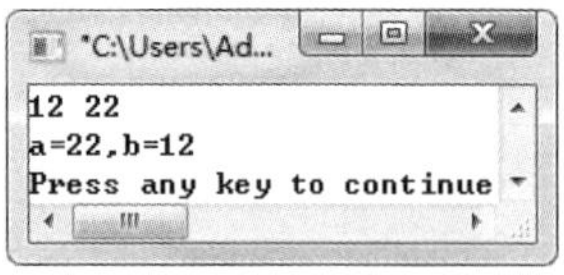

程序执行时，先输入两个值 12,22 到变量 a 与 b 中，再调用函数 swap(&a,&b)。这里的实参是 a 和 b 两个变量的内存地址。当程序转向 swap()执行时，将实参变量 a 和 b 的内存地址分别传递给形参指针变量 p1 和 p2。参数传递后，形参 p1 的值为&a，p2 的值为&b，即 p1 指向主函数中的变量 a，p2 指向主函数中的变量 b。执行函数体时，完成*p1 和*p2 的值的互换，从而实现 a 和 b 的互换。运行结果与例 10.4 中的完全相同。

想一想，将交换函数 swap 写为如下形式时，a 和 b 的值能交换吗？

```
void swap(int *p1,int *p2)
{
    int *p;
    p=p1;
    p1=p2;
    p2=p;
}
```

该函数的功能是将形参 p1 和 p2 的指针值互相交换。虽然指针 p1 和 p2 的指针值被交换，但由于指针变量的值也遵循单向传递的原则，因此不会因为指针形参值的改变而影响到指针实参的值。主函数中变量 a 和 b 的值并未被交换。因此，仅交换函数中指针形参的值，并不能交换 a 和 b 的值，这一点是初学者易犯的错误。

【例 10.5】 指针交换比较。

```
#include<stdio.h>
void main()
{
    int a,b,*pa,*pb;
    void swap(int *p1,int *p2);
    pa=&a;
    pb=&b;
    scanf("%d%d",&a,&b);
    swap(pa,pb);
    printf("main0:a=%d,b=%d\n",a,b);
    printf("main1:*pa=%d,*pb=%d\n",*pa,*pb);
}
void swap(int *p1,int *p2)
{
    int *p;
    p=p1;
    p1=p2;
    p2=p;
    printf("swap:*p1=%d,*p2=%d\n",*p1,*p2);
}
```

输入和输出结果：

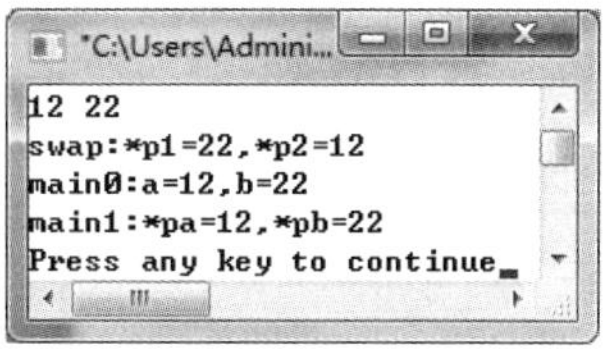

比较输出结果会发现：在 swap()中，输出的*p1 和*p2 的值已被交换，但在主函数中输出的 a 和 b 的值以及*pa 和*pb 的值未被交换，这说明在函数中进行的对形参指针的交换不会影响到实参。

10.2.2　指针函数

指针函数是指函数的返回值为指针的函数。前面提到，指针可以作为函数的参数，其实函数的返回值也可以是指针类型的数据。

指针函数的定义形式如下：

```
类型标识符 *函数名(形式参数表)
```

例如，

```
int *fun(int a,int b)
{
    函数体语句
}
```

其中，fun()就是一个指针函数，它要求返回值是一个 int 型指针，这就要求在函数体内有返回指针或地址的语句，形如

```
return(&变量名);
```

或

```
return(指针变量);
```

【例 10.6】指针函数示例。

```
#include<stdio.h>
void main()
{
    int a,b,*p;
    int *min(int x,int y);
    int *minp(int *,int *);
    scanf("%d,%d",&a,&b);
    p=min(a,b);
    printf("min=%d\n ",*p);
    p=minp(&a,&b);
    printf("minp=%d\n ",*p);
}
int *min(int x,int y)
{
```

```
        if(x<y)return(&x);
        else return(&y);
    }
    int *minp(int *x,int *y)
    {
        int *q;
        q=*x<*y? x:y;
        return(q);
    }
```

输入和输出结果：

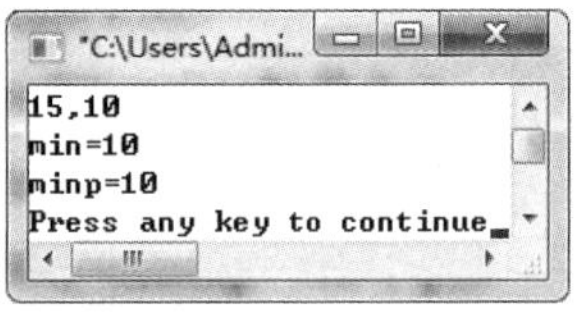

例中的 min()和 minp()使用了不同类型的形参，但都能返回两个形参变量中保存较小值的变量的地址（指针）。

注意，指针函数的返回值一定要是地址，并且返回值的类型要与函数类型一致。

返回指针的函数很有用。在库函数中，有许多函数返回指针值，如字符串函数 strcat()、strcpy()，动态存储分配函数 malloc()、calloc()等，读者应该熟练掌握。

10.2.3 指向函数的指针

由于变量与特定的存储单元相联系，因此通过变量名可得到变量的存储地址。一个函数包括一组指令序列，存储在某段内存中，这段内存空间的起始地址称为函数的入口地址，通过函数名可以得到这一地址。反过来，也可通过该地址找到这个函数，因此称函数的入口地址为函数的指针。可以定义一个指针变量，其值等于该函数的入口地址，指向这个函数，这样通过这个指针变量也能调用这个函数。这种指针变量称为指向函数的指针变量。

显然，这种调用函数的方式与前面介绍的用函数名来调用函数的方式是不一样的，其差别类似于用指针来访问它指向的变量和用变量名来访问变量。前者是间接访问，后者是直接访问。

定义指向函数的指针变量的一般形式如下：

类型标识符 (*指针变量名)();

例如，

```
int (*p)();
float (*q)();
```

上面的示例中，p 指向一个返回整型值的函数，q 指向一个返回实型值的函数。

注意 int(*p)();与 int *p();的差别。前者定义 p 是一个指针变量（指向函数）；后者定义 p 是一个函数，其返回值为指针，格式不能写错。

类似于其他指针变量，刚定义的指向函数的指针变量要在赋给地址值后才能引用。将某个函数的入口地址赋给指向函数的指针变量，就可用该指针变量调用所指向的函数。由于函数名代表了函数的入口地址，因此只需将要通过指针调用函数的函数名赋给函数指针。例如，max(x,y)是一个求 x,y 中最大值的整型函数，p 为指向函数的整型指针，因此赋值语句

```
p=max;
```

表示 p 指向函数 max()，即把 max()的入口地址值赋给指针变量 p。因为函数名代表函数的入口地址，因此无须考虑函数参数。

注意，下面的语句是不合适的：

```
p=max(m,n);
```

因为 max(m,n)是函数调用，其返回值是整型值而不是指针，故不能赋给指针变量 p。

若 a 是一个整型变量，则有两种方法实现函数调用。

第一种方法：函数名调用法，称为直接调用。

```
a=max(m,n);
```

第二种方法：使用指针 p 调用函数，称为间接调用。

```
a=(*p)(m,n);
```

这两种方法是等价的。

用指针调用函数的一般形式如下：

```
(*指针变量)(实参表)
```

【例 10.7】 函数 max()用于求一维数组中元素的最大值，在主函数中用函数名调用该函数与用函数指针调用该函数来实现。

```
#include<stdio.h>
#define M 8
void main()
{
    float sumf,sump;
    float a[M]={11,2,-3,4,5,69,7,80};
    float (*p)();                          /*定义指向函数的指针 p*/
    float max(float a[],int n);            /*函数声明*/
    p=max;                                 /*函数名（函数入口地址）赋给指针 p*/
    sump=(*p)(a,M);                        /*用函数指针方式调用函数*/
    sumf=max(a,M);                         /*用函数名调用 max()*/
    printf("sump=%.2f\n",sump);
    printf("sumf=%.2f\n",sumf);
}
float max(float a[],int n)
{
  int k;
  float s;
  s=a[0];
  for(k=0;k<n;k++)
      if(s<a[k]) s=a[k];
  return s;
```

```
}
```

运行结果：

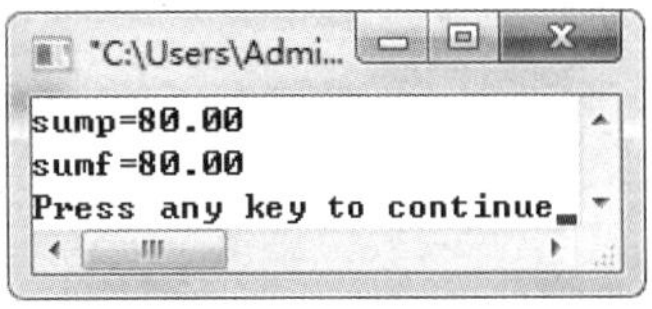

例中使用了函数指针调用和函数名调用两种方法，现在分析其异同点。首先定义了一个函数指针变量 p，将函数 max()的名字赋给 p，使 p 指向该函数的入口地址，利用指针引用(*p)(a,M)来调用函数 max()。读者可以把这种方式与函数名调用方法 max(a,M)进行比较，实际上将函数名 max 用指针引用(*p)来代替即可。两种方式下，实参的使用形式相同，所得的运行结果也相同。

注意，用函数指针调用函数是间接调用，没有参数类型说明，C 语言编译系统无法进行类型检查，因此在使用这种形式调用函数时要特别小心。实参一定要和指针所指函数的形参类型一致。

函数指针可以作为函数参数，当函数指针每次指向不同的函数时，执行不同的函数来完成不同的功能，这就是函数指针作为函数参数的意义。

【例 10.8】在函数中输入直角三角形的两条直角边，求直角三角形的面积和斜边长。

```
#include<stdio.h>
#include<math.h>
void main()
{
    int m,n;
    float s,l;
    float(*q)();                              /*定义函数指针变量 q*/
    float area(int a,int b),length(int a,int b);
    float f(int a,int b,float(*p)());         /*有函数指针形参的函数声明*/
    scanf("%d%d",&m,&n);                      /*输入两条直角边*/
    q=area;                                   /*求面积函数的函数名（入口地址）赋给 q*/
    s=f(m,n,q);                               /*通过 f()求面积*/
    l=f(m,n,length);                          /*直接用函数名作为实参，通过 f()求斜边长*/
    printf("Area of the right triangle is %.2f\n",s);
    printf("Length of the hypotenuse is %.2f\n",l);
}
float area(int a,int b)
{
    float z;
    z=a*b/2;                  /*求直角三角形的面积*/
    return(z);
}
float length(int a,int b)
{
```

```
    float z;
    z=sqrt(a*a+b*b);          /*求斜边长*/
    return(z);
}
float f(int a,int b,float(*p)())
{
    float y;
    y=(*p)(a,b);              /*通过形参 p 得到实参传来的函数入口地址调用不同的函数*/
    return(y);
}
```

输入和输出结果：

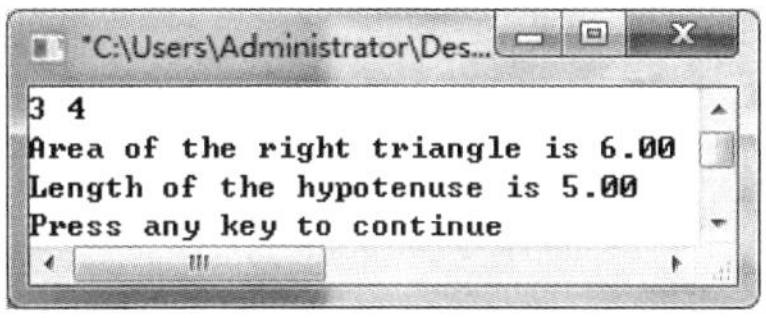

例中，函数 f()有三个形参，其中 p 是指向函数的指针。该函数的功能是利用主函数中调用 f()时传给它的不同实参（函数名 area 与 length），使 p 指向不同的函数，从而实现分别对 area()与 length()的调用，计算直角三角形的面积和斜边长。

根据上面的讨论，可以总结一下指向函数的指针的使用步骤。

1）定义一个指向函数的指针变量，形如

```
float(*p)();
```

2）为函数指针赋值，格式如下：

```
p=函数名;
```

注意，赋值时只需给出函数名，不需要带参数。

3）通过函数指针调用函数，调用格式如下：

```
s=(*p)(实参);
```

函数指针的性质与数据类型指针的性质相同，不同的是数据指针指向内存的数据区，而函数指针指向内存的程序代码区。在 C 语言中，函数指针的主要作用是在函数之间传递函数，这种传递是传递函数执行代码的入口地址，即函数的调用控制。当被调函数的形参是函数指针时，可以用不同的函数名实参与形参对应，从而实现在不对主函数进行任何修改的前提下调用不同的函数，完成不同的功能。用函数指针变量作为实参，当给该指针变量赋不同的函数入口值（指向不同的函数）时，也可实现在主函数中调用不同的函数。

与数据指针不同的是，由于函数指针指向函数的入口代码区，因此对其进行算术运算没有意义。

10.3　指针与数组

数组名代表数组的地址（起始地址或第一个元素的地址），而每个数组元素也都有自己的地址。根据指针的概念，数组的指针是指数组的起始地址，而数组元素的指针是各元素的地址。

10.3.1 指向一维数组的指针

首先，应该明确的是数组名是一个常量指针，它的值为该数组的首地址，即第一个元素的地址，这是 C 语言规定的。指向数组的指针的定义方法，与指向基本类型变量的指针的定义方法相同。例如，

```
int a[5]={1,3,5,7,9};
int *p;
```

此时，指针还没有指向数组 a，要将指针变量 p 指向数组 a，还必须使用赋值语句

```
p=a;
```

使 p 指针指向数组 a，即将数组 a 的首地址赋给 p。它与下列语句是等价的：

```
p=&a[0];
```

数组指针示意图如图 10.7 所示。

注意，数组名 a 是常量指针，而 p 是指针变量。两者虽然此时都指向数组的首元素，但区别很明显。a 是常量指针，其值在数组定义时已确定，不能改变，不能进行 a++、a=a+1 等类似的操作。而 p 是指针变量，其值可以改变，将不同元素的地址值赋给 p 时，它指向最近给定的元素。例如，如下操作是合法的：

```
p++; p=p+2;
```

在定义指针变量时，可以同时给它赋初始值：

```
int a[5]={0,2,4,6,8};
int *p=a;
```

或

```
int *p=&a[0];
```

注意：是将 a 的首地址赋给指针变量 p，而不是赋给*p。

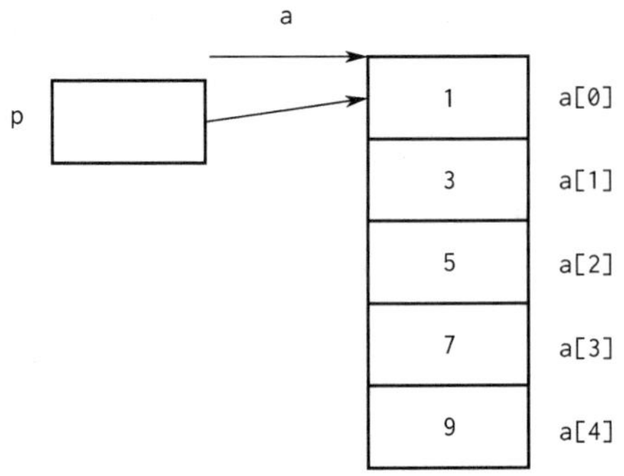

图 10.7 数组指针示意图

在第 7 章中讨论一维数组元素的表示时，使用的是下标法。例如，数组 a 的 5 个元素分别表示为 a[0],a[1],a[2],a[3],a[4]，即任何一个元素都可表示为 a[i]，其中 i=0,1,…,4。

在 C 语言中，元素 a[i]可用指针表示为*(a+i)，其中 i=0,1,…,4；在指针表示法中，

a+i 表示第 i 个元素的地址。

注意，C 语言编译程序计算实际地址的方法是：a+i×元素占用字节数。例如，整型数组 a 存放的是地址为 4000 的内存区，则 0 号元素的地址是 a+0（也为 a 的值），即 4000；而 1 号元素的地址 a+1 为 4000+1×4=4004，而不是 4001。通过地址 a+1 可以找到元素 a[1]，所以*(a+1)就是 a[1]。

若指针变量 p 指向一个数组元素（p 的值为该元素的地址），则同样可用*p 表示该元素，例如，

```
p=&a[1];
```

则*p 与*(a+1)、a[1]都表示 1 号元素，如图 10.8 所示。

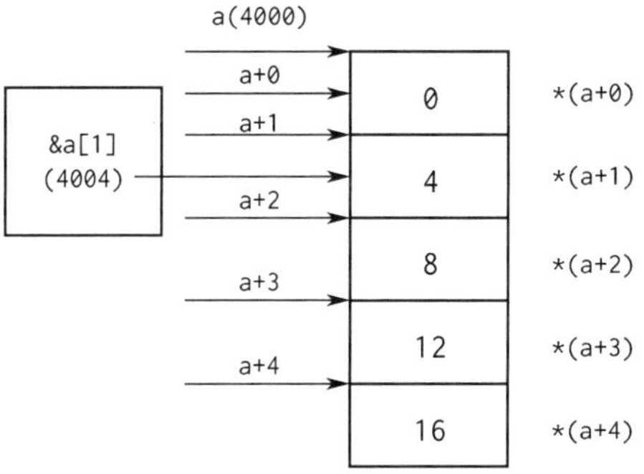

图 10.8　数组元素的多种表示图

如果 p 指向数组的首地址，那么*(p+i)、a[i]、p[i]具有相同的意义，即都表示第 i 个元素；如果 p 指向数组中的任意元素，如 a[2]，那么*(p+1)指向元素 a[3]。

【例 10.9】使用不同的方法输出整型数组 a 的元素。

```
#include<stdio.h>
void main()
{
    static int a[5]={1,3,5,7,9};
    int i, *p;
    for(i=0;i<5;i++)
        printf("%4d",a[i]);     /*方法 1：小标法*/
    putchar('\n');
    for(i=0;i<5;i++)
        printf("%4d",*(a+i));   /*方法 2：指针法之*(a+i)*/
    putchar('\n');
    for(p=a;p<a+5;p++)
        printf("%4d",*p);
    putchar('\n');
    p=a;
    for(i=0;i<5;i++)
        printf("%4d",p[i]);
}
```

运行结果：

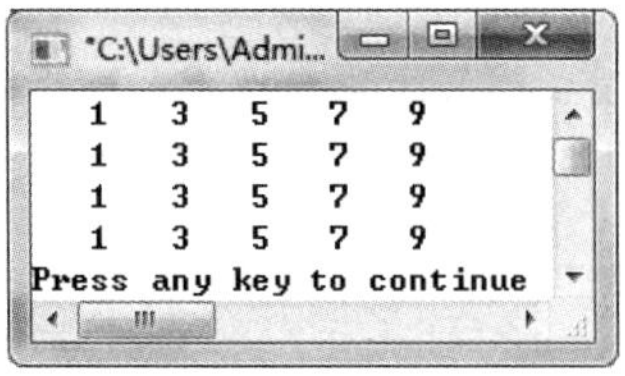

上例体现了指针与数组在表现形式上的互换性，注意比较各种方式的异常点。

将语句

```
for(i=0;i<5;i++) printf("%4d",*(a+i));
```

改为

```
for(i=0;i<5;i++, a++)printf("%4d",*a);
```

会如何？因为 a 是常量指针，在运行过程中其值不变，不能对其进行自加运算，所以编译时程序在 a++处会出错。

方法 3 中的语句为

```
for(p=a;p<a+5;p++) printf("%4d",*p);
```

将 for 循环中的结束条件改为

```
p<p+5;
```

即把语句改为

```
for(p=a;p<p+5;p++) printf("%4d",*p);
```

会出现什么样的结果？显然，循环不会结束，这是编程时容易犯的错误。

上面介绍的几种访问数组元素的方法各有特点：

1）下标法直观，能直接标明是第几个元素，如 a[3]是第 3 个元素。那么*p 代表第几个元素呢？这种方式显然没有下标法直观，难以一眼看出，而要根据指针 p 的当前值才能确定，因此在程序的编写过程中要特别小心，以免出错。

2）指针法效率高，能直接根据指针变量的地址值访问指向的数组元素，而下标法 a[i]先转换成地址 a+i，每次都要进行转换运算“a+i×元素字节数”，再由地址访问对应的存储单元，即元素。

关于指向数组指针的处理有几点要注意：

1）数组名 a 是常量指针，不能作为指针变量使用，如 a++这样的操作是非法的。

2）利用指针变量访问数组元素时要注意指针变量的当前值，特别是在循环控制结构中。

【例 10.10】 从键盘输入 5 个整数到数组 a 中，然后输出。

```
#include<stdio.h>
void main()
{
    int a[5],k,*p;
    p=a;                          /*此语句不能少，它使 p 指向 a 的第一个元素*/
    for(k=0;k<5;k++)
        scanf("%d",p++);          /*注意不能写为&p++，因为 p 本身是地址值*/
    p=a;                          /*将 p 重新指向数组 a 的第一个元素*/
    for(k=0;k<5;k++)
```

```
        printf("%6d",*(p++));    /*注意不能写为(*p)++，因为这是对 p 指向的比例自加*/
}
```

输入和输出结果：

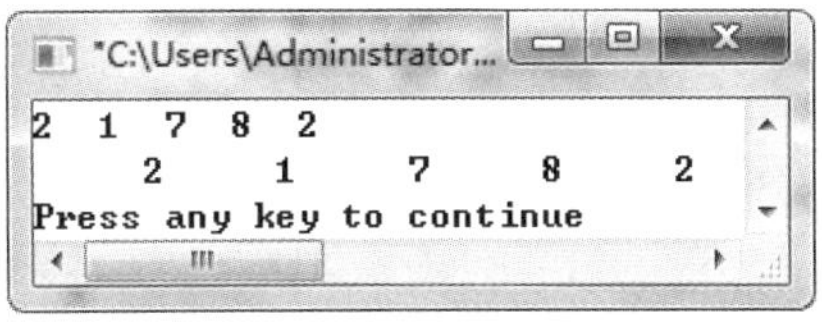

由于在输入时，循环每执行一次，指针 p 都自加一次，即下移一个元素位置，因此当循环执行完后，p 指向数组 a 以后的整型单元。要使用指针 p 来输出数组 a 的各个元素，必须先将 p 重新指向第一个元素，因此第 8 行的语句不能少。

3）*p++相当于*(p++)，因为*与++的优先级相同，且结合方向是从右向左，作用是先获得 p 指向的变量的值，然后执行 p=p+1。

4）*(p++)与*(++p)的意义不同，后者先 p=p+1，再获得 p 指向的变量值。若 p=a，则输出*(p++)先输出 a[0]，再让 p 指向 a[1]；输出*(++p)先使 p 指向 a[1]，再输出 p 所指的 a[1]。

5）(*p)++表示将 p 指向的变量值加 1。

10.3.2　二维数组与多维数组的指针表示法

1. 二维数组的地址

一维数组的指针表示法实际上是利用数组名或指向某个数组元素的指针按数组内存中顺序存放的规则表示的。二维数组的表示法与一维数组的表示法相似，因此同样也可以利用指针法来表示二维数组。

二维数组可以理解为一维数组，即其数组元素是一个一维数组。例如，有下面的二维数组定义：

```
int a[3][4]={{1,2,3,4},{5,6,7,8},{9,10,11,12}};
```

第 1 行的元素 a[0][0],a[0][1],a[0][2],a[0][3]可视为一维数组 a[0]的 4 个元素，把 a[0]视为一个数组名，而 C 语言规定数组名代表数组的首地址，因此 a[0]既代表第 0 行的首地址，也代表第 0 行第 0 列元素的地址&a[0][0]。该行的其他元素地址也可用数组名加序号来表示，即 a[0]+0,a[0]+2,a[0]+3。以此类推，a[1],a[2]可分别视为第 2 行、第 3 行一维数组的数组名。这样，a[1]就是第 1 行的首地址，即&a[1][0]。该行中各元素的地址可用 a[1]+0,a[1]+1,a[1]+2,a[1]+3 表示。

第 2 行各元素的地址可用 a[2]+0,a[2]+1,a[2]+2,a[2]+3 表示。根据一维数组的地址表示法，首地址为数组名，因此 a[0],a[1],a[2]分别表示 3 行的首地址，而 a[0]可以表示为*(a+0)，a[1]可以表示为*(a+1)，a[2]可以表示为*(a+2)，a[3]可以表示为*(a+3)，即指针形式的各行（一维数组）的首地址，如图 10.9 所示。

其中，任意元素 a[i][j]的地址可以表示为 a[i]+j 或*(a+i)+j，而元素值则表示为*(a[i]+j)或*(*(a+i)+j)。例如，a[0][2]元素可以表示为*(a[0]+2)或*(*a+2)，a[2][1]可以表示为*(a[2]+1)或*(*(a+2)+1)。这就是二维数组元素的指针表示形式。注意区分一个二维数组的三种表示形式：a[i][j],a[i]+j 和*(a+i)+j。

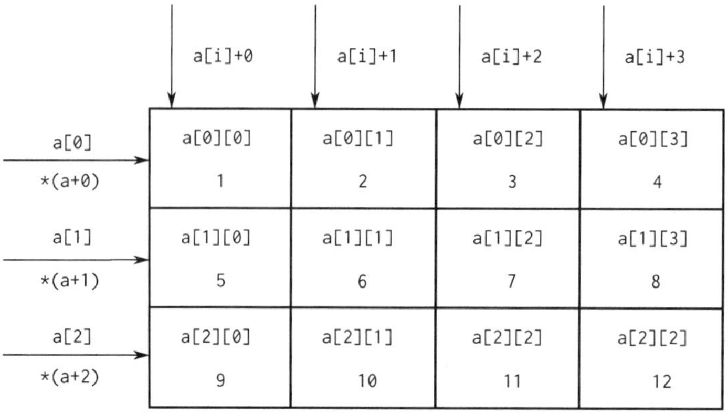

图 10.9　二维数组的指针表示

注意，若 a 是二维数组，则 a[i]代表一维数组名，它只是一个地址，而不是具体元素，因而不占用存储单元。不要只看 a[i]这一表面表示形式（从形式上看它代表 a 的第 i 个元素）。

但是，若 a 是一个一维数组，则 a[i]代表数组 a 的第 i 个元素，它占有实际的物理存储单元。

【例 10.11】 用指针表示法输出二维数组的各个元素。

```
#include<stdio.h>
void main()
{
    static int a[2][3]={{0,1,2},{3,4,5}};
    int k,j,*p;
    for(j=0;j<2;j++)            /*方式 1*/
    {
        for(k=0;k<3;k++)
        printf("%5d",*(a[j]+k));/*a[j]是 j 行的首地址，a[j]+k 是 j 行 k 列元素的地址*/
        putchar('\n');
    }
    putchar('\n');
    for(j=0;j<2;j++)            /*方式 2*/
    {
        for(k=0;k<3;k++)
        printf("%5d",*(*(a+j)+k));/**(a+j)是 j 行的首地址，*(a+j)+k 是 j 行 k 列元素的地址*/
        putchar('\n');
    }
    putchar('\n');
    p=a[0];                     /*p 指向数组的第一个元素*/
    for (j=0;j<2;j++)           /*方式 3*/
    {
        for (k=0;k<3;k++)
        printf("%5d",*(p++));   /*输出 p 所指的元素*/
        putchar('\n');
    }
```

```
}
```

运行结果：

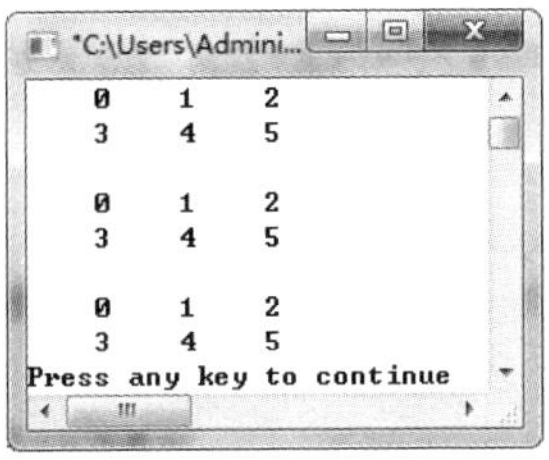

对于方式 1，*(a[j]+k)中的 a[j]是 j 行的首地址，a[j]+k 是 j 行 k 列元素的地址，因此*(a[j]+k)代表 j 行 k 列的元素。

对于方式 2，*(*(a+j)+k)中的*(a+j)是 j 行的首地址，*(a+j)+k 是 j 行 k 列元素的地址，因此*(*(a+j)+k)代表 j 行 k 列的元素。

对于方式 3，由于一开始 p 指向数组的第一个元素，在循环体中每次输出一个元素，并将指针 p 下移，利用二维数组元素按行顺序存储的这一特点，输出数组，*(p++)先引用 p，取到*p 后再执行 p+1。

下面总结一下二维数组元素值的表示方法（以 m*n 数组 a 的第 i 行 j 列元素为例）。

1）数组下标表示法：

```
a[i][j]
```

2）指针表示法：

```
*(*(a+i)+j)          二级指针法，*(a+i)+j 是一级指针。
```

或

```
*(&a[0][0]+n*i+j)  一级指针法。
```

3）行数组用下标法：

```
*(a[i]+j)
```

4）列用下标表示法：

```
(*(a+i))[j]
```

对二维数组 a，注意区分以下表示的不同含义：

1）a，二维数组名，数组首地址是常量指针。

2）a+i,&a[i]指向第 i 行（第 i 行首地址），是二级指针。

3）a[i],*(a+i),&a[i][0]指向第 i 行第 0 列，是一级指针，其地址值与 a+i,&a[i]的相同，注意不要认为*(a+i)是 a+i 指向的对象，因为在二维数组中 a+i 指向行，而不指向具体单元（但在一维数组中指向具体单元）。

4）a[i]+j,*(a+i)+j 表示元素 a[i][j]的地址。

5）*(a[i]+j),*(*(a+i)+j)表示元素 a[i][j]。

2. 指向二维数组的指针变量

指向二维数组的指针变量有两种情况：一是直接指向数组元素的指针变量，二是指向一个含有 m 个元素的一维数组。这两种不同形式的指针变量的使用方法稍有差异。

1）指向数组元素的指针变量。这种变量的定义与普通指针变量的定义相同，其类型与元素数值类型相同。

【例 10.12】用数组名常量指针输出二维数组，并输出数组中的最大元素及所在行列号。

```
#include<stdio.h>
void main()
{
  int i,j,m,n,max;
  int a[3][4]={1,2,3,4,5,6,7,8,9,10,11,12};
  m=0;n=0;
  max=**a;                    /*第一个元素赋给 max，**a 等价于*(*(a+0)+0)*/
  for(i=0;i<3;i++)
    {
      printf("\n");
      for(j=0;j<4;j++)
      {
        printf("%5d",*(*(a+i)+j));
        if(max<*(*(a+i)+j))
        {
          max=*(*(a+i)+j);
          m=i;n=j;
        }
      }
    }
  printf("\nmax is: a[%2d][%2d]=%-5d",m,n,max);
}
```

运行结果：

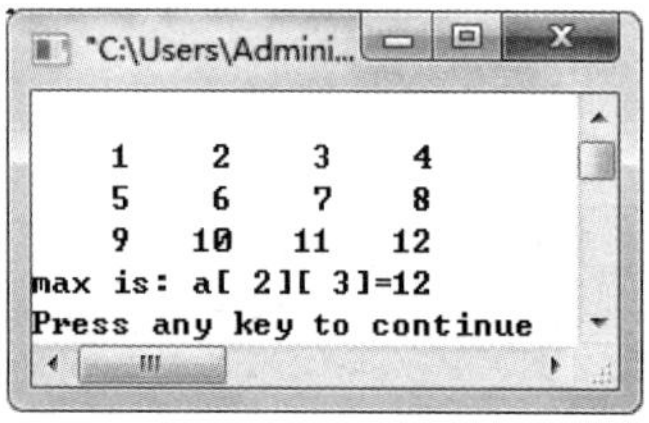

【例 10.13】用指向数组元素的指针输出二维数组，并输出数组中的最大元素及所在行列号。

```
#include<stdio.h>
void main()
{
  int i,j,m,n,max;
  int a[3][4]={1,2,3,4,5,6,7,8,9,10,11,12};
  int *p;
  p=a[0];
  max=*p;                          /*先把第一个元素作为最大值*/
  m=0;n=0;
  for(i=0;i<3;i++)
    {
```

```
    printf("\n");
    for(j=0;j<4;j++)
      {
        printf("%5d",*p);
        if(max<*p)
          {
            max=*p;
            m=i;n=j;
          }
        p++;
       }
     }
    printf("\n max is :a[%2d][%2d]=%-5d",m,n,max);
}
```

输出结果同例 10.12。

例 10.13 所用的方法实际上是，将普通指针变量 p 指向数组的某元素（整型），p++则指向下一个元素，利用了二维数组按行顺序存储各元素的特点，并未特意考虑是否为二维数组。

语句 p=a[0]不能写成 p=a，因为 p 是一个指向整型变量的一级指针，而 a 指向第 0 行的 a[0]。a[0]不是整型变量，而是一个指向该行的指针，故 a 是二级指针。同理 a+1,a+2,…也是二级指针，分别指向第 1 行、第 2 行……因此，p 与 a 的类型不同，不能直接赋值。

2）指向一维数组（二维数组的一行）的指针，也称行指针。

定义形式如下：

```
类型标识符 (*指针变量名)[元素个数];
```

例如，

```
int (*p)[5];
int a[3][5];
```

定义了一个指针 p，p 可以指向一个有着 5 个元素的一维数组（行数组）。此时，若 p 指向数组 a 的第 0 行 a[0]，即 p=&a[0]（或 p=a+0），则 p+1 不指向数组的下一个元素 a[0][1]，而指向下一行 a[1]。p 的值应以一行占用的存储字节数为单位进行调整。

【例 10.14】用指向一维数组的行指针输出二维数组，并输出数组中的最大元素及所在行列号。

```
#include<stdio.h>
void main()
{
  int i,j, m,n,max;
  int a[3][4]={{1,2,3,4},{5,6,7,8},{9.10,11,12}};
  int (*p)[4];                /*定义 p 为指向一个有着 4 个元素的一位数组的指针变量*/
  p=a;                        /*p 指向第 0 行*/
  max=**p;                    /*将第一个元素送入 max，**p 相当于*(*(p=0)+0)*/
  for(i=0;i<3;i++)
    {
```

```
        printf("\n");
        for(j=0;j<4;j++)
            {
              printf("%5d",*(*p+j));
              if(max<*(*p+j))
              {
                max=*(*p+j);
                m=i;n=j;
               }
            }
         p++;                    /*指向下一行*/
      }
    printf("\nmax is:a[%2d][%2d]=%5d" ,m,n,max);
  }
```

运行结果：

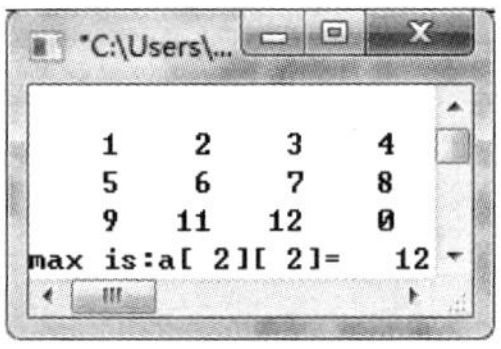

注意，p++所在的位置，在例 10.14 中位于外层循环内，处理完一行后再下移指针，而在例 10.13 中位于内层循环，每处理完一个元素就下移指针。例 10.14 中使用的语句 p=a，由于 p 是指向一维数组的行指针，实际上指向二维数组的一行，与 a,a+1,…一样都是指向行的二级指针，因此可以直接赋值。如前所述，a[0]是第 0 行的首指针，它指向第一个元素 a[0][0],是整型元素 a[0][0]的指针，是一级指针，与 p,a,a+1 这类二级指针不相容，不能直接赋值。可见，p+i 或 a+i 是第 i 行的地址，是二级指针，它指向一个指针对象 a[i],而*(p+i)或*(a+i)是第 i 行第 0 列元素的地址，指向的对象是一个整型元素。

10.4 指针与字符串

10.4.1 字符串的指针表示法

在第 7 章中提到，字符串保存在字符数组中。例如，

```
char c[]="computer";
```

定义了一个字符数组 c，并赋予了初值 computer。利用输入/输出语句可以对其进行整体操作，如 printf("%s",c)。也可利用数组的性质单独访问某一字符，如用 c[0]来引用第 0 个字符，值为'c'。字符数组 c 在内存中的存储分配示意图如图 10.10 所示。

数组名同样是该字符数组的首地址，是常量指针，其指针表示形式同一维数组。c+i 是第 i 个字符的地址，而*(c+i)是第 i 个元素，即 c[i]。

指向字符串的指针称为字符指针，其定义形式如下：

```
char *指针名;
```

字符指针非常有用，它可使字符串操作更为灵活、方便。在 C 语言的库函数中，与字

符串处理有关的程序大量使用了指向字符串的指针，请读者多加留意。

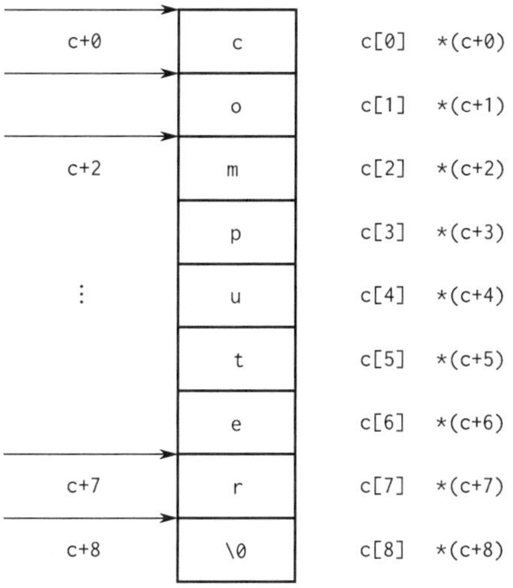

图 10.10　字符数组 c 在内存中的存储分配示意图

下面通过示例来说明如何利用指针来对字符串进行操作。利用指针处理字符串不外乎以下几种情况。

1）在定义时初始化指针变量，使指针指向一个字符串。

【例 10.15】指针初始化。

```
void main()
{
  char *p="computer";
  printf("%s",p);
}
```

运行结果：

编译系统将自动把存放字符串常量的存储区首址赋给指针变量，使之指向该字符串的第一个字符，如图 10.10 所示。

例 10.15 中的 p 只能指向一个字符，而不把整个 computer 字符串赋给 p（p 只能存放地址），也不能把 p 视为一个字符串变量（C 语言中没有字符串变量）。虽然可以利用格式符%s 来对字符串进行整体输出，但不能用%s 在此地址进行输入。例如，printf("%s",p);正确，而 scanf("%s",p);错误。

不能认为例 10.15 中的定义行

```
char *p="computer";
```

与

```
char *p;
*p="computer";
```

等价。

实际上，它与如下两行语句等价：

```
char *p;
p="computer";
```

也就是说，把字符串 computer 在内存中的首地址赋给了指针变量 p，对字符串的整体输出实际上仍从指针所表示的字符开始逐个显示（系统在输出一个字符后自动执行 p++），直到遇到字符串结束标志'\0'为止。而在此地址输入时，程序就会报错，因为这个字符串位于程序存储区，指针 p 指向的是程序区，该区域是只读的。

2）用指针变量实现对字符串的访问。

【例 10.16】 将一已知字符串从第 n 个字符开始的剩余字符复制到另一个字符数组中。

```
#include<string.h>
#include<stdio.h>
void main()
{
  int i,n;
  char a[]="computer";
  char b[10],*p,*q;
  p=a;
  q=b;
  scanf("%d",&n);
  if(strlen(a)>=n)p+=n-1;              /*指针指向要复制的第一个字符*/
  for(;*p!= '\0';p++,q++)
    *q=*p;
  *q='\0';                             /*字符串以'\0'结尾*/
  printf("String a: %s\n",a);
  printf("String b: %s\n",b);
}
```

输入和输出结果：

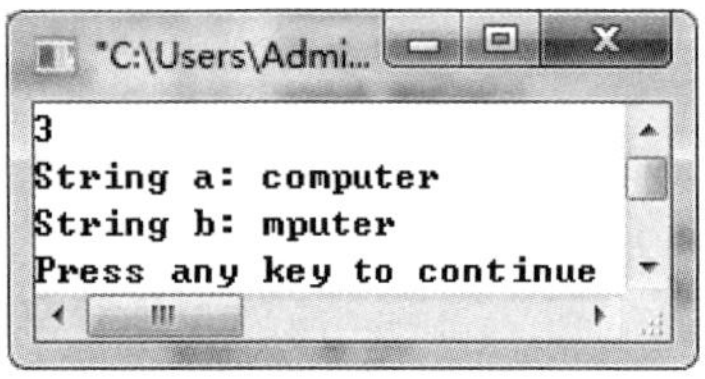

若输出语句改为

```
printf("String a: %s\n",p);
printf("String b: %s\n",q);
```

其输出结果是什么？为什么？

对字符串的操作，还可用数组元素的指针表示法（或地址法）来实现。例如，在例 10.16 中，不定义指针变量 p 和 q 而直接利用数组的指针表示法时，只做如下改动即可：

```
for(i=n;*(a+i)!= '\0';i++)
```

```
    *(b+i-n)=*(a+i);
*(b+i-n)= '\0';
```

10.4.2 字符串数组

所谓字符串数组，是指数组中的每个元素都是一个存放字符串的数组。字符串数组可以用一个二维字符数组来表示。例如，

```
char language[3][10];
```

数组的第一个下标决定字符串的个数，第二个下标是字符串的最大长度（实际最多 9 个字符，'\0'占 1 个字符位置）。

可以对字符串数组赋初值。例如，

```
char language[3][10]={"BASIC","C++","PASCAL"};
```

其存储示意图如图 10.11 所示。

注意，各行字符间并不是连续存储的，因为字符串的长度不同。这些字符串都从每行的第一个元素开始赋值，因此可用 language[i][j]来引用每个字符，但操作不方便，没有发挥字符串的优越性。由于字符数组变量在定义时就确定了大小，每行元素数是固定的，而字符串长度不等，因此会浪费存储空间。

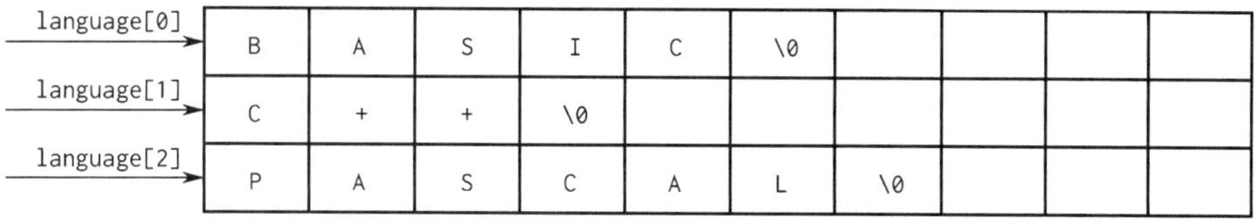

图 10.11　字符串数组存储示意图

使用字符型指针数组可以更方便地处理字符串数组。

10.5 指针数组与命令行参数

10.5.1 指针数组

指针数组是指针变量的集合，即它的每个元素都是指针变量，且都具有相同的存储类别并指向相同的数据类型。

指针数组的定义形式如下：

```
类型标识符 *数组名[数组长度说明];
```

例如，

```
int *p[10];
```

由于[]比*的优先级高，因此 p 先与[10]结合为 p[10]，而 p[10]正是数组的定义形式，共有 10 个元素。最后 p[10]与*结合，表示它的各个元素可以指向一个整型变量。

指针数组应用较广泛，特别适用于处理字符串。如前所述，字符串的处理往往使用数组形式，处理多个字符数组时，通过建立二维字符数组来实现，每行存储一个字符串。由于字符串有长有短，使用数组会浪费一定的空间，因此使用字符指针数组来处理字符串会更方便、灵活。例如，

```
char *p[3];
```

定义了一个有着 3 个元素 p[0],p[1],p[2]的指针数组，每个元素都可指向一个字符数组或字符串。利用数组初始化时，有

```
char *p[3]={"BASIC","C++","PASCAL"};
```

其存储示意图如图 10.12 所示。指针数组元素 p[0]指向字符串 BASIC，p[1]指向 C++，p[2]指向 PASCAL。

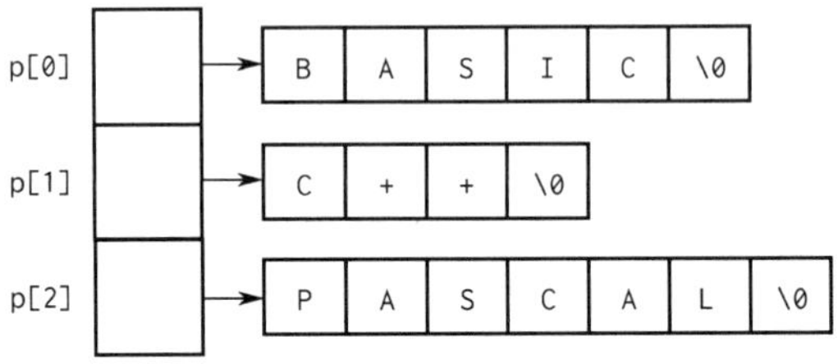

图 10.12 指针指向字符数组存储示意图

用指针数组保存字符串与用二维字符数组保存字符串不同。对前者而言，各个字符串并不是连续存储的，也不占用多余的内存空间；对后者而言，数组的每行保存一个字符串，各字符串占用相同大小的存储空间，较短的字符串会浪费一定量的存储单元，而且各字符串存放在一片连续的存储单元中。

【例 10.17】 有若干本书，将其书名按字典顺序排序。

```
#include<stdio.h>
#include<string.h>
void main()
{
  char *bname[]={"Programming in ANSI C","BASIC ","Visual C++ 2010 Programming",
               "TURBO C 2.0 "};
  int i,m;
  void sort(char *name[],int);
  m=sizeof(bname)/sizeof(char *);          /*字符串个数*/
  sort(bname,m);                           /*排序，改变指针的连接关系*/
  printf("\n");
  for(i=0;i<m;i++)                         /*输出排序结果*/
  printf("%8s",bname[i]);
}
void sort(char *name[],int n)              /*选择排序*/
{
  char *t;
  int i,j,k;
  for(i=0;i<n-1;i++)
    {
      k=i;
      for(j=i+1;j<n;j++)
```

```
        if(strcmp(name[k],name[j])>0)k=j;    /*第 j 个元素更小*/
        if(k!=i)                             /*最小元素是该趟的第一个元素时，不需要交换*/
        {t=name[i];name[i]=name[k];name[k]=t;}
    }
}
```

输出结果：

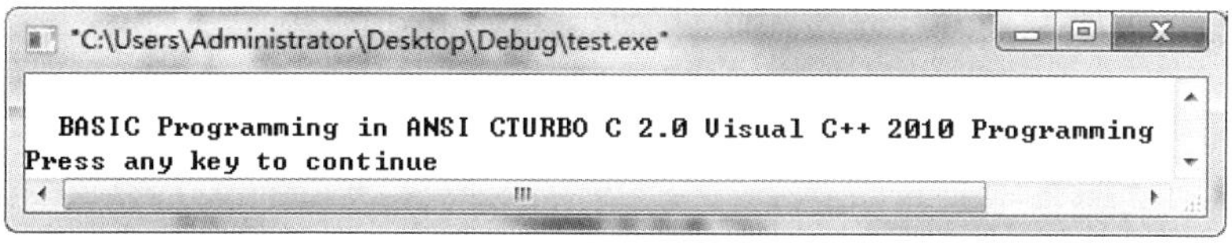

关于字符数组与指针变量，有几点值得注意：

1）字符数组中的每个元素可存放一个字符，而字符指针变量存放字符串的首地址，千万不要认为字符串是存放在字符指针变量中的。

2）对字符数组而言，与普通数组一样，不能对其进行整体赋值，只能给各个元素赋值，而字符指针变量可以直接用字符串常量赋值。

例如，若有如下定义：

```
char a[10];
char *p;
```

则语句 a="computer";是非法的，因为数组名 a 是一个常量指针，不能对其赋值，而只能对各个元素分别赋值：a[0]='c';a[1]='o';a[2]='m';a[3]='p';…;a[7]='r';。然而，语句 p="computer";是合法的，因为字符串常量 computer 保存在程序中，此语句的含义是将字符串的首地址赋给指针变量 p，而不将具体的字符串常量赋给 p。

10.5.2　指针数组与命令行参数

在操作系统的命令状态下，可以输入程序或命令使其运行，这称为命令行状态。输入的命令（或运行程序）及该命令（或程序）所需的参数称为命令行参数。

例如，DOS 命令：

```
copy fd fs
```

其中，copy 是文件复制命令，fd 和 fs 是命令行参数。

在前面所举的各例中，main()没有参数，事实上 main()是可以有参数的，而指针数组的一个重要应用就是作为 main()的形式参数。main()的形参的一般形式如下：

```
main(int argc,char *argv[])
{
;
}
```

形参 argc 记录命令行中字符串的个数，argv[]是一个字符型指针数组，每个元素顺序指向命令行中的一个字符串。

下面讨论 main()是如何接收实参的。

一个 C 语言源程序经编译链接后（生成.exe 文件）即可执行。输入该执行程序文件名开始执行程序时，系统自动调用 main()，从其第一条可执行语句处开始执行。显然，由于 main()不是被程序内部的其他函数调用的，因此其所需的实参不可能由程序内部得到，而由系统传送。

main()所需的实参与形参的传递方式，也与其他 C 语言函数的参数传递方式有所不同，实参是在命令行与程序名一同输入的，程序名和各实际参数之间都用空格分隔，其格式如下：

执行程序名 参数 1 参数 2 … 参数 *n*

main()的形参 argc 为命令行中参数的个数（包括执行程序名），其值大于等于 1，而不像普通 C 语句函数那样接收第一个实参。

形参 argv 是一个指针数组，其元素依次指向命令行中以空格分开的各个字符串，即第一个指针 argv[0]指向程序名字符串，argv[1]指向参数 1，argv[2]指向参数 2……argv[n]指向参数 *n*。

为便于理解，下面通过示例阐述编译系统对形参数组的处理方法。

【例 10.18】 从键盘输入若干整数，输入 0 时结束，调用函数显示。

```
#include<stdio.h>
void main()
{
    int k=0,array[10];
    void display(int a[],int n);
    do
    {
        scanf("%d",&array[k]);
        k++;
    }while (k<10&&array[k-1]);
  display(array,k);
}
void display(int a[],int n)
{
    int k,b[10];
    for(k=0;k<n;k++) b[k]=a[k];
    printf("\nArray a: ");
    for(k=0;k<n;k++)
    {
        printf("%-6d",*a);
        a++;
    }
    printf("\nArray b: ");
    for(k=0;k<n;k++) printf("%-6d",b[k]);
}
```

输入和输出结果：

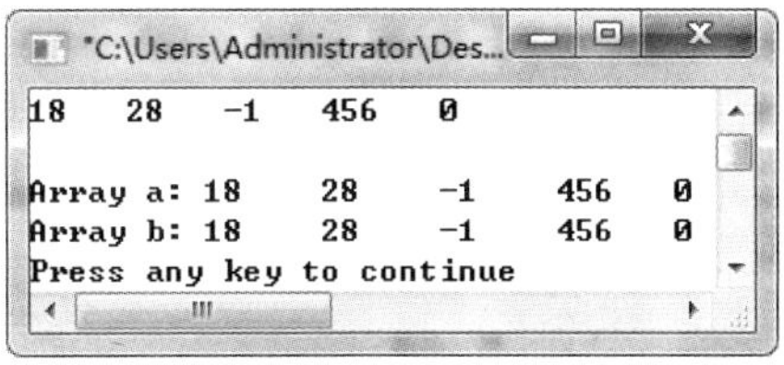

例 10.18 中 main 函数定义了数组 array，display 函数中定义了数组 b 及形参数组 a，注意它们在源程序中的不同使用方式。数组 array 与 b 在函数体内定义，不是形参，而是常量指针，它们的值是不能改变的。因此，像 array++和 b++这样的语句是不能通过编译的。a 是 display 函数的形参，在编译时未分配固定的内存单元，只有在 main 函数中调用 display 函数时，数组 array 作为 a 的实参，才把首地址传给形参 a。

实际上，编译系统把形参数组 a 作为指针来处理。display 函数的首行

```
display(int a[],int n)
```

等价于

```
display(int *a,int n)
```

显然，a 是一个指针变量，因此 a++是合法的。这也是在一维数组作为形参时不需要数组长度的原因。

main 函数利用形参 argc 和 argv 建立程序与系统的通信联系。另外，形参也可不用 argc 和 argv，而用其他形参名，但要注意它们的类型。习惯上这么用，建议仍沿用这一习惯。

10.6 程序举例

【例 10.19】输入一个十进制正整数，将其转换成二进制数、八进制数、十六进制数并输出。

分析：

1）将十进制数 n 转换成 r 进制数的方法是，n 除以 r 取余，余数作为转换后的数的最低位。若商不为 0，则商继续除以 r，取余数作为次低位；以此类推，直到商为 0 为止。

2）十六进制数中大于 9 的 6 个数字用 A、B、C、D、E、F 来表示。

3）所得余数序列转换成字符，保存在字符组 a 中。

4）字符'0'的 ASCII 码是 48，故余数 0～9 只要加上 48 就变成字符'0'～'9'；余数中大于 9 的数 10～15 要转换成字母，加上 55 就转换成'A','B','C','D','E','F'。

5）由于求得的余数序列是从低位到高位，而屏幕显示时先显示高位，所以输出数组 a 时要反向进行。

6）用转换函数 void transl0_2_8_16(char *p,long m,int base)进行进制转换，其中 m 为被转换数，base 为基数，指针参数 b[]带回的是存放结果的数组的首地址。

程序如下：

```
#include<stdio.h>
#include<string.h>
void main()
{
    int i,radix;
```

```
    long n;
    char a[33];                                  /*存放结果的数组*/
    void trans10_2_8_16(char *p,long m,int base);     /*转换函数说明*/
    printf("Input radix(2.8.16): ");             /*输入转换类型*/
    scanf("%ld",&radix);
    printf("Input a positive integer: ");        /*输出被转换的数*/
    scanf("%ld",&n);
    trans10_2_8_16(a,n,radix);                   /*调用转换函数*/
    for (i=strlen(a)-1;i>=0;i--)                 /*逆向输出字符串*/
        printf("%c",*(a+i));                     /**(a+i)即 a[i]*/
    puts("\n");
}
void trans10_2_8_16(char *p,long m , int base)
{
int r;
while (m>0)
{
    r=m%base;                  /*求余数*/
    if (r<10)
        *p=r+48;               /*小于 10 的数转换成字符后送 p 指向的元素*/
    else
        *p=r+55;               /*数 10～15 转换成 A～F 后送 p 指向的元素*/
    m=m/base;
    p++;                       /*指针下移*/
    *p='\0';                   /*在最后加上字符串结束标志*/
}
}
```

输入和输出结果：

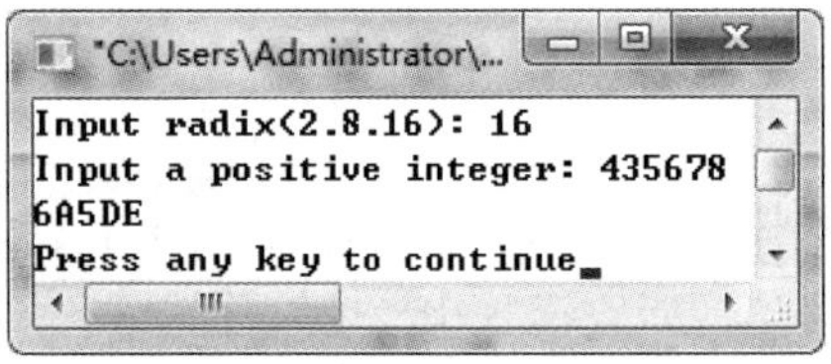

程序中，只要输入不同的基数，转换功能就能由函数 trans10_2_8_16 完成。利用形参 base 可以实现将十进制数转换为其他进制的数。函数形参使用了字符指针变量 p，主函数调用 trans10_2_8_16 时，将实参字符数组 a 的首地址传给了形参 p，使 p 指向数组 a 的某个元素进行操作。因此，函数的结果可通过数组 a 带回。

该题实际上可以实现将十进制数转换成任意进制的数。

【例 10.20】 从键盘输入一个字符串与一个指定字符，将字符串中出现的指定符全部删除。

分析：

删除指定字符操作是在字符串中挪动字符，将指定字符后面的字符覆盖指定字符。删除指定字符操作步骤示意图如图 10.13 所示。

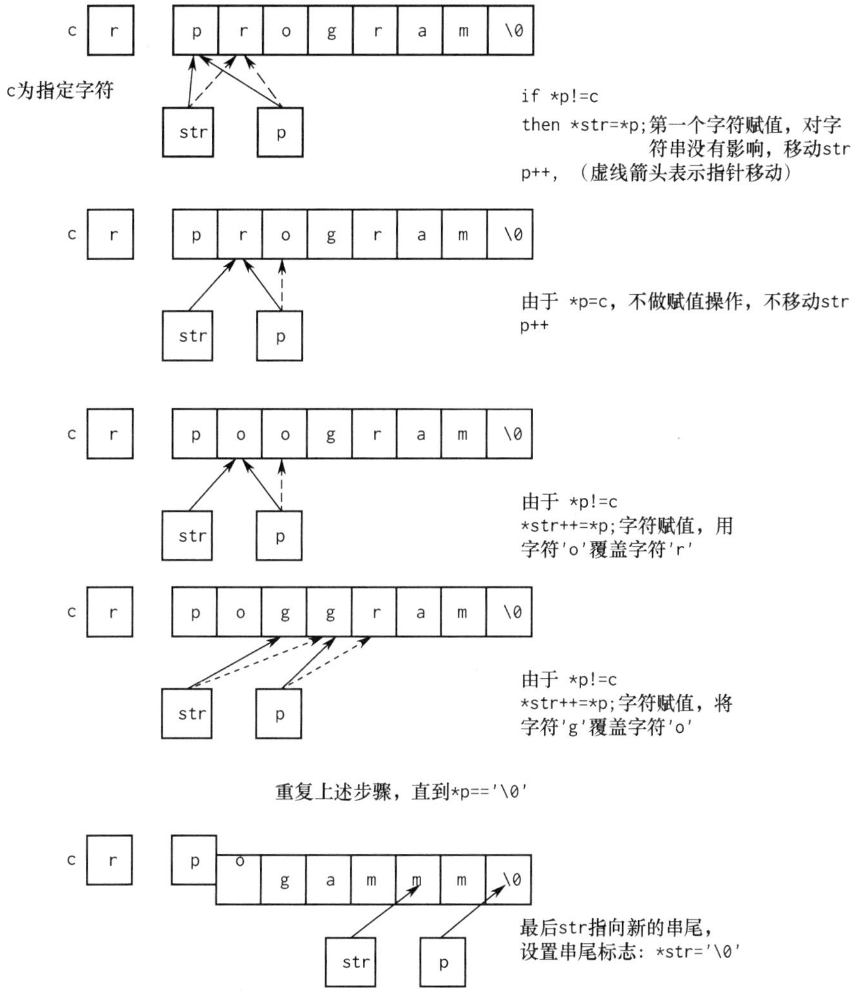

图 10.13　删除指定字符操作步骤示意图

程序如下：

```
#include<stdio.h>
void prochar(char *str,char c)
{
    char *p;
    for (p=str;*p!='\0';p++)
    if (*p!=c)
    *str++=*p;
    *str='\0';
}
void main()
{
    char str[80],char_c;
    gets(str);
    scanf("%c",&char_c);
```

```
    prochar(str,char_c);
    puts(str);
}
```

输入和输出结果：

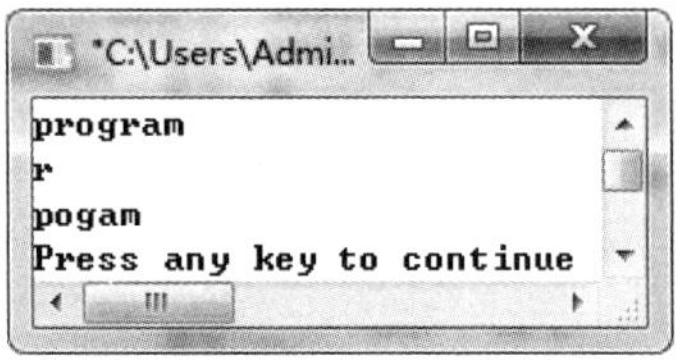

【例 10.21】从键盘输入 8 个数，用选择法按由大到小的顺序排列并输出，要求用指针实现。

分析：

1）选择法排序采用的方法是下标控制，本题只需换成指针即可。

2）需要将找到的第 i 大的元素和第 i 个位置上的元素交换，用指针 p1 指示第 i 个位置，用指针 p2 指示待交换的第 i 元素，如图 10.14 所示。

3）设 p1 指示的元素是第 i 大的元素，最初 p2=p1+1，若*p2>*p1，则交换*p2 与*p1 的位置，移动 p2。重复比较步骤，直到 p2 越界。

4）执行交换操作：temp=*p;p1=*p2;*p2=temp;。

5）p2 越界判断：p2>=data+8，data 为数组名。

6）排序结束判断：p1>=data+8-1。

程序如下：

```
#include<stdio.h>
#include<string.h>
void main()
{
  int data[8],i,*p1,*p2,temp;
  p1=data;                      /*p1 指向数组 data 的第一个元素*/
  printf("input 8 numbers: ");
  for (i=0;i<8;i++)
    {
      scanf("%d",p1);           /*或&(*p1)，不能用&p1*/
      p1++;
    }
                                /*排序从 p1 指向第一个元素开始，到第 n-1 个元素结束*/
  for (p1=data;p1<data+8-1;p1++)
    for (p2=p1+1;p2<data+8;p2++)
      if (*p1<*p2)              /*选择比较从 p1 开始，到最后一个元素结束*/
        {temp =*p1;*p1=*p2;*p2=temp;}
  for(i=0,p1=data;i<8;i++,p1++)
  printf("%6d",*p1);
}
```

输入和输出结果：

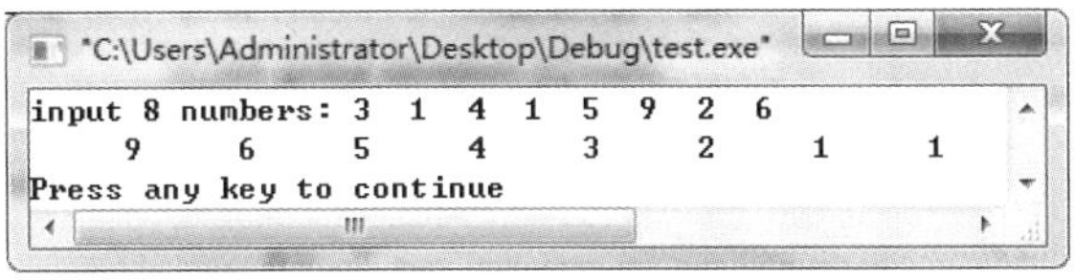

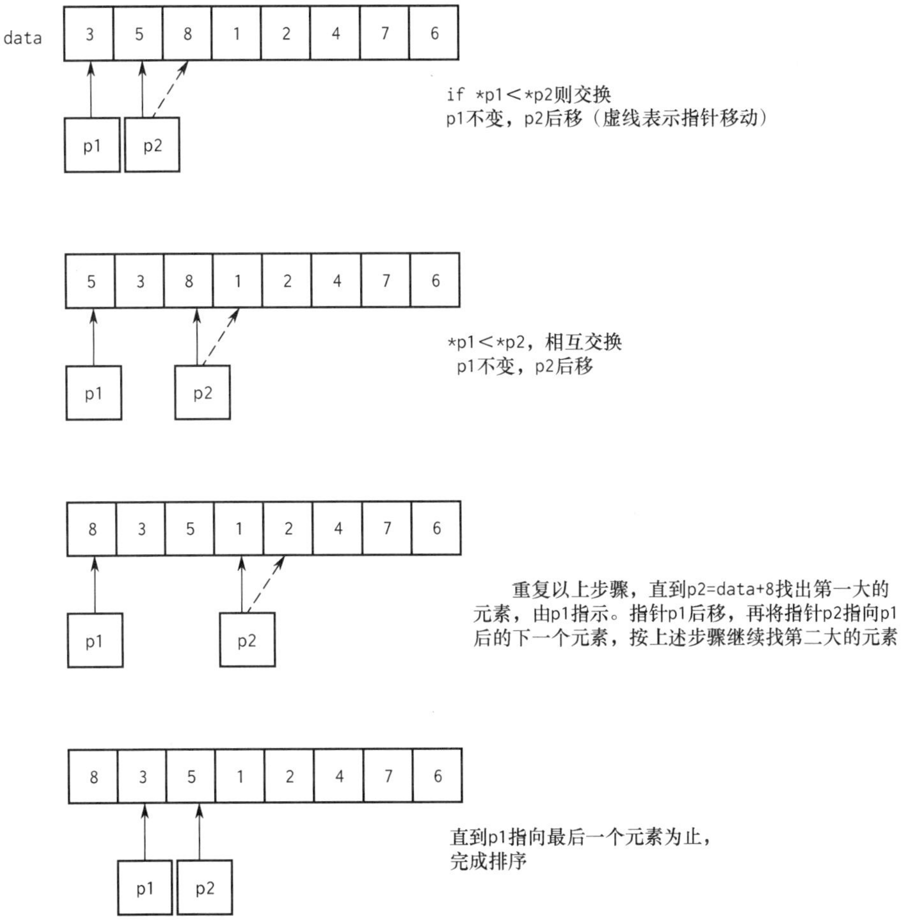

图 10.14　用指针实现选择排序

10.7　本章小结

本章介绍了指针的概念，以及不同类型指针变量的特点和使用方法。应该注意到指针变量也是一种变量，在未被赋值以前，它不会有任何确定的值，即指针变量所指的值不确定；同时，指针变量与普通变量一样，也要占用内存，这个内存地址可用指向指针的指针变量来保存。

在使用指针时，通常会犯如下错误：

1）用指针引用数组元素（包括一维数组和二维数组）时，错误地认为对任何数组而言，数组名、第 1 行的首地址、数组第 1 个元素的首地址都具有相同的含义与功能，它们的相同之处是这三者的地址值是相同的，但使用时根据不同的数组会有不同的特性。

2）在输出地址值时常常出现负值，这是原因在 printf 中使用了%d 来输出地址，正确的做法应是采用%u（无符号长整型）、%x（十六进制）或%o（八进制）等格式输出字符串。

3）想对函数的参数进行改变，但未用“传址”方式传递实参，而用“传值”方式传递实参。

4）对取地址运算符&和指针运算符*的概念不清。实际上，如果有

```
int a=10, *p=&a;
```

那么 p,&a,&(*p)的值都是变量的地址值，而 a,*p,*&a 的值都为 10。

习题

10.1 运行如下程序，观察输出结果。

```
#include<stdio.h>
main()
{
  int a,b,t;
  int *pa=&a,*pb=&b;
  scanf("%d,%d",pa,pb);
  t=*pa;
  *pa=*pb;
  *pb=t;
  printf("a=%d,b=%d",a,b);
  printf("*pa=%d,*pb=%d",*pa,*pb);
}
```

10.2 运行如下程序，观察指针变化的规律。

```
#include<stdio.h>
main()
{
  int i,a[10];
  int *p;
  for(p=a;p<a+10;p++)
     scanf("%d",p);
  for(p=a,i=0;i<10;i++,p++)
     printf("a[%d]=%d",i,*p);
}
```

10.3 完善以下程序，使其实现从小到大排序。

```
#include<stdio.h>
main()
{
  int i,j;
  float a[10],t;
  float *p;
  for(p=a;p<a+10;p+)
```

```
    scanf("%f",p);
  p=_______________;
  for(i=0;i<9;i++)
  {
    for(j=________;j<10;j++)
    if(*(p+i)>*(p+j))
    {
      t=_________;
      *(p+i)=*(p+j);
      ___________=t;
    }
  }
for(p=a;p<a+10;p++)
  printf("a[%d]=%d",p-a,________________);
}
```

10.4 编写一个判断素数的函数，在主函数中输入一个整数，输出是否为素数的信息。利用指针实现。

10.5 编写一个函数，利用指针实现，使给定的一个 3×3 二维整型数组转置，即行列互换。

10.6 编写程序，用指针将任意一个一维字符数组中的字符倒置。

10.7 编写程序，利用指针实现由键盘任意输入一个字符串，再输入一个字符，到该字符串中找到此字符，并将该字符删除（考虑要删除的字符可能重复出现多个）。

第 11 章　结构体与共用体*

11.1　定义一个结构的一般形式

在前面的内容中，我们看到一个数据往往就是一个数据项。在实际问题中，一个数据往往具有多个数据项，并具有多个不同的数据类型。例如，在学生登记表中，姓名应为字符型，学号应为整型或字符型，年龄应为整型，性别应为字符型，成绩应为整型或实型。显然，我们不能用一个数组来存放这组数据，因为数组中各元素的类型和长度都必须一致。为了解决这个问题，C 语言中给出了另一种构造数据类型——“结构”或“结构体”，它相当于其他高级语言中的记录。“结构”是一种构造类型，它由若干“成员”组成。每个成员可以是一个基本数据类型，或者是一个构造类型。结构既然是一种“构造”而成的数据类型，那么在说明和使用之前必须先定义它，也就是构造它，如同在说明和调用函数之前要先定义函数一样。

定义一个结构的一般形式如下：

```
struct 结构名
    {成员表列};
```

成员表列由若干成员组成，每个成员都是该结构的一个组成部分。对每个成员，也必须进行类型说明，其形式如下：

```
类型说明符 成员名;
```

成员名的命名应符合标识符的书写规定。例如，

```
struct stu
{
    int num;
    char name[20];
    char sex;
    float score;
};
```

在这个结构定义中，结构名为 stu，该结构由 4 个成员组成。第一个成员为 num，是整型变量；第二个成员为 name，是字符数组；第三个成员为 sex，是字符变量；第四个成员为 score，是实型变量。注意括号后的分号不可少。定义结构后，即可进行变量说明。凡是说明为结构 stu 的变量，都由上述 4 个成员组成。由此可见，结构是一种复杂的数据类型，是数目固定、类型不同的若干有序变量的集合。

11.2　结构类型变量的说明

说明结构变量有三种方法，下面以上面定义的 stu 为例加以说明。

1. 先定义结构，再说明结构变量。

例如，

```
struct stu
{
    int num;
    char name[20];
    char sex;
    float score;
};
struct stu boy1,boy2;
```

说明了两个变量 boy1 和 boy2 为 stu 结构类型。也可用宏定义使一个符号常量表示一个结构类型。例如，

```
#define STU struct stu
STU
{
    int num;
    char name[20];
    char sex;
    float score;
};
STU boy1,boy2;
```

2. 在定义结构类型的同时说明结构变量。

例如，

```
struct stu
{
    int num;
    char name[20];
    char sex;
    float score;
}boy1,boy2;
```

这种形式的说明的一般形式如下：

```
struct 结构名
    {
    成员表列
    }变量名表列;
```

3. 直接说明结构变量。

例如，

```
struct
{
    int num;
```

```
    char name[20];
    char sex;
    float score;
}boy1,boy2;
```

这种形式的说明的一般形式如下：

```
struct {
成员表列
}变量名表列;
```

第三种方法与第二种方法的区别是，第三种方法中省去了结构名，直接给出结构变量，这时无法再定义同类型结构变量。三种方法中说明的 boy1,boy2 变量都具有图 11.1 所示的结构。

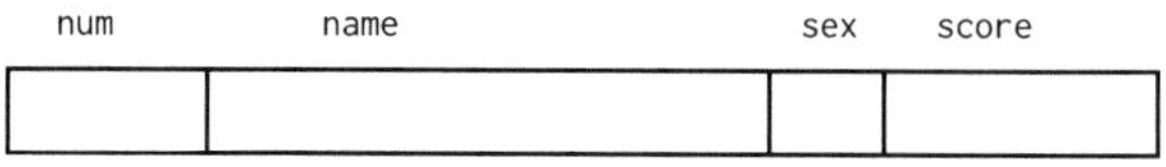

图 11.1　结构体变量成员的排列

说明 boy1,boy2 变量为 stu 类型后，即可向这两个变量中的各个成员赋值。在上述的 stu 结构定义中，所有成员都是基本数据类型或数组类型。

成员又可以是一个结构，即构成嵌套的结构。例如，图 11.2 给出了另一个数据结构。

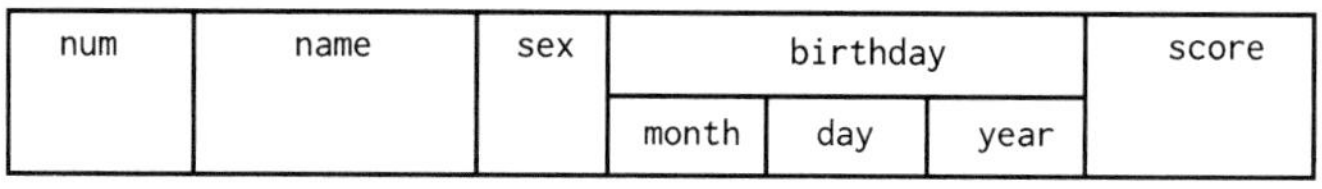

图 11.2　结构体成员为另一个结构体

按照图 11.2，我们可给出以下结构定义：

```
struct date
{
    int month;
    int day;
    int year;
};
struct{
    int num;
    char name[20];
    char sex;
    struct date birthday;
    float score;
}boy1,boy2;
```

首先定义一个结构 date，它由 month（月）、day（日）、year（年）三个成员组成。在定义并说明变量 boy1 和 boy2 时，成员 birthday 被说明为 data 结构类型。成员名可与程序中的其他变量同名，它们互不干扰。

11.3 结构变量成员的表示方法

在程序中使用结构变量时，往往不把它作为一个整体来使用。在 VC++中，除允许具有相同类型的结构变量相互赋值外，对结构变量的使用，包括赋值、输入、输出、运算等，一般都是通过结构变量的成员来实现的。

表示结构变量成员的一般形式如下：

```
结构变量名.成员名
```

例如，

```
boy1.num      即第一个人的学号
boy2.sex      即第二个人的性别
```

如果成员本身又是一个结构，那么必须逐级找到最低级的成员才能使用。

例如，

```
boy1.birthday.month
```

即第一个人出生的月份成员可以在程序中单独使用，与普通变量完全相同。

11.4 结构变量的赋值

结构变量的赋值就是给各成员赋值，赋值可用输入语句或赋值语句来完成。

【例 11.1】给结构变量赋值并输出其值。

```
#include<stdio.h>
void main()
{
    struct stu
    {
      int num;
      char *name;
      char sex;
      float score;
    } boy1,boy2;
    boy1.num=102;
    boy1.name="Zhang ping";
    printf("input sex and score\n");
    scanf("%c %f",&boy1.sex,&boy1.score);
    boy2=boy1;
    printf("Number=%d\nName=%s\n",boy2.num,boy2.name);
    printf("Sex=%c\nScore=%f\n",boy2.sex,boy2.score);
}
```

运行结果：

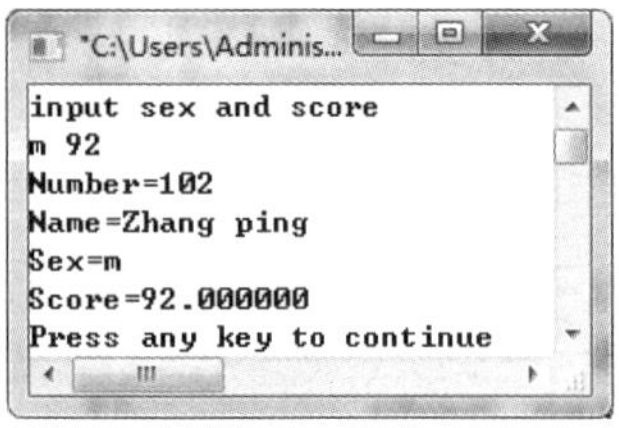

程序中用赋值语句给 num 和 name 两个成员赋值，name 是一个字符串指针变量。首先用 scanf 函数动态地输入 sex 和 score 成员值，然后把 boy1 的所有成员的值整体赋给 boy2，最后分别输出 boy2 的各个成员值。本例给出了结构变量的赋值、输入和输出方法。

11.5 结构变量的初始化

类似于其他类型的变量，对结构变量可在定义时进行初始化赋值。

【例 11.2】结构变量初始化。

```
#include<stdio.h>
    struct stu    /*定义结构*/
    {
      int num;
      char *name;
      char sex;
      float score;
    }boy2,boy1={102,"Zhang ping",'M',78.5};
void main()
{
 boy2=boy1;
 printf("Number=%d\nName=%s\n",boy2.num,boy2.name);
 printf("Sex=%c\nScore=%f\n",boy2.sex,boy2.score);
}
```

运行结果：

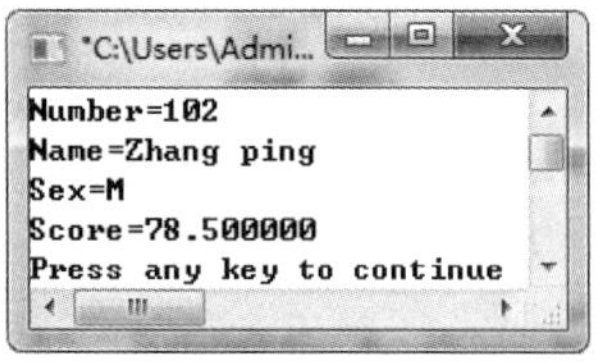

本例中，boy2,boy1 均被定义为外部结构变量，并对 boy1 做了初始化赋值。在 main 函数中，首先把 boy1 的值整体赋给 boy2，然后用两个 printf 语句输出 boy2 的各个成员的值。

11.6 结构数组的定义

数组的元素也可以是结构类型，因此可以构成结构数组，结构数组的每个元素都是具有相同结构类型的下标结构变量。在实际应用中，经常用结构数组来表示具有相同数据结构的一个群体，如一个班的学生档案、一个车间职工的工资表等。

结构数组的定义方法与结构变量的定义方法相似，只需说明它为数组类型。例如，

```
struct stu
{
    int num;
    char *name;
    char sex;
    float score;
}boy[5];
```

定义了一个结构数组 boy，它共有 5 个元素，即 boy[0]～boy[4]。每个数组元素都具有 struct stu 的结构形式。

对结构数组可以进行初始化赋值。例如，

```
struct stu
{
    int num;
    char *name;
    char sex;
    float score;
}boy[5]={
        {101,"Li ping","M",45},
        {102,"Zhang ping","M",62.5},
        {103,"He fang","F",92.5},
        {104,"Cheng ling","F",87},
        {105,"Wang ming","M",58};
}
```

当对全部元素进行初始化赋值时，也可不给出数组长度。

【例 11.3】 计算学生的平均成绩和不及格的人数。

```
#include<stdio.h>
struct stu
{
    int num;
    char *name;
    char sex;
    float score;
}boy[5]={
         {101,"Li ping",'M',45},
         {102,"Zhang ping",'M',62.5},
         {103,"He fang",'F',92.5},
         {104,"Cheng ling",'F',87},
         {105,"Wang ming",'M',58},
        };
void main()
```

```
{
    int i,c=0;
    float ave,s=0;
    for(i=0;i<5;i++)
    {
      s+=boy[i].score;
      if(boy[i].score<60) c+=1;
    }
    printf("s=%f\n",s);
    ave=s/5;
    printf("average=%f\ncount=%d\n",ave,c);
}
```

运行结果：

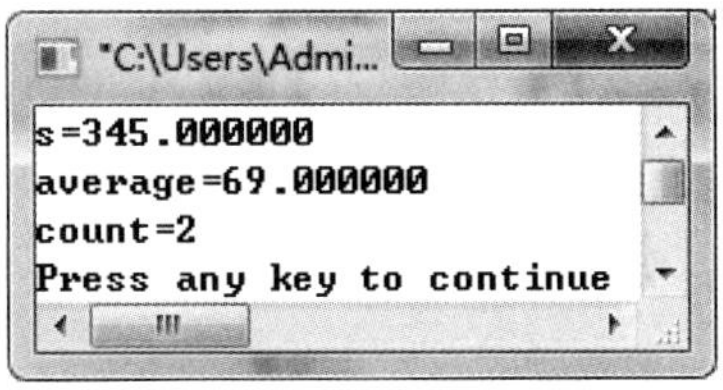

程序中定义了一个外部结构数组 boy，它共有 5 个元素，并做了初始化赋值。在 main 函数中，用 for 语句逐个累加各元素的 score 成员值，并存放于 s 中，若 score 的值小于 60（不及格），则计数器 c 加 1。循环完毕后，计算平均成绩，并输出全班的总分、平均分和不及格人数。

【例 11.4】建立同学通讯录。

```
#include<stdio.h>
#define NUM 3
struct mem
{
    char name[20];
    char phone[10];
};
void main()
{
    struct mem man[NUM];
    int i;
    for(i=0;i<NUM;i++)
     {
      printf("input name:\n");
      gets(man[i].name);
      printf("input phone:\n");
      gets(man[i].phone);
     }
```

```
    printf("name\t\t\tphone\n\n");
    for(i=0;i<NUM;i++)
      printf("%s\t\t\t%s\n",man[i].name,man[i].phone);
}
```

运行结果：

程序中定义了一个结构 mem，它有两个成员 name 和 phone，用来表示姓名和电话号码。在主函数中定义 man 为具有 mem 类型的结构数组。在 for 语句中，用 gets 函数分别输入各个元素中两个成员的值，然后在 for 语句中用 printf 语句输出各个元素中两个成员的值。

11.7　结构指针变量的说明和使用

11.7.1　指向结构变量的指针

一个指针变量用来指向一个结构变量时，称为结构指针变量。结构指针变量中的值是所指向的结构变量的首地址。通过结构指针即可访问该结构变量，这与数组指针和函数指针的情况相同。

结构指针变量说明的一般形式如下：

```
struct 结构名 *结构指针变量名
```

例如，在前面的例题中定义了 stu 这个结构，要说明一个指向 stu 的指针变量 pstu，可将其写为

```
struct stu *pstu;
```

当然，也可在定义 stu 结构时同时说明 pstu。类似于前面讨论的各类指针变量，结构指针变量也必须先赋值后才能使用。

赋值是指把结构变量的首地址赋给该指针变量，注意不能把结构名赋给该指针变量。如果 boy 是被说明为 stu 类型的结构变量，那么

```
pstu=&boy
```

是正确的，而

```
pstu=&stu
```

是错误的。

结构名和结构变量是两个不同的概念，不能混淆。结构名只能表示一个结构形式，编译系统并不对它分配内存空间，只有当某变量被说明为这种类型的结构时，才对该变量分配存储空间。因此，上面的&stu 写法是错误的，因此不可能去取一个结构名的首地址。有了结构指针变量，就能更方便地访问结构变量的各个成员。

访问成员的一般形式如下：

```
(*结构指针变量).成员名
```

或

```
结构指针变量->成员名
```

例如，

```
(*pstu).num
```

或

```
pstu->num
```

注意，(*pstu)两侧的括号不可少，因为成员符号“.”的优先级高于“*”。如果去掉括号而写为*pstu.num，那么它等效于*(pstu.num)，这样意思就完全不对了。

下面通过例子来说明结构指针变量的具体说明和使用方法。

【例 11.5】 结构指针变量的使用。

```
#include<stdio.h>
struct stu
    {
      int num;
      char *name;
      char sex;
      float score;
    } boy1={102,"Zhang ping",'M',78.5},*pstu;
void main()
{
    pstu=&boy1;
    printf("Number=%d\nName=%s\n",boy1.num,boy1.name);
    printf("Sex=%c\nScore=%f\n\n",boy1.sex,boy1.score);
    printf("Number=%d\nName=%s\n",(*pstu).num,(*pstu).name);
    printf("Sex=%c\nScore=%f\n\n",(*pstu).sex,(*pstu).score);
    printf("Number=%d\nName=%s\n",pstu->num,pstu->name);
    printf("Sex=%c\nScore=%f\n\n",pstu->sex,pstu->score);
}
```

运行结果：

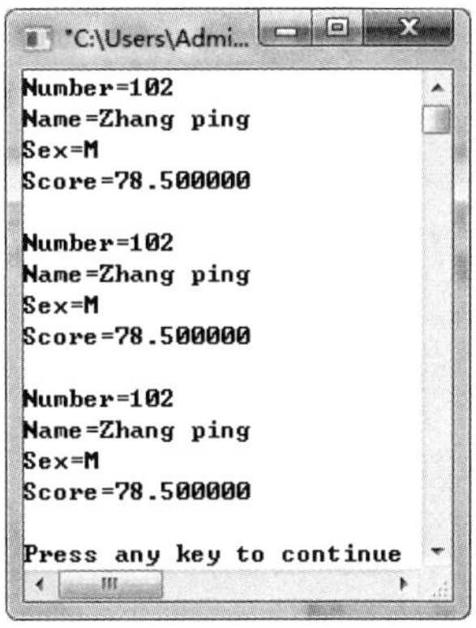

程序定义了一个结构 stu，定义了 stu 类型结构变量 boy1 并做了初始化赋值，还定义了一个指向 stu 类型结构的指针变量 pstu。在 main 函数中，pstu 被赋予 boy1 的地址，因此 pstu 指向 boy1。然后在 printf 语句内用三种形式输出 boy1 的各个成员值。从运行结果可以看出：

结构变量.成员名
(*结构指针变量).成员名
结构指针变量->成员名

这三种用于表示结构成员的形式是完全等效的。

11.7.2　指向结构数组的指针

指针变量可以指向一个结构数组，这时结构指针变量的值是整个结构数组的首地址。结构指针变量也可指向结构数组的一个元素，这时结构指针变量的值是该结构数组元素的首地址。

设 ps 为指向结构数组的指针变量，则 ps 也指向该结构数组的 0 号元素，ps+1 指向 1 号元素，ps+i 则指向 i 号元素。这与普通数组的情况是一致的。

【例 11.6】用指针变量输出结构数组。

```
#include<stdio.h>
struct stu
{
    int num;
    char *name;
    char sex;
    float score;
}boy[5]={
          {101,"Zhou ping",'M',45},
          {102,"Zhang ping",'M',62.5},
          {103,"Liou fang",'F',92.5},
          {104,"Cheng ling",'F',87},
          {105,"Wang ming",'M',58},
        };
```

```
void main()
{
 struct stu *ps;
 printf("No\tName\t\t\tSex\tScore\t\n");
 for(ps=boy;ps<boy+5;ps++)
 printf("%d\t%s\t\t%c\t%f\t\n",ps->num,ps->name,ps->sex,ps->score);
}
```

运行结果：

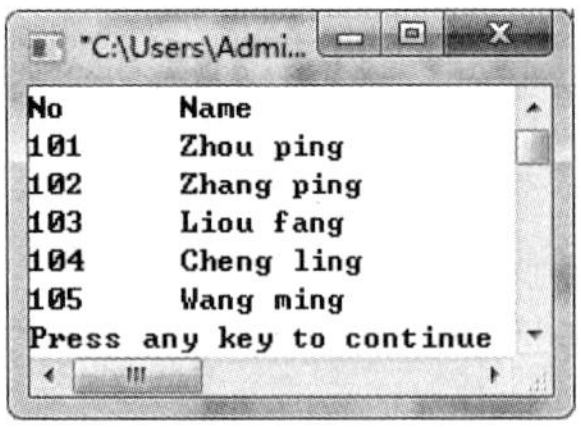

程序中定义了 stu 结构类型的外部数组 boy 并做了初始化赋值。在 main 函数内将 ps 定义为指向 stu 类型的指针。在循环语句 for 的表达式 ps=boy 中，ps 被赋予 boy 的首地址，然后循环 5 次，输出 boy 数组中各成员的值。

注意，一个结构指针变量虽然可以用来访问结构变量或结构数组元素的成员，但不能使它指向一个成员。也就是说，不允许取一个成员的地址来赋予它。因此，下面的赋值是错误的：

```
ps=&boy[1].sex;
```

它只能是

```
ps=boy;        /*赋予数组首地址*/
```

或

```
ps=&boy[0];    /*赋予 0 号元素首地址*/
```

11.7.3 结构指针变量作为函数参数

在 ANSI C 中，允许用结构变量作为函数参数进行整体传送。但是，这种传送要将全部成员逐个传送，特别是成员为数组时，会使得传送的时间和空间开销很大，进而严重降低程序的效率。因此，最好的办法是使用指针，即用指针变量作为函数参数进行传送。这时，由实参传向形参的只是地址，因此能减少时间和空间的开销。

【例 11.7】计算一组学生的平均成绩和不及格人数。用结构指针变量作为函数参数编程。

```
#include<stdio.h>
struct stu
{
    int num;
    char *name;
    char sex;
    float score;}boy[5]={
        {101,"Li ping",'M',45},
        {102,"Zhang ping",'M',62.5},
```

```
        {103,"He fang",'F',92.5},
        {104,"Cheng ling",'F',87},
        {105,"Wang ming",'M',58},
      };
void main()
{
    struct stu *ps;
    void ave(struct stu *ps);
    ps=boy;
    ave(ps);
}
void ave(struct stu *ps)
{
    int c=0,i;
    float ave,s=0;
    for(i=0;i<5;i++,ps++)
      {
        s+=ps->score;
        if(ps->score<60) c+=1;
      }
    printf("s=%f\n",s);
    ave=s/5;
    printf("average=%f\ncount=%d\n",ave,c);
}
```

运行结果：

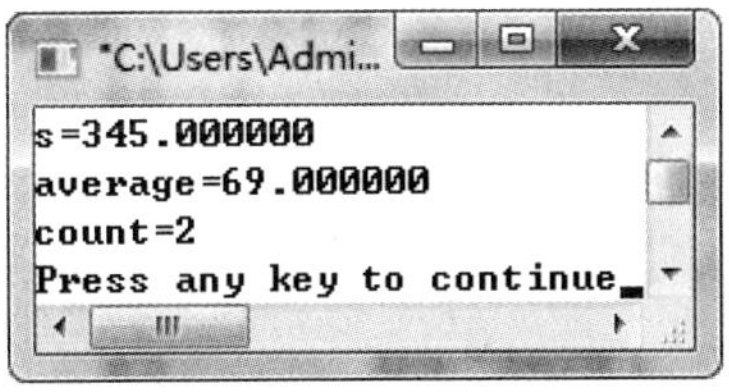

程序中定义了函数 ave，其形参为结构指针变量 ps。boy 被定义为外部结构数组，因此在整个源程序中有效。在 main 函数中定义并说明了结构指针变量 ps，并把 boy 的首地址赋予它，使 ps 指向 boy 数组。然后以 ps 作为实参调用函数 ave。在函数 ave 中完成计算平均成绩和统计不及格人数的工作并输出结果。

由于本程序全部采用指针变量进行运算和处理，因此速度更快，效率更高。

11.8　动态存储分配

在数组一章中介绍过数组的长度是预先定义好的，并在整个程序中固定不变。C 语言中不允许动态数组类型。例如，

```
int n;
scanf("%d",&n);
```

```
int a[n];
```

用变量表示数组的长度，想对数组的大小进行动态说明，这是错误的。但在实际编程中，往往会发生这种情况，即所需的内存空间取决于实际输入的数据，而无法预先确定。对于这种问题，用数组的办法很难解决。为了解决上述问题，C 语言提供了一些内存管理函数，这些内存管理函数可以按需动态地分配内存空间，也可把不再使用的空间回收待用，为有效地利用内存资源提供了手段。

常用的内存管理函数有以下三个。

1. 分配一块内存空间函数 malloc

调用形式如下：

```
(类型说明符*)malloc(size)
```

功能：在内存的动态存储区中分配一块长度为 size 字节的连续区域。函数的返回值为该区域的首地址。

“类型说明符”表示把该区域用于何种数据类型，(类型说明符*)表示把返回值强制转换为该类型指针。

size 是一个无符号数。

例如，

```
pc=(char *)malloc(100);
```

表示分配 100 字节的内存空间，并强制转换为字符数组类型，函数的返回值为指向该字符数组的指针，把该指针赋给指针变量 pc。

2. 分配多块连续内存空间函数 calloc

calloc 也用于分配内存空间。

调用形式如下：

```
(类型说明符*)calloc(n,size)
```

功能：在内存动态存储区中分配 n 块长度为 size 字节的连续区域。函数的返回值为该区域的首地址。

(类型说明符*)用于强制类型转换。

calloc 函数与 malloc 函数的区别仅在于一次可以分配 n 块区域。

例如，

```
ps=(struet stu*)calloc(2,sizeof(struct stu));
```

其中，sizeof(struct stu)的作用是求 stu 的结构长度。因此，该语句的意思是，按 stu 的长度分配 2 块连续区域，强制转换为 stu 类型，并把其首地址赋给指针变量 ps。

3. 释放内存空间函数 free

调用形式如下：

```
free(void *ptr);
```

功能：释放 ptr 所指向的一块内存空间，ptr 是一个任意类型的指针变量，它指向被释放区域的首地址。被释放区是由 malloc 或 calloc 函数分配的区域。

【例 11.8】分配一块区域，输入一名学生的数据。

```
#include<stdio.h>
void main()
{
    struct stu
    {
      int num;
      char *name;
      char sex;
      float score;
    } *ps;
    ps=(struct stu*)malloc(sizeof(struct stu));
    ps->num=102;
    ps->name="Zhang ping";
    ps->sex='M';
    ps->score=62.5;
    printf("Number=%d\nName=%s\n",ps->num,ps->name);
    printf("Sex=%c\nScore=%f\n",ps->sex,ps->score);
    free(ps);
}
```

运行结果：

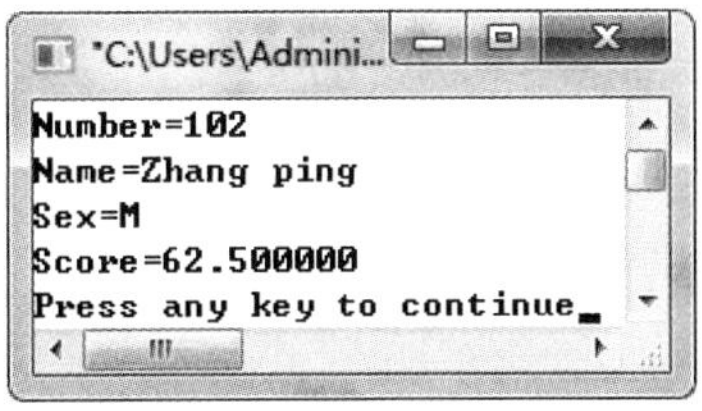

本例首先定义结构 stu，并定义 stu 类型指针变量 ps。然后，分配一块 stu 大内存区，并把首地址赋给 ps，使 ps 指向该区域。再以 ps 为指向结构的指针变量，对各成员赋值，并用 printf 输出各成员的值。最后用 free 函数释放 ps 指向的内存空间。整个程序包含了申请内存空间、使用内存空间、释放内存空间三个步骤，实现了存储空间的动态分配。

11.9　链表的概念

例 11.8 中采用动态分配的办法，为一个结构分配了内存空间。每次分配的一块空间可用来存放一名学生的数据，我们称之为一个结点。有多少名学生，就应申请分配多少块内存空间，即建立多少个结点。当然，用结构数组也可完成上述工作，但如果预先不能准确把握学生人数，那么也就无法确定数组的大小，而且当学生留级、退学后，也不能把该元素占用的空间从数组中释放出来。

用动态存储的方法可以很好地解决这些问题。有一名学生，就分配一个结点，无须预先确定学生的准确人数，当某学生退学后，可删去该结点，并释放该结点占用的存储空间，因此可节约宝贵的内存资源。另一方面，采用数组的方法时，必须占用一块连续的内存区域；而使用动态分配时，结点之间可以是不连续的（结点内是连续的）。结点之间的联系可用指针实现，即在结点结构中定义一个成员项来存放下一个结点的首地址，这个用于存放地址的成员通常称为指针域。

可在第一个结点的指针域内存放第二个结点的首地址，在第二个结点的指针域内存放第三个结点的首地址，以此类推，直到最后一个结点。最后一个结点因为无后续结点连接，因此其指针域可赋为 0。这样的连接方式在数据结构中称为“链表”。

图 11.3 所示为单向链表示意图。

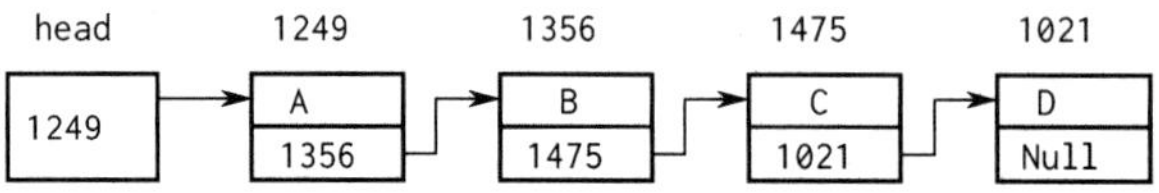

图 11.3　单向链表示意图

图中，第 0 个结点称为头结点，它存放第一个结点的首地址，没有数据，只是一个指针变量。以下的每个结点都分为两个域：一个是数据域，存放各种实际的数据，如学号 num、姓名 name、性别 sex 和成绩 score 等；另一个是指针域，存放下一结点的首地址。链表中的每个结点都是同一种结构类型。

例如，一个存放学生学号和成绩的结点应为以下结构：

```
struct stu
{ int num;
  int score;
  struct stu *next;
}
```

前两个成员项组成数据域；后一个成员项 next 构成指针域，它是一个指向 stu 类型结构的指针变量。

对链表的主要操作有以下几种：

1）建立链表。

2）结构的查找与输出。

3）插入一个结点。

4）删除一个结点。

下面通过例题来说明这些操作。

【例 11.9】建立一个有着三个结点的链表，存放学生数据。为简单起见，假定学生数据结构中只有学号和年龄两项。

可编写一个建立链表的函数 creat，程序如下：

```
#include<stdio.h>
#define NULL 0
#define TYPE struct stu
#define LEN sizeof (struct stu)
struct stu
    {
      int num;
```

```
        int age;
        struct stu *next;
      };
TYPE *creat(int n)
{
    struct stu *head,*pf,*pb;
    int i;
    for(i=0;i<n;i++)
    {
      pb=(TYPE*) malloc(LEN);
      printf("input Number and  Age\n");
      scanf("%d%d",&pb->num,&pb->age);
      if(i==0)
      pf=head=pb;
      else pf->next=pb;
      pb->next=NULL;
      pf=pb;
    }
    return(head);
}
```

在函数外，首先用宏定义对三个符号常量做了定义。这里用 TYPE 表示 struct stu，用 LEN 表示 sizeof（struct stu），主要目的是在以下程序内减少书写工作量并使阅读更加方便。结构 stu 定义为外部类型，程序中的各个函数均可使用该定义。

creat 函数用于建立一个有着 n 个结点的链表，它是一个指针函数，返回的指针指向 stu 结构。在 creat 函数内定义了三个 stu 结构的指针变量：head 为头指针，pf 为指向两相邻结点的前一结点的指针变量，pb 为后一结点的指针变量。

11.10　枚举类型

在实际问题中，有些变量的取值会被限定在某个有限的范围内。例如，一个星期有 7 天、一年有 12 个月、一个班每周有 6 门课程等。如果把这些量说明为整型、字符型或其他类型显然是不妥当的。为此，C 语言提供了一种称为“枚举”的类型。在“枚举”类型的定义中，列举出了所有可能的取值，被说明为该“枚举”类型的变量的取值不能超过定义的范围。应该说明的是，枚举类型是一种基本数据类型，而不是一种构造类型，因为它不能再分解为任何基本类型。

11.10.1　枚举类型的定义和枚举变量的说明

1）枚举的定义

枚举类型定义的一般形式如下：

```
enum 枚举名{枚举值表};
```

在“枚举值表”中，应罗列出所有可用的值，这些值也称枚举元素。

例如，枚举名为 weekday 时，其枚举值共有 7 个，即一周中的 7 天。凡被说明为 weekday 类型变量的取值，只能是 7 天中的某一天。

2）枚举变量的说明

如同结构和联合一样，枚举变量也可用不同的方式说明，即先定义后说明，同时定义说明或直接说明。

设变量 a,b,c 被说明为上述的枚举名 weekday，可采用下述任意一种方式：

```
enum weekday{sun,mou,tue,wed,thu,fri,sat};
enum weekday a,b,c;
```

或

```
enum weekday{sun,mou,tue,wed,thu,fri,sat}a,b,c;
```

或

```
enum {sun,mou,tue,wed,thu,fri,sat}a,b,c;
```

11.10.2 枚举类型变量的赋值和使用

枚举类型在使用中有以下规定。

1）枚举值是常量而不是变量，不能在程序中用赋值语句再对它赋值。

例如，对枚举 weekday 的元素再做以下赋值：

```
sun=5;
mon=2;
sun=mon;
```

都是错误的。

2）枚举元素本身由系统定义了一个表示序号的数值，从 0 开始顺序定义为 0,1,2,…。例如，在 weekday 中，sun 的值为 0，mon 的值为 1……sat 的值为 6。

【例 11.10】 枚举类型变量的赋值（程序 1）。

```
#include<stdio.h>
void main(){
    enum weekday
    {sun,mon,tue,wed,thu,fri,sat} a,b,c;
    a=sun;
    b=mon;
    c=tue;
    printf("%d,%d,%d",a,b,c);
}
```

运行结果：

说明：只能把枚举值赋给枚举变量，不能把元素的数值直接赋给枚举变量。例如，

```
a=sum;
```

```
b=mon;
```

是正确的；而

```
a=0;
b=1;
```

是错误的。若一定要把数值赋给枚举变量，则必须用强制类型转换。例如，

```
a=(enum weekday)2;
```

其含义是将顺序号为 2 的枚举元素赋给枚举变量 a，相当于

```
a=tue;
```

还应说明的是，枚举元素不是字符常量，也不是字符串常量，使用时不能加单、双引号。

【例 11.11】枚举类型变量的赋值（程序 2）。

```
#include<stdio.h>
void main(){
    enum body
    { a,b,c,d } month[31],j;
    int i;
    j=a;
    for(i=1;i<=30;i++){
      month[i]=j;
      j++;
      if (j>d) j=a;
    }
    for(i=1;i<=30;i++){
      switch(month[i])
      {
        case a:printf(" %2d  %c\t",i,'a'); break;
        case b:printf(" %2d  %c\t",i,'b'); break;
        case c:printf(" %2d  %c\t",i,'c'); break;
        case d:printf(" %2d  %c\t",i,'d'); break;
        default:break;
      }
    }
    printf("\n");
}
```

11.11　类型定义符 typedef

C 语言不仅提供丰富的数据类型，而且还允许用户自定义类型说明符，即允许用户为数据类型取“别名”。类型定义符 typedef 即可用来完成此功能。

例如，有整型量 a,b，其说明如下：

```
int a,b;
```

其中，int 是整型变量的类型说明符，int 的完整写法为 integer。为了增加程序的可读性，可把整型说明符用 typedef 定义为

```
typedef int INTEGER
```

此后，就可用 INTEGER 代替 int 进行整型变量的类型说明。例如，

```
INTEGER a,b;
```

等效于

```
int a,b;
```

使用 typedef 来定义数组、指针、结构等类型，会带来很大的方便，不仅可使程序的书写简单，而且可使意义更为明确，增强可读性。例如，

```
typedef char NAME[20];
```

表示 NAME 是字符数组类型，数组长度为 20。然后，可用 NAME 说明变量。例如，

```
NAME a1,a2,s1,s2;
```

完全等效于

```
char a1[20],a2[20],s1[20],s2[20]
```

又如，

```
typedef struct stu
{ char name[20];
  int age;
  char sex;
      } STU;
```

定义 STU 表示 stu 的结构类型，然后可用 STU 来说明结构变量：

```
STU body1,body2;
```

typedef 定义的一般形式如下：

```
typedef 原类型名  新类型名
```

其中，原类型名中含有定义部分，新类型名一般用大写表示，以便于区别。

有时也可用宏定义来代替 typedef 的功能，但宏定义是通过预处理完成的，而 typedef 则是在编译时完成的，后者更为灵活、方便。

11.12 本章小结

本章介绍了用户定义的数据：结构体、共用体和枚举类型，要注意类型定义与变量定义的区别。若将结构型变量作为函数的参数，则它只起传值作用。只有当函数的参数为指向结构型变量的指针时，它才能起传址调用的效果。

结构类型的定义可以嵌套，结构类型与联合类型的定义也可互相嵌套，但注意被嵌套的类型必须先有定义。

通过结构数组，结构指针可以很方便地描述一些复杂的数据，进而设计出更高效的程序。

习题

11.1 填空题。

（1）“·”称为________运算符，“->”称为________运算符。

（2）设有定义语句 struct {int a;float b;char c;}s,*p=&s;，则对结构体成员 a 的引用方法可以是 s.a 和______________。

（3）把一些属于不同类型的数据作为一个整体来处理时，常用________________。

（4）所谓嵌套结构体，是指结构体的成员又是一个________________。

（5）在说明一个联合体变量时，系统分配给它的存储空间是该联合体中_____________。

（6）联合体类型变量在程序执行期间，有__________________成员驻留在内存中。

（7）用 typedef 可以定义________________，但不能用来定义变量。

（8）枚举变量只能取对应枚举类型的________________________________。

11.2 阅读如下程序，写出运行结果。

（1）
```
#include<stdio.h>
void main()
{union
{int ig[4];
char a[8];
}t;
t.ig[0]=0x4241;
t.ig[1]=0x4443;
t.ig[2]=0x4645;
t.ig[3]=0x0000;
printf("\n%s\n",t.a);
}
```

（2）
```
#include<stdio.h>
void main()
{enum color{red=3,yellow=6,blue=9};
enum color a=red;
printf("\nred=%d",red);
printf("\nyellow=%d",yellow);
printf("\nblue=%d",blue)
printf("\na=%d",a);
a=yellow;
printf("\na=%d\n",a);
}
```

（3）
```
#iclude<stdio.h>
struct n_c
{int x;
```

```
char c;
}
void func(struct n_c b)
{b.x=15;
b.c='A';
}
void main()
{struct n_c a={20,'x'};
func(a);
printf("%d %c\n",a.x,a.c);
}
```

11.3 定义一个结构体变量（包括年、月、日），计算该日在本年中是第几天。注意闰年问题。

11.4 编写一个函数 days，实现上题的计算。由主函数将年、月、日传递给 days 函数，计算后将日数传回主函数输出。

11.5 编写一个函数 print，打印学生的成绩数组，该数组中有 5 名学生的数据记录，每条记录包括 num、name 和 score[3]。用主函数输入这些记录，用 print 函数输出这些记录。

11.6 有 10 名学生，每名学生的数据包括学号、姓名、三门课程的成绩。从键盘输入 10 名学生的数据，要求输出三门课程的总平均成绩，以及最高分的学生的数据（包括学号、姓名、三门课程的成绩和平均分数）。

11.7 已有 a、b 两个链表，每个链表中的结点包括学号、成绩。要求把两个链表合并，并按学号升序排列。

11.8 将一个链表按逆序排列，即将链头当成链尾，把链尾当成链头。

第 12 章　文　　件*

12.1　C 文件概述

所谓文件，是指存储在外部存储器上的一组相关数据的有序集合。这个数据集合有一个名称，称为文件名。实际上，在前面的各章中我们已多次使用了文件，如源程序文件、目标文件、可执行文件、库文件（头文件）等。在 C 语言中，这些文件都与程序生成相关，我们称之为程序文件。

当 C 程序运行时，往往需要输入和输出数据。在前面的章节中，我们用键盘输入数据，用显示器输出数据。实际上，这些数据也可以存放到文件中，这个文件就是数据文件。本章讨论的文件指的都是数据文件。

当输入的数据比较多时，与采用键盘输入相比，采用文件输入的优势明显。键盘输入的数据无法保存，而数据文件中的数据是可以保存和编辑的，可以对少量错误的数据进行修改，避免数据的重复输入。采用文件输出时，可以将输出的结果长久保存到文件中存档。

从文件编码的方式来看，数据文件可分为文本文件和二进制文件两种。文本文件在磁盘中存放时，每个字符对应 1 字节，用于存放对应字符的 ASCII 码。

例如，数 5678 的存储形式如下：

ASCII 码：	00110101	00110110	00110111	00111000
	↓	↓	↓	↓
十进制码：	5	6	7	8

共占用 4 字节。

ASCII 码文件可在屏幕上按字符显示，例如，源程序文件就是 ASCII 码文件。使用 Windows 中的“记事本”可打开并显示文件的内容。由于按字符显示，因此能读懂文件内容。

二进制文件按二进制的编码方式来存放文件，是内存数据的直接存放格式。

例如，数 5678 的存储形式如下：

00000000　00000000　00010110　00101110

二进制文件虽然也可在屏幕上显示，但其内容无法读懂。C 系统在处理这些文件时，并不区分类型，而将它们都视为字符流，按字节进行处理。

输入/输出字符流的开始和结束只由程序控制，而不受物理符号（如回车符）的控制。因此，我们也把这种文件称为“流式文件”。

本章讨论流式文件的打开、关闭、读、写、定位等操作。

12.2　文件指针

在 C 语言中，用一个指针变量指向一个文件，这个指针称为文件指针。通过文件指针，我们就可对它所指的文件进行各种操作。

定义文件指针的一般形式如下：

```
FILE *指针变量标识符;
```

其中，FILE 应为大写，它实际上是由系统定义的一个结构，该结构中含有文件名、文件状态和文件当前位置等信息。在编写源程序时，不必关心 FILE 结构的细节。

例如，

```
FILE *fp;
```

表示 fp 是指向 FILE 结构的指针变量，通过 fp 即可找到存放某个文件信息的结构变量，然后按结构变量提供的信息找到该文件，实施对文件的操作。习惯上，我们笼统地把 fp 称为指向一个文件的指针。

12.3 文件的打开与关闭

文件在进行读写操作之前要先打开，使用完毕要关闭。所谓打开文件，实际上是指建立文件的各种有关信息，并使文件指针指向该文件，以便进行其他操作。关闭文件是指断开指针与文件之间的联系，也就是禁止再对该文件进行操作。

在 C 语言中，文件操作都是由库函数来完成的。本章将介绍主要的文件操作函数。

12.3.1 文件的打开（fopen 函数）

fopen 函数用来打开一个文件，其调用的一般形式如下：

```
文件指针名=fopen(文件名,使用文件方式);
```

其中，“文件指针名”必须是被说明为 FILE 类型的指针变量；“文件名”是被打开文件的文件名；“使用文件方式”是指文件的类型和操作要求。

“文件名”是字符串常量或字符串数组。例如，

```
FILE *fp;
fp=fopen ("file a","r");
```

其意义是在当前目录下打开文件 file a，只允许进行“读”操作，并使 fp 指向该文件。

又如，

```
FILE *fphzk
fphzk=fopen ("c:\\hzk16","rb")
```

其意义是打开 C 盘根目录下的文件 hzk16，这是一个二进制文件，只允许按二进制方式进行读操作。两个反斜线“\\”中的第一个表示转义字符，第二个表示根目录。

文件使用方式共有 12 种，它们的符号和意义见表 12.1。

表 12.1 文件使用方式的符号和意义

文件使用方式的符号	意　义
"r"	只读打开一个文本文件，只允许读数据
"w"	只写打开或建立一个文本文件，只允许写数据

（续表）

文件使用方式的符号	意 义
"a"	追加打开一个文本文件，并在文件末尾写数据
"rb"	只读打开一个二进制文件，只允许读数据
"wb"	只写打开或建立一个二进制文件，只允许写数据
"ab"	追加打开一个二进制文件，并在文件末尾写数据
"r+"	读写打开一个文本文件，允许读和写
"w+"	读写打开或建立一个文本文件，允许读写
"a+"	读写打开一个文本文件，允许读，或在文件末追加数据
"rb+"	读写打开一个二进制文件，允许读和写
"wb+"	读写打开或建立一个二进制文件，允许读和写
"ab+"	读写打开一个二进制文件，允许读，或在文件末追加数据

对于文件使用方式，有以下几点说明：

1）文件使用方式由 r,w,a,b,+五个字符拼成，各字符的含义如下：

r（read）： 读
w（write）： 写
a（append）：追加
b（banary）：二进制文件
+： 读和写

2）用“r”打开一个文件时，该文件必须已经存在，并且只能从该文件读出。

3）用“w”打开的文件只能向该文件写入。若打开的文件不存在，则以指定的文件名建立该文件；若打开的文件已经存在，则将该文件删去，重建一个新文件。

4）要向一个已存在的文件追加新信息，只能用“a”方式打开文件，但此时该文件必须是存在的，否则将会出错。

5）打开一个文件时，如果出错，那么 fopen 返回一个空指针值 NULL。在程序中可用这一信息来判别是否完成打开文件的工作，并做相应的处理。因此，常用以下程序段打开文件：

```
if((fp=fopen("c:\\hzk16","rb")==NULL)
    {
     printf("\nerror on open c:\\hzk16 file!");
     getch();
     exit(1);
}
```

这段程序的意义是，若返回的指针为空，则表示不能打开 C 盘根目录下的 hzk16 文件，给出提示信息“error on open c:\hzk16 file!”。下一行 getch()的作用是从键盘输入一个字符，但不在屏幕上显示，在这里的作用是等待，只有当用户按键盘上的任意键时，程序才继续执行，因此用户可利用这个等待时间阅读出错提示。按任意键后，执行 exit(1)退出程序。

6）把一个文本文件读入内存时，要将 ASCII 码转换成二进制码；把文件以文本方式写入磁盘时，也要把二进制码转换成 ASCII 码，因此文本文件的读写要花费较多的转换时间。对二进制文件的读写不存在这种转换。

12.3.2 文件关闭函数（fclose 函数）

文件一旦使用完毕，就应该用关闭文件函数关闭文件，以避免文件的数据丢失等错误。fclose 函数调用的一般形式如下：

```
fclose(文件指针);
```

例如，

```
fclose(fp);
```

正常完成关闭文件操作时，fclose 函数的返回值为 0。若返回非 0 值，则表示有错误发生。

12.4 文件的读写

对文件的读和写是最常用的文件操作。C 语言中提供了多种读写文件的函数：

1）字符读写函数：fgetc 和 fputc。

2）字符串读写函数：fgets 和 fputs。

3）数据块读写函数：freed 和 fwrite。

4）格式化读写函数：fscanf 和 fprinf。

下面介绍以上函数。注意，使用以上函数前，要在源程序中包含头文件 stdio.h。

12.4.1 字符读写函数 fgetc 和 fputc

字符读写函数是以字符（字节）为单位的读写函数，每次可从文件读出或向文件写入一个字符。

1. 读字符函数 fgetc

fgetc 函数的功能是从指定的文件中读出一个字符。函数调用的形式如下：

```
字符变量=fgetc(文件指针);
```

例如，

```
ch=fgetc(fp);
```

其意义是从打开的文件 fp 中读取一个字符并送入 ch 中。

对于 fgetc 函数的使用，有以下几点说明：

1）在 fgetc 函数调用中，读取的文件必须是以读或读写方式打开的。

2）读取字符的结果也可以不向字符变量赋值，但读出的字符不能保存。

例如，

```
fgetc(fp);
```

3）在文件内部有一个位置指针，用来指向文件的当前读写字节。在打开文件时，该指针总是指向文件的第一字节；使用 fgetc 函数后，该位置指针将向后移动 1 字节，因此可连续多次使用 fgetc 函数来读取多个字符。注意，文件指针和文件内部的位置指针不是一回事。文件指针是指向整个文件的，须在程序中定义说明，只要不重新赋值，文件指针的值就是不变的。文件内部的位置指针用于指示文件内部的当前读写位置，每读写一次，该指针均向后移动，它不需要在程序中定义说明，而由系统自动设置。

【例 12.1】用“记事本”在 d 盘创建 c1.txt 文件并保存（见下图），用程序读入并在屏幕上输出。

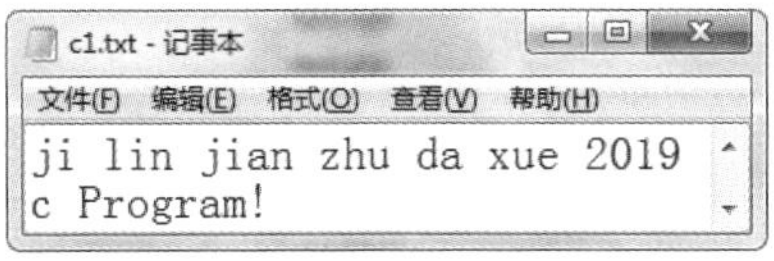


```
#include<stdio.h>
void main()
{
  FILE *fp;
  char ch;
  if((fp=fopen("d:\\ c1.txt","r"))==NULL)
    {
    printf("\nCannot open file strike any key exit!");
    getch();
    exit(1);
    }
  ch=fgetc(fp);
  while(ch!=EOF)
  {
    putchar(ch);
    ch=fgetc(fp);
  }
  fclose(fp);
}
```

运行结果：

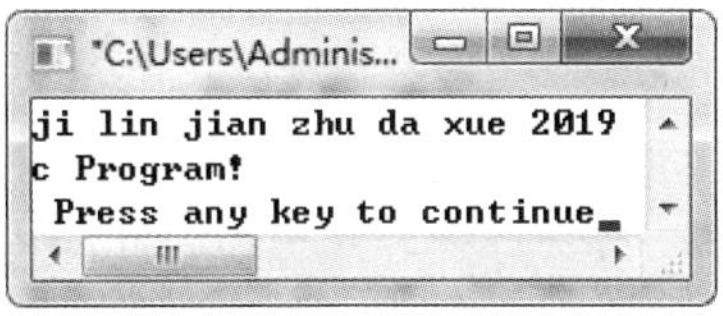

我们先用“记事本”在 d 盘创建 c1.txt 文件并保存，用程序读取该文件。程序的功能是从文件中逐个读取字符，并在屏幕上显示。程序定义了文件指针 fp，以读文本文件方式打开文件“d:\\c1.txt”，并使 fp 指向该文件。若打开文件出错，则给出提示并退出程序。程序的第 12 行先读出一个字符，然后进入循环，只要读出的字符不是文件结束标志（每个文件末都有一个结束标志 EOF），就把该字符显示在屏幕上，再读入下一字符。每读一次，文件内部的位置指针向后移动一个字符，文件结束时，该指针指向 EOF。执行本程序将显示整个文件。

2. 写字符函数 fputc

fputc 函数的功能是把一个字符写入指定的文件。函数调用的形式如下：

```
fputc(字符量,文件指针);
```

其中，待写入的“字符量”可以是字符常量或变量。例如，

```
fputc('a',fp);
```

其意义是把字符 a 写入 fp 所指向的文件。

对于 fputc 函数的使用，也有几点说明：

1）被写入的文件可以用写、读写、追加方式打开，用写或读写方式打开一个已存在的文件时将清除原有文件的内容，写入字符从文件首开始。如果要保留原有文件的内容，希望写入的字符在文件末开始存放，那么必须以追加方式打开文件。被写入的文件若不存在，则创建该文件。

2）每写入一个字符，文件内部位置指针向后移动 1 字节。

3）fputc 函数有一个返回值，若写入成功，则返回写入的字符；否则返回 EOF。可用这个返回值来判断写入是否成功。

【例 12.2】从键盘输入一行字符并写入一个文件，然后读出该文件的内容并显示在屏幕上。

```
#include<stdio.h>
void main()
{
  FILE *fp;
  char ch;
  if((fp=fopen("d:\\c2.txt","w+"))==NULL)
  {
    printf("Cannot open file strike any key exit!");
    getch();
    exit(1);
  }
  printf("input a string:\n");
  ch=getchar();
  while (ch!='\n')
  {
    fputc(ch,fp);
    ch=getchar();
  }
  rewind(fp);  /*文件读写指针移到文件首*/
  ch=fgetc(fp);
  while(ch!=EOF)
  {
    putchar(ch);
    ch=fgetc(fp);
  }
  printf("\n");
  fclose(fp);
}
```

运行结果：

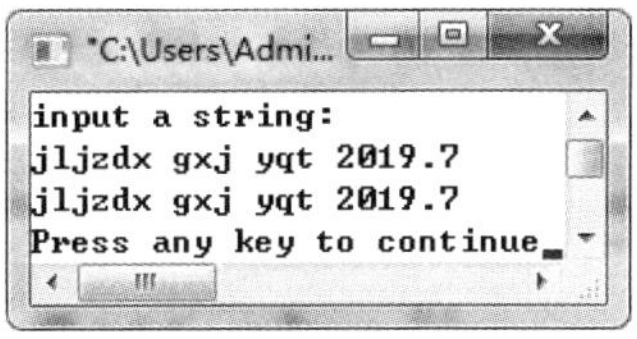

程序中的第 6 行以读写文本文件方式打开 d 盘上的文件 c2.txt。程序的第 13 行从键盘读入一个字符后进入循环，当读入字符不为回车符时，把该字符写入文件，然后继续从键盘读入下一字符。每输入一个字符，文件内部位置指针向后移动 1 字节。写入完毕，该指针已指向文件末。要把文件从头读出，须把指针移向文件头，程序第 19 行的 rewind 函数用于把 fp 所指文件的内部位置指针移到文件头。第 20～25 行用于读出文件中一行的内容。

12.4.2　字符串读写函数 fgets 和 fputs

1. 读字符串函数 fgets

fgets 函数的功能是从指定的文件中读一个字符串到字符数组中，其调用形式如下：

```
fgets(字符数组名,n,文件指针);
```

其中，n 是一个正整数，表示从文件中读出的字符串不超过 n-1 个字符。在读入的最后一个字符后，加上串结束标志'\0'。

例如，

```
fgets(str,n,fp);
```

的意义是从 fp 所指的文件中读出 n-1 个字符并送入字符数组 str。

【例 12.3】 从 c1.txt 文件中读入一个含有 10 个字符的字符串。

```
#include<stdio.h>
void main()
{
  FILE *fp;
  char str[11];
  if((fp=fopen("d:\\c1.txt","r"))==NULL)
  {
    printf("\nCannot open file strike any key exit!");
    getch();
    exit(1);
  }
  fgets(str,11,fp);
  printf("\n%s\n",str);
  fclose(fp);
}
```

运行结果：

本例定义了一个字符数组 str，它共有 11 字节，在以读文本文件方式打开文件 string 后，从中读出 10 个字符并送入 str 数组，在数组最后一个单元内加上'\0'，然后在屏幕上显示 str 数组。输出的 10 个字符正是例 12.1 中的前 10 个字符。

对 fgets 函数，有如下两点说明：

1）在读出 n-1 个字符之前，若遇到了换行符或 EOF，则读出结束。

2）fgets 函数也有返回值，其返回值是字符数组的首地址。

2. 写字符串函数 fputs

fputs 函数的功能是向指定的文件写入一个字符串，其调用形式如下：

```
fputs(字符串,文件指针);
```

其中，“字符串”可以是字符串常量，也可以是字符数组名或指针变量。例如，

```
fputs("abcd",fp);
```

其意义是把字符串“abcd”写入 fp 所指的文件。

【例 12.4】 在例 12.2 创建的文件 c2.txt 中追加一个字符串“VC++2010”。

```
#include<stdio.h>
void main()
{
  FILE *fp;
  char ch,st[20];
  if((fp=fopen("d:\\c2.txt","a+"))==NULL)
  {
    printf("Cannot open file strike any key exit!");
    getch();
    exit(1);
}
  printf("input a string:\n");
  scanf("%s",st);
  fputs(st,fp);
  rewind(fp);
  ch=fgetc(fp);
  while(ch!=EOF)
  {
    putchar(ch);
    ch=fgetc(fp);
  }
  printf("\n");
  fclose(fp);
}
```

运行结果：

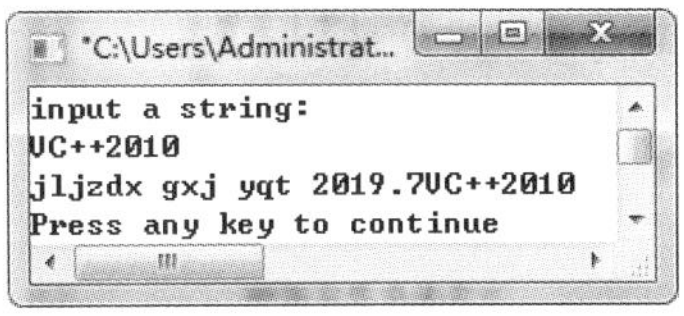

本例要求在 d 盘上的 c2.txt 文件末尾加写字符串，因此在程序的第 6 行以追加读写文本文件的方式打开文件 c2.txt。然后输入字符串，并用 fputs 函数把该串写入文件 c2.txt。在程序 15 行用 rewind 函数把文件内部位置指针移到文件首，再进入循环，逐个显示当前文件中的全部内容。

12.4.3　数据块读写函数 fread 和 fwtrite

C 语言还提供了用于整块数据的读写函数 fread 和 fwtrite，它们可用来读写一组数据，如一个数组元素、一个结构变量的值等。

读数据块函数 fread 调用的一般形式如下：

```
fread(buffer,size,count,fp);
```

写数据块函数 fwtrite 调用的一般形式如下：

```
fwrite(buffer,size,count,fp);
```

其中，buffer 是一个指针，在 fread 函数中它表示存放输入数据的首地址，而在 fwrite 函数中它表示存放输出数据的首地址。size 表示数据块的字节数；count 表示要读写的数据块块数；fp 表示文件指针。

例如，

```
fread(fa,4,5,fp);
```

其意义是从 fp 所指的文件中，每次读 4 字节（一个实数）并送入实数组 fa，连续读 5 次，即读 5 个实数到 fa 中。

【例 12.5】从键盘输入两名学生的数据，并写入一个文件，再读出这两名学生的数据并显示在屏幕上。

```
#include<stdio.h>
struct stu
{
  char name[10];
  int num;
  int age;
  char addr[15];
}boya[2],boyb[2],*pp,*qq;
void main()
{
  FILE *fp;
  char ch;
  int i;
  pp=boya;
  qq=boyb;
```

```
    if((fp=fopen("d:\\jrzh\\example\\stu_list","wb+"))==NULL)
    {
      printf("Cannot open file strike any key exit!");
      getch();
      exit(1);
    }
    printf("\ninput data\n");
    for(i=0;i<2;i++,pp++)
    scanf("%s%d%d%s",pp->name,&pp->num,&pp->age,pp->addr);
    pp=boya;
    fwrite(pp,sizeof(struct stu),2,fp);
    rewind(fp);
    fread(qq,sizeof(struct stu),2,fp);
    printf("\n\nname\tnumber      age      addr\n");
    for(i=0;i<2;i++,qq++)
    printf("%s\t%5d%7d     %s\n",qq->name,qq->num,qq->age,qq->addr);
    fclose(fp);
  }
```

程序定义了一个结构 stu，说明了两个结构数组 boya 和 boyb 以及两个结构指针变量 pp 和 qq。pp 指向 boya，qq 指向 boyb。程序第 16 行以读写方式打开二进制文件“stu_list”，输入两名学生的数据后，写入该文件；然后把文件内部位置指针移到文件首，读出两名学生数据后，在屏幕上显示。

12.4.4 格式化读写函数 fscanf 和 fprintf

fscanf 和 fprintf 函数与前面介绍的 scanf 和 printf 函数的功能相似，都是格式化读写函数。两者的区别在于，fscanf 和 fprintf 函数的读写对象不是键盘和显示器，而是磁盘文件。

这两个函数的调用格式如下：

```
fscanf(文件指针,格式字符串,输入表列);
fprintf(文件指针,格式字符串,输出表列);
```

例如，

```
fscanf(fp,"%d%s",&i,s);
fprintf(fp,"%d%c",j,ch);
```

用 fscanf 和 fprintf 函数也可以完成例 12.5，修改后的程序如例 12.6 所示。

【例 12.6】 用 fscanf 和 fprintf 函数完成例 12.5。

```
#include<stdio.h>
struct stu
{
  char name[10];
  int num;
  int age;
```

```
    char addr[15];
}boya[2],boyb[2],*pp,*qq;
void main()
{
    FILE *fp;
    char ch;
    int i;
    pp=boya;
    qq=boyb;
    if((fp=fopen("stu_list","wb+"))==NULL)
    {
        printf("Cannot open file strike any key exit!");
        getch();
        exit(1);
    }
    printf("\ninput data\n");
    for(i=0;i<2;i++,pp++)
        scanf("%s%d%d%s",pp->name,&pp->num,&pp->age,pp->addr);
    pp=boya;
    for(i=0;i<2;i++,pp++)
        fprintf(fp,"%s %d %d %s\n",pp->name,pp->num,pp->age,pp->
                addr);
    rewind(fp);
    for(i=0;i<2;i++,qq++)
        fscanf(fp,"%s %d %d %s\n",qq->name,&qq->num,&qq->age,qq->addr);
    printf("\n\nname\tnumber      age      addr\n");
    qq=boyb;
    for(i=0;i<2;i++,qq++)
        printf("%s\t%5d  %7d      %s\n",qq->name,qq->num, qq->age,
                qq->addr);
    fclose(fp);
}
```

程序中，由于 fscanf 和 fprintf 函数每次只能读写一个结构数组元素，因此采用了循环语句来读写全部数组元素。注意，指针变量 pp,qq 的值因为循环发生了变化，因此在程序的第 25 行和第 32 行分别对它们重新赋予了数组的首地址。

12.5　文件的随机读写

前面介绍的对文件的读写方式都是顺序读写，即读写文件只能从头开始，顺序读写各个数据。但在实际问题中，常常要求只读写文件中的某个指定部分。为解决这一问题，可移动文件内部位置指针到需要读写的位置，再进行读写，这种读写称为随机读写。

实现随机读写的关键是要按要求移动位置指针，这称为文件的定位。

12.5.1 文件定位

移动文件内部位置指针的函数主要有两个，即 rewind 函数和 fseek 函数。

rewind 函数前面已多次使用过，其调用形式如下：

```
rewind(文件指针);
```

它的功能是把文件内部的位置指针移到文件首。

下面主要介绍 fseek 函数。fseek 函数用来移动文件内部位置指针，其调用形式如下：

```
fseek(文件指针,位移量,起始点);
```

其中，“文件指针”指向被移动的文件。“位移量”表示移动的字节数，要求位移量是 long 型数据，以便在文件长度大于 64KB 时不会出错。用常量表示位移量时，要求加后缀“L”。“起始点”表示从何处开始计算位移量，规定的起始点有三种：文件首、当前位置和文件尾，它们的表示方法见表 12.2。

表 12.2 起始点的表示方法

起 始 点	表示符号	数字表示
文件首	SEEK_SET	0
当前位置	SEEK_CUR	1
文件尾	SEEK_END	2

例如，

```
fseek(fp,100L,0);
```

其意义是把位置指针移到离文件首的 100 字节处。

还要说明的是，fseek 函数一般用于二进制文件。在文本文件中由于要进行转换，因此往往计算的位置会出现错误。

12.5.2 文件的随机读写

移动位置指针后，即可用前面介绍的任意一种读写函数进行读写。由于一般是读写一个数据据块，因此常用 fread 和 fwrite 函数。

下面用例题来说明文件的随机读写。

【例 12.7】在学生文件 stu_list 中读出第二名学生的数据。

```
#include<stdio.h>
struct stu
{
  char name[10];
  int num;
  int age;
  char addr[15];
}boy,*qq;
void main()
{
  FILE *fp;
```

```
    char ch;
    int i=1;
    qq=&boy;
    if((fp=fopen("stu_list","rb"))==NULL)
    {
      printf("Cannot open file strike any key exit!");
      getch();
      exit(1);
    }
    rewind(fp);
    fseek(fp,i*sizeof(struct stu),0);
    fread(qq,sizeof(struct stu),1,fp);
    printf("\n\nname\tnumber      age      addr\n");
    printf("%s\t%5d  %7d      %s\n",qq->name,qq->num,qq->age,
            qq->addr);
}
```

文件 stu_list 已由例 12.6 建立，本程序用随机方式读出第二名学生的数据。程序中定义 boy 为 stu 类型变量，qq 为指向 boy 的指针。以读二进制文件方式打开文件，程序的第 22 行移动文件位置指针。其中的 i 值为 1，表示从文件头开始，移动一个 stu 类型的长度，然后读出的数据即为第二名学生的数据。

12.6 文件检测函数

C 语言中常用的文件检测函数有 feof、ferror 和 clearerr。

12.6.1 文件结束检测函数 feof

feof 函数的调用格式如下：

```
feof(文件指针);
```

功能：判断文件是否处于文件结束位置，若文件结束，则返回值为 1；否则为 0。

说明：此函数主要用于二进制文件，也可用于 ASCII 码文本文件。

12.6.2 读写文件出错检测函数 ferror

ferror 函数的调用格式如下：

```
ferror(文件指针);
```

功能：检查文件在用各种输入/输出函数进行读写时是否出错。若 ferror 的返回值为 0，则表示未出错；否则表示出错。

12.6.3 文件出错标志和文件结束标志置 0 函数 clearerr

clearerr 函数的调用格式如下：

```
clearerr(文件指针);
```

功能：用于清除出错标志和文件结束标志，使它们的值为 0。

12.7 本章小结

1）C 系统把文件当作一个“流”，按字节进行处理。

2）C 文件按编码方式分为二进制文件和 ASCII 码文本文件。

3）在 C 语言中，用文件指针标识文件，当一个文件被打开时，可取得该文件的指针。

4）文件在读写之前必须打开，读写结束必须关闭。

5）文件可按只读、只写、读写、追加四种操作方式打开，同时还必须指定文件的类型是二进制文件还是文本文件。

6）文件可按字节、字符串、数据块为单位读写，文件也可按指定的格式进行读写。

7）文件内部的位置指针可指示当前的读写位置，移动该指针可对文件实现随机读写。

习题

12.1 填空题。

（1）“FILE *p”的作用是定义一个_______，其中的“FILE”是在 stdio.h 中定义的。

（2）C 语言中根据数据的组织形式，把文件分为文本文件和________。

（3）使用 fopen("abc","a+")打开文件时，若 abc 文件不存在，则____________。

（4）C 语言中的文件指针设置函数是___________。

（5）fgetc（stdin）函数的功能是____________。

（6）C 语言中文件的字符串输入/输出函数是__________和____________。

12.2 C 文件的操作有何特点？

12.3 什么是文件型指针？通过文件指针访问文件有什么好处？

12.4 文件的打开与关闭的含义是什么？为什么要打开和关闭文件？

12.5 从键盘输入一个字符串，将其中的小写字母全部转换成大写字母，然后输出到磁盘文件“test”中保存，输入的字符串以“!”结束。

12.6 有两个磁盘文件“A”和“B”，各存放一行字母，今要求把这两个文件中的信息合并（按字母顺序排列），输出到一个新文件“C”中。

12.7 有 5 名学生，每名学生有 3 门课程的成绩，从键盘输入学生的数据（包括学号、姓名、3 门课程的成绩），计算出平均成绩，将原有数据和计算出的平均分数存放到磁盘文件“stud”中。

第 13 章　位 运 算*

前面介绍的各种运算都是以字节为单位进行的。然而，在很多系统程序中，常常要求在位（bit）一级进行运算或处理。C 语言提供了位运算的功能，这使得 C 语言也能像汇编语言那样用来编写系统程序。

13.1　位运算符

位运算符的功能是对操作数按其二进制形式逐位地进行逻辑运算或移位运算。由位运算的特点确定的操作数只能是整数类型或字符类型的数据，而不能是实型数据。C 语言提供 6 种位运算符，见表 13.1。

表 13.1　位运算符

位运算符	含　义	优先级	举　　例
&	按位与	3	a&b，a 和 b 各位按位进行“与”运算
|	按位或	1	a|b，a 和 b 各位按位进行“或”运算
^	按位异或	2	a^b，a 和 b 各位按位进行“异或”运算
~	按位取反	5	~a，a 中全部位取反
<<	左移	4	a<<2，a 中各位左移 2 位
>>	右移	4	a>>2，a 中各位右移 2 位

位运算符还可与赋值运算结合，进行位运算赋值操作。位运算赋值操作符见表 13.2。

表 13.2　位运算赋值操作符

位运算符	含　义	举　例	等价于
&=	位与赋值	a&=b	a=a&(b)
|=	位或赋值	a|=b	a=a|(b)
^=	位异或赋值	a^=b	a=a^(b)
<<=	左移赋值	a<<=b	a=<<(b)
>>=	右移赋值	a>>=b	a=a>>(b)

表中的 6 个位运算符的使用类似，因为 b 可以是表达式，所以等价形式中加了括号。应用举例见例 13.1。

13.1.1　按位与运算

按位与运算符“&”是双目运算符，其功能是让参与运算的两数对应的二进制位相与。只有对应的两个二进制位均为 1 时，结果位才为 1，否则为 0。参与运算的数以补码方式出现。

例如，9&5 可写算式如下：

```
      00001001        (9 的二进制补码)
&     00000101        (5 的二进制补码)
      00000001        (1 的二进制补码)
```

可见，9&5=1。

按位与运算通常用来对某些位清零或保留某些位。例如，把 a 的高八位清零，保留低八位，可做 a&255 运算（255 的二进制数为 0000000011111111）。

【例 13.1】位运算示例 1。

```
#include<stdio.h>
void main()
{
    int a=9,b=5,c;
    c=a&b;
    a&=b;                                /*复合赋值运算*/
    printf("a=%d\nb=%d\nc=%d\n",a,b,c);
}
```

运行结果：

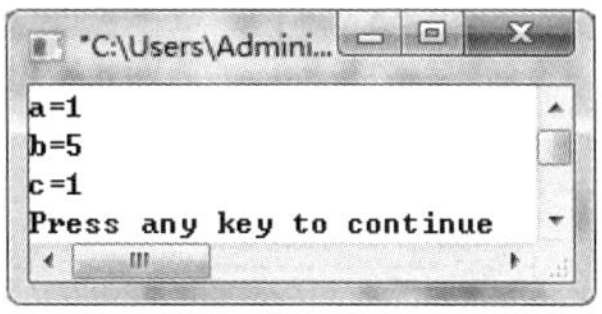

13.1.2 按位或运算

按位或运算符“|”是双目运算符，其功能是让参与运算的两数对应的二进制位相或。只要对应的两个二进制位有一个为 1，结果位就为 1。参与运算的两个数均以补码方式出现。

例如，9|5 可写算式如下：

```
      00001001
   |  00000101
      00001101         （十进制数为 13）
```

可见，9|5=13。

【例 13.2】位运算示例 2。

```
#include<stdio.h>
void main()
{
    int a=9,b=5,c;
    c=a|b;
    printf("a=%d\nb=%d\nc=%d\n",a,b,c);
}
```

13.1.3 按位异或运算

按位异或运算符“^”是双目运算符，其功能是让参与运算的两数对应的二进制位相异或，当两数对应的二进制位相异时，结果为 1。参与运算的数仍以补码方式出现。

例如，9^5 可写算式如下：

```
      00001001
   ^  00000101
      00001100        （十进制数为 12）
```

【例 13.3】位运算示例 3。

```
#include<stdio.h>
void main()
{
    int a=9;
    a=a^5;
    printf("a=%d\n",a);
}
```

13.1.4　按位取反运算

取反运算符“~”为单目运算符，它具有右结合性，其功能是对参与运算的数的各个二进制位按位取反。

例如，~9 的运算为

```
~(0000000000001001)
```

结果为

```
1111111111110110
```

13.1.5　左移运算

左移运算符“<<”是双目运算符，其功能是把“<<”左边的运算数的各个二进制位全部左移若干位，由“<<”右边的数指定移动的位数，高位丢弃，低位补 0。

例如，

```
a<<4
```

把 a 的各个二进制位向左移动 4 位。例如，a=00000011（十进制数 3），左移 4 位后为 00110000（十进制数 48）。

13.1.6　右移运算

右移运算符“>>”是双目运算符，其功能是把“>>”左边的运算数的各个二进制位全部右移若干位，“>>”右边的数指定移动的位数。

例如，设 a=15，则

```
a>>2
```

表示把 000001111 右移为 00000011（十进制数 3）。

要说明的是，有符号数在右移时，符号位将随同移动。为正数时，最高位补 0；为负数时，符号位为 1，最高位是补 0 还是补 1 取决于编译系统的规定。现在的很多系统规定为补 1。

【例 13.4】位运算示例 4。

```
#include<stdio.h>
void main()
```

```
{
    unsigned a,b;
    printf("input a number:   ");
    scanf("%d",&a);
    b=a>>5;
    b=b&15;
    printf("a=%d\tb=%d\n",a,b);
}
```

运行结果：

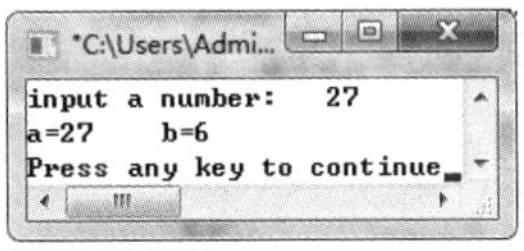

请再看一例。

【例 13.5】位运算示例 5。

```
#include<stdio.h>
void main()
{
    char a='a',b='b';
    int p,c,d;
    p=a;
    p=(p<<8)|b;
    d=p&0xff;
    c=(p&0xff00)>>8;
    printf("a=%d\nb=%d\nc=%d\nd=%d\n",a,b,c,d);
}
```

运行结果：

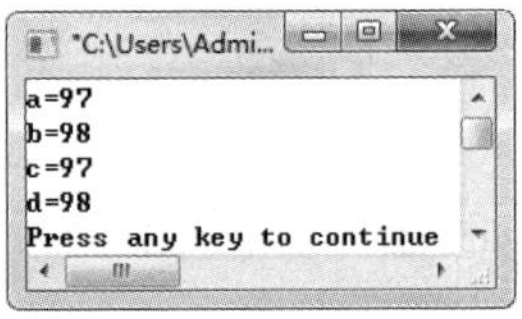

13.2 位域（位段）

有些信息在存储时，并不需要占用一个完整的字节，而只需占几个或一个二进制位。例如，在存放一个开关量时，只有 0 和 1 两种状态，此时用一位二进制位即可。为了节省存储空间并使处理简便，C 语言提供了一种称为“位域”或“位段”的数据结构。

所谓“位域”，是指把一字节中的二进制位划分为几个不同的区域，并说明每个区域的位数。每个域有一个域名，允许在程序中按域名进行操作。这样，就可以把几个不同的对象用一字节的二进制位域来表示。

1. 位域的定义和位域变量的说明

位域的定义与结构的定义相仿，其形式如下：

```
struct 位域结构名
   { 位域列表 };
```

其中，位域列表的形式如下：

```
类型说明符 位域名:位域长度
```

例如，

```
struct bs
 {
   int a:8;
   int b:2;
   int c:6;
 };
```

位域变量的说明方式与结构变量的说明方式相同，可采用先定义后说明、同时定义和说明及直接说明这三种方式。

例如，

```
struct bs
 {
   int a:8;
   int b:2;
   int c:6;
 }data;
```

说明 data 为 bs 变量，共占两字节，其中位域 a 占 8 位，位域 b 占 2 位，位域 c 占 6 位。

对于位域的定义，还有以下几点说明：

1）一个位域必须存储在同一字节中，而不能跨两字节。一字节所剩的空间不够存放另一位域时，应从下一单元起存放该位域。也可以有意使某位域从下一单元开始。

例如，

```
struct bs
     {
       unsigned a:4
       unsigned :0          /*空域*/
       unsigned b:4         /*从下一单元开始存放*/
       unsigned c:4
     }
```

在这个位域定义中，a 占第一字节的 4 位，后 4 位填 0 表示不使用，b 从第二字节开始，占用 4 位，c 占用 4 位。

2）由于位域不允许跨两字节，因此位域的长度不能大于一字节的长度，即不能超过 8 位二进制位。

3）位域可以无位域名，这时它只用来进行填充或调整位置。无名的位域是不能使用的。

例如，

```
struct k
 {
  int a:1
  int  :2          /*这 2 位不能使用*/
  int b:3
  int c:2
 };
```

从以上分析可以看出，位域本质上是一种结构类型，但其成员是按二进制位分配的。

2. 位域的使用

位域的使用和结构成员的使用相同，其一般形式如下：

位域变量名.位域名

位域允许用各种格式输出。

【例 13.6】 位域的使用。

```
#include<stdio.h>
void main()
{   struct bs
    {
      unsigned a:1;
      unsigned b:3;
      unsigned c:4;
    } bit,*pbit;
    bit.a=1;
    bit.b=7;
    bit.c=15;
    printf("%d,%d,%d\n",bit.a,bit.b,bit.c);
    pbit=&bit;
    pbit->a=0;
    pbit->b&=3;
    pbit->c|=1;
    printf("%d,%d,%d\n",pbit->a,pbit->b,pbit->c);
}
```

运行结果：

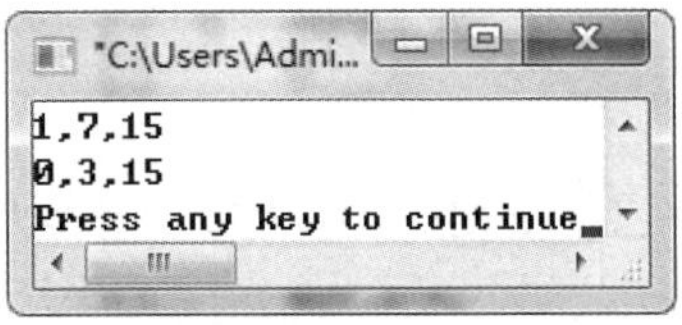

程序中定义了位域结构 bs，三个位域为 a,b,c。说明了 bs 类型的变量 bit 和指向 bs 类型的指针变量 pbit。这表明位域也可以使用指针。程序的第 9、10、11 行分别给三个位域赋值（应注意赋值不能超过该位域的允许范围）。程序的第 12 行以整型量格式输出三个域的内容。第 13 行把位域变量 bit 的地址送给指针变量 pbit。第 14 行用指针方式给位域 a 重新赋值，赋为 0。第 15 行使用了复合位运算符“&=”，该行相当于

```
pbit->b=pbit->b&3
```

位域 b 中的原有值为 7，与 3 做按位与运算的结果为 3（111&011=011，十进制数为 3）。同样，程序第 16 行中使用了复合位运算符“|=”，它相当于

```
pbit->c=pbit->c|1
```

结果为 15。程序第 17 行用指针方式输出了这三个域的值。

13.3　本章小结

1）位运算是 C 语言的一种特殊运算功能，它以二进制位为单位进行运算。位运算符只有逻辑运算和移位运算两类。位运算符可与赋值符组成复合赋值符，如&=,|=,^=,>>=,<<=等。

2）利用位运算可以完成汇编语言的某些功能，如置位、位清零、移位等。还可进行数据的压缩存储和并行运算。

3）位域本质上也是结构类型，但成员按二进制位分配内存。其定义、说明及使用方式都与结构的相同。

4）位域提供了在高级语言中实现数据压缩的手段，节省了存储空间，同时提高了程序效率。

习题

13.1 填空题。

（1）在 C 语言中，&运算符作为单目运算符时表示的是____；作为双目运算符时表示的是____运算。

（2）参与运算的两个运算量，若对应位相同，则结果为 0；若不同，则结果为 1，这种逻辑运算是______。

（3）设有 char a,b，若要通过 a&b 运算屏蔽 a 中的其他位，只保留 a 中的第 3 位和第 6 位（右起为第 1 位），则 b 的二进制数是________。

（4）设有 char a,b，若要通过 a|b 运算保留 a 中的第 3 位和第 6 位不变，其他位置 1，则 b 的二进制数是________。

（5）设 x 是一个 16 位二进制数，若要通过 x&y 使 x 的低 8 位清零，高 8 位不变，则 y 的八进制数是_____。

（6）设 x=10100011,若要通过 x^y 使 x 的高 4 位取反，低 4 位不变，则 y 的二进制数是________。

13.2 编写一函数，对一个 16 位二进制数取其奇数位（即从左边起第 1, 3, 5,⋯, 15 位）。

13.3 设计一个函数，使得给出一个数的原码时能得到该数的补码。

13.4 编写一个函数，实现左右循环移位。函数名为 move，调用方法为 move(value,n)，其中 value 表示要循环位移的数，n 为位移的位数。例如，n<0 表示左移，n>0 表示右移；n=4 表示右移 4 位，n=-3 表示左移 3 位。

附录 A　C 语言上机实验及作业

实验一　C 语言的运行环境和运行过程

【目的与要求】

1．熟悉 C 语言编程环境 VC++ 6.0 或 VC++ 2010，掌握运行 C 程序的基本步骤，包括编辑、编译、连接和运行。

2．了解 C 程序的基本框架，能够编写简单的 C 程序。

3．通过运行简单的 C 程序，初步了解 C 源程序的特点。

【上机内容】

通过课堂上学习，我们对 C 语言已有了初步了解，对 C 语言源程序结构有了总体认识。那么如何在机器上运行 C 语言源程序呢？任何高级语言源程序都要“翻译”成机器语言，才能在机器上运行。“翻译”的方式有两种：一种是解释方式，即对源程序解释一句执行一句；另一种是编译方式，即先把源程序“翻译”成目标程序（用机器代码组成的程序），再经过连接装配后生成可执行文件，最后执行可执行文件得到结果。

C 语言是一种编译型的程序设计语言，它采用编译的方式将源程序翻译成目标程序（机器代码）。运行一个 C 程序，从输入源程序开始，要经过编辑源程序文件（.C）、编译生成目标文件（.obj）、连接生成可执行文件（.exe）和执行四个步骤。

Visual C++是微软公司推出的、目前使用极为广泛的基于 Windows 平台的可视化集成开发环境。它具有方便、直观、易用的界面和丰富的库函数。它把程序的编辑、编译、连接和运行等操作全部集中在一个界面上进行，使用十分方便。

【例 1】编程实现在屏幕上显示如下一行文字：

```
Hello World!
```

源程序：

```
#include<stdio.h>
void main( )
{
  printf("Hello World!\n");
}
```

作为第一个例子，在 Visual C++编程环境下以上述 C 语言程序为例，介绍运行一个 C 语言程序的基本步骤，请读者按照以下步骤进行操作。

1. 在 VC++ 6.0 环境下调试 C 程序①

1）启动 VC++。执行“开始”→“所有程序”→Microsoft Visual Studio 6.0→Microsoft Visual Studio C++ 6.0 命令，进入 VC++编程环境（如图 A.1 所示）。

2）新建文件。执行“文件”→“新建”命令，单击“文件”选项卡（如图 A.2 所示），先在“文件”文本框中输入 test.c（test 是自己命名的名字，符合操作系统要求即可，扩展名.c 表示是 C 语言源程序文件），把 C 语言源程序文件命名为 test.c，在“目录”下拉列表框中选

① 如果使用的是 VC++ 2010，那么建议先看后面第 2 项内容。

择已经建立的文件夹，如 D:\。然后选中 C++ Source File 选项，单击“确定”按钮，在 D:\ 下就新建了文件 test.c，并显示编辑窗口和信息窗口（如图 A.3 所示）。

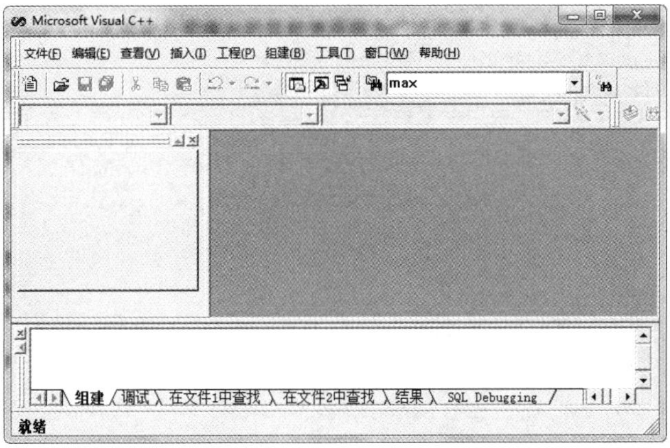

图 A.1　VC++编程环境

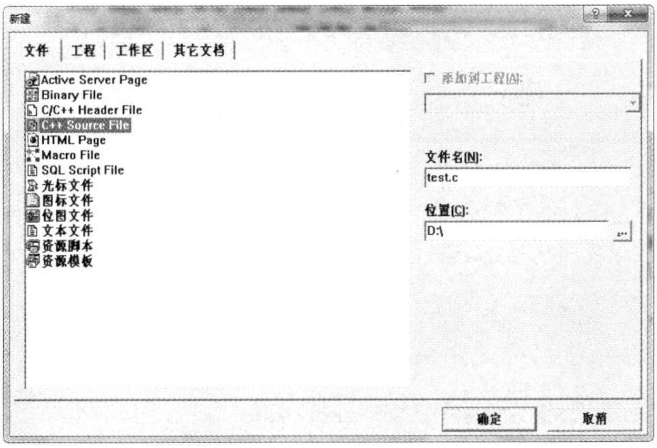

图 A.2　“文件”选项卡

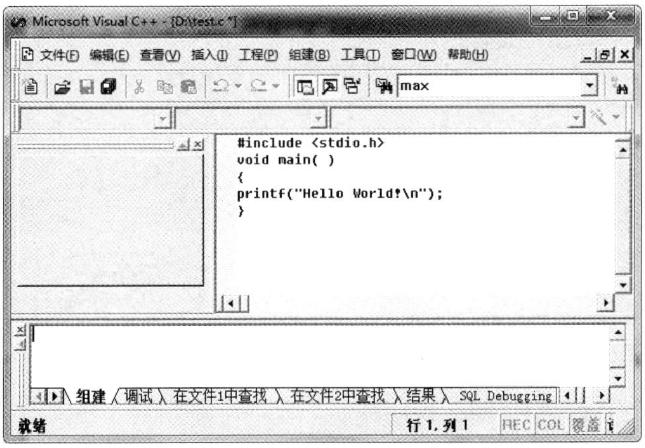

图 A.3　编辑窗口和信息窗口

3）编辑和保存。在编辑窗口中输入源程序，然后执行“文件”→“保存”命令，保存源文件。

4）编译。执行“组建”→“编译 [test.c]”命令（如图 A.4 所示），在弹出的消息框（如图 A.5 所示）中单击“是”按钮，开始编译，并在信息窗口中显示编译信息。

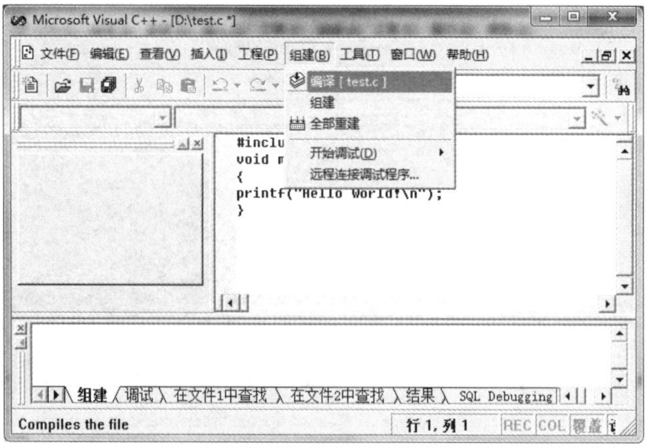

图 A.4　编译源程序

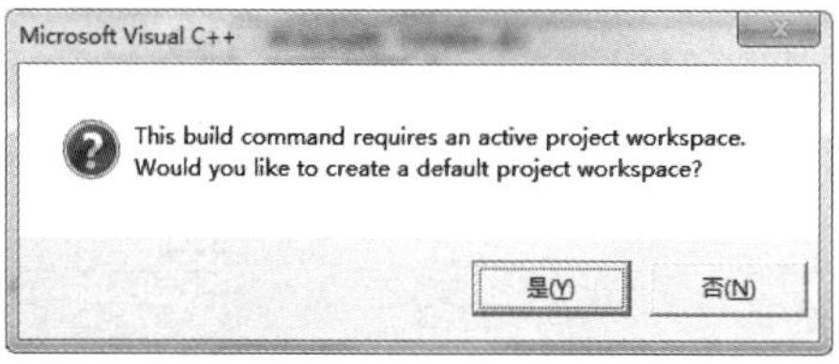

图 A.5　弹出的消息框

如图 A.6 所示，信息窗口中出现的 test.obj - 0 error(s), 0 warning(s)表示编译正确，没有发现错误和警告，并生成了目标文件 test.obj。

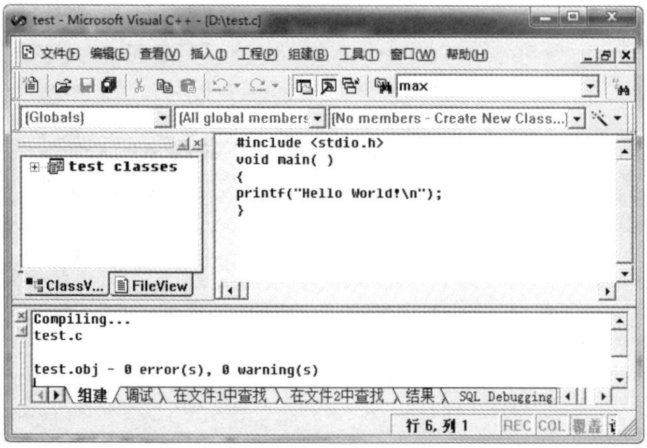

图 A.6　在信息窗口中显示编译信息

注意：如果显示错误信息，那么说明程序中存在严重错误，必须改正；如果显示警告信息，那么说明这些错误并未影响目标文件的生成，但通常也应该改正。按功能键 F4 一般可以快速找到错误位置。

5）连接。执行“组建”→“组建[test.exe]”命令，开始连接，并在信息窗口中显示连接信息（如图 A.7 所示）。信息窗口中出现的 test.exe - 0 error(s), 0 warning(s)表示连接成功，并生成了可执行文件 test.exe。

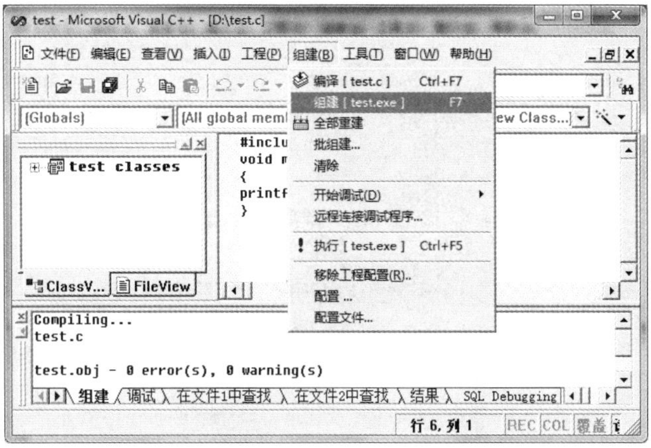

图 A.7 连接成功并生成可执行文件

6）运行。执行“编译”→“执行[test.exe]”命令（如图 A.8 所示），自动弹出运行窗口（如图 A.9 所示），显示程序运行结果。其中，Press any key to continue 提示用户按任意键继续退出运行窗口，返回到 VC++ 6.0 编辑窗口。如果信息窗口显示的不是 0 error(s)，那么程序出错，这时可以按 F4 键查找出错位置，也可以自己在程序中查找错误。

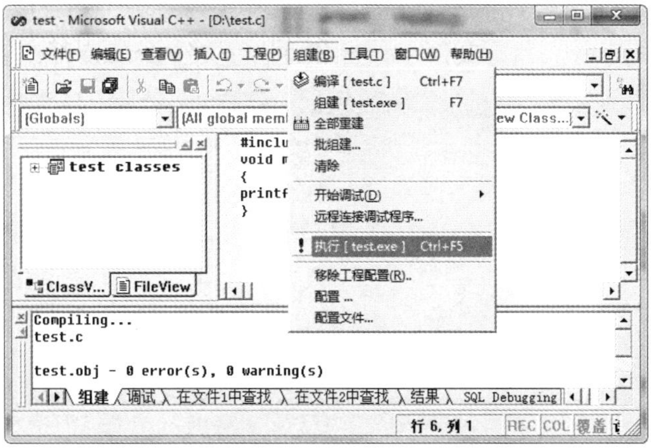

图 A.8 执行“编译”→“执行[test.exe]”命令

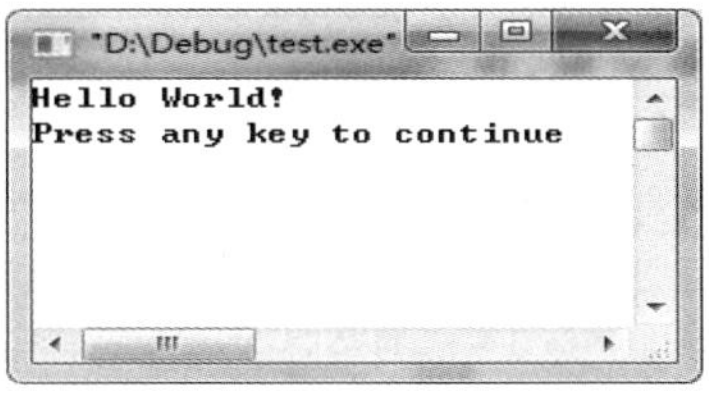

图 A.9 运行窗口

7）关闭程序工作区。执行“文件”→“关闭工作空间”命令（如图 A.10 所示），在弹出的对话框（如图 A.11 所示）中单击“是”按钮，关闭工作区。

8）打开文件。如果要再次打开 C 源文件，可以执行“文件”→“打开”命令，在文件夹 D:\中选择文件 test.c，或在文件夹 D:\中直接双击文件 test.c。

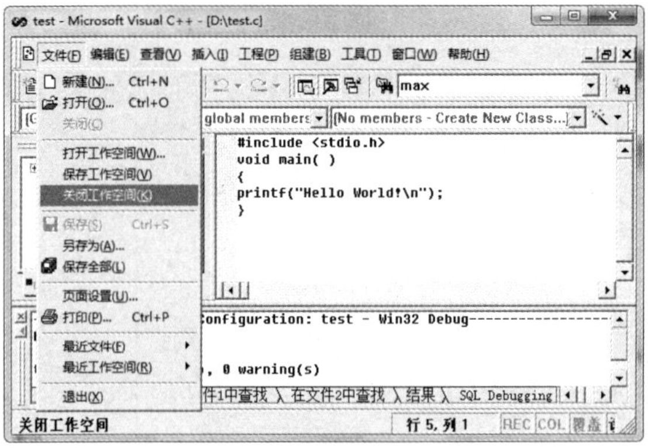

图 A.10 执行“文件”→“关闭工作空间”命令

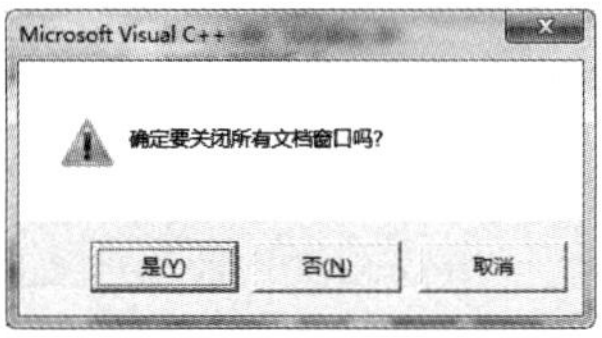

图 A.11 确认关闭所有文档窗口对话框

9）查看 C 源文件、目标文件和可执行文件的存放位置。经过编辑、编译、连接和运行后，在文件夹 D:\（如图 A.12 所示）和 D:\Debug 中（如图 A.13 所示）中存放着相关文件。其中，源文件 test.c 在文件夹 D:\中，目标文件 test.obj 和可执行文件 test.exe 都在文件夹 D:\Debug 中。

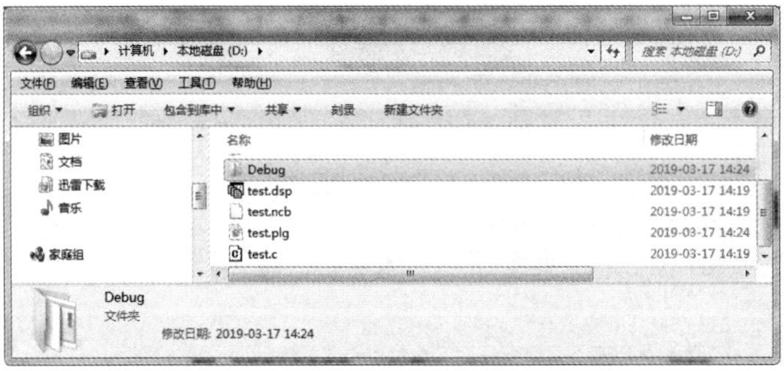

图 A.12 文件夹 D:\中的相关文件

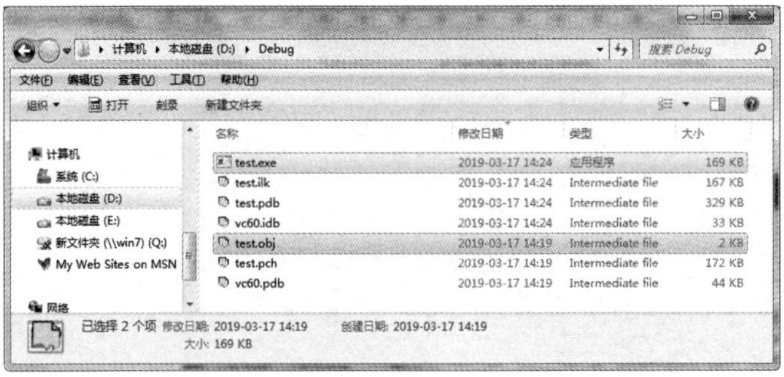

图 A.13 文件夹 D:\Debug 中的相关文件

2. 在 VC++ 2010 环境下调试 C 程序

1）在 Windows 桌面上单击 Visual Studio VC++ 2010 图标（也可以在“开始”菜单中查

找），打开 VC++ 2010 启动界面（如图 A.14 所示），再单击界面中的“新建项目”，出现图 A.15 所示的界面。

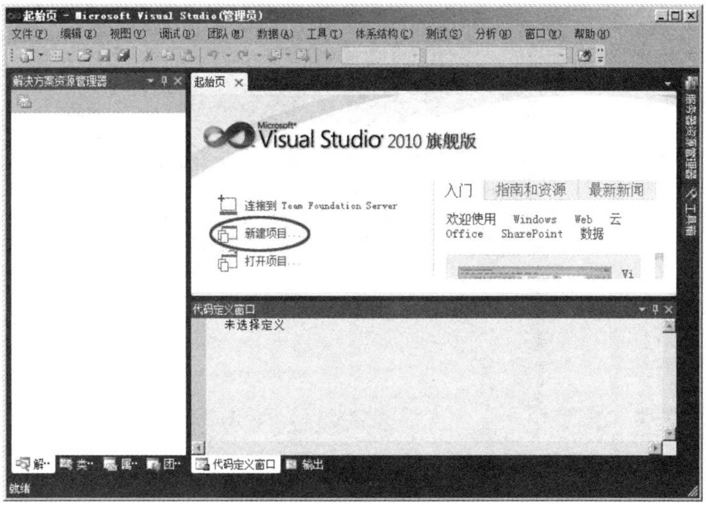

图 A.14　VC++ 2010 启动界面

2）在图 A.15 所示的窗口中选择模板“Visual C++”，在新建项目栏中选择“空项目”，在输入框中输入项目名称和位置（这里项目名称和位置分别给出 xm1 和 d:\），单击“确定”按钮，出现如图 A.16 所示的界面。

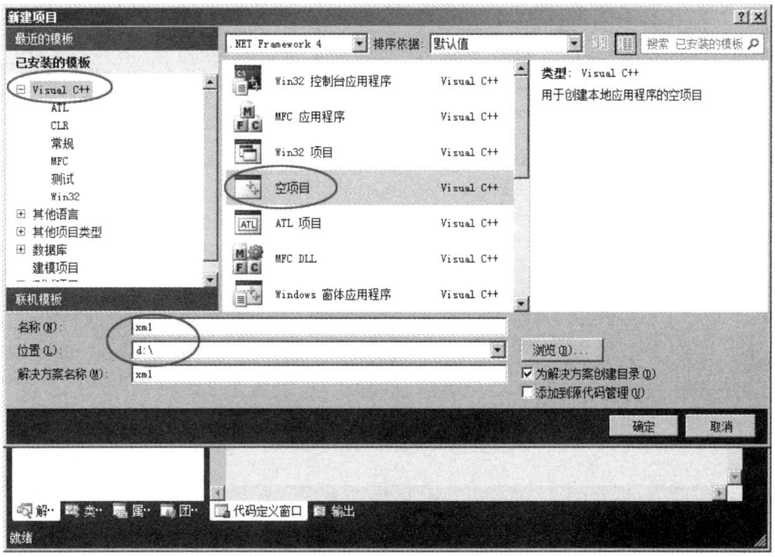

图 A.15　VC++ 2010 新建项目

3）在图 A.16 所示的界面中，右键单击“源文件”图标，弹出如图 A.17 所示的菜单。

4）在图 A.17 所示的界面中选择“新建项”，出现图 A.18 所示的界面。

5）在图 A.18 所示的界面中选择“Visual C++”→“C++文件(cpp)”，在下面的名称框中给出源程序文件名（这里给出 test1.c），单击“添加”按钮，出现如图 A.19 所示的界面。

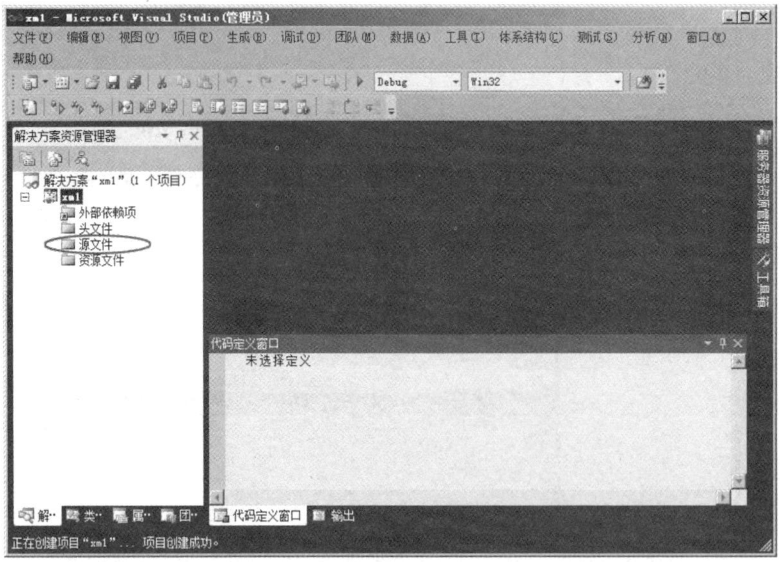

图 A.16 添加文件界面

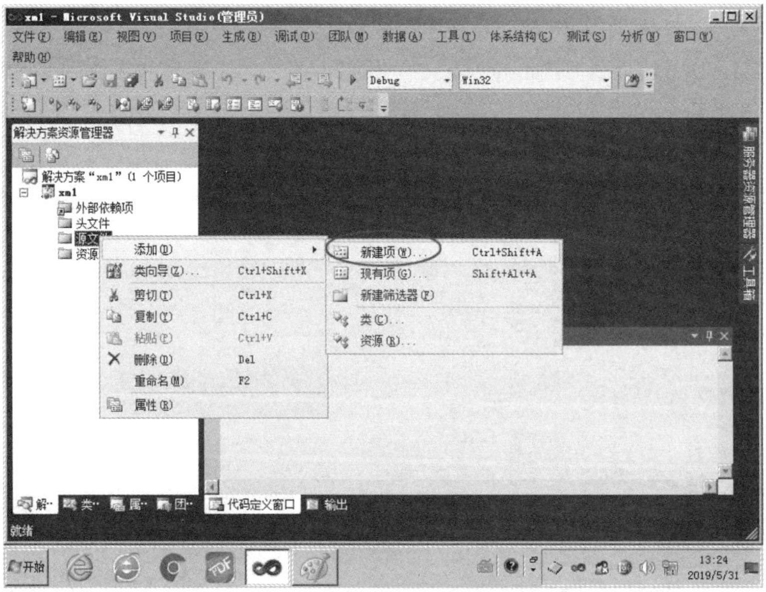

图 A.17 选中“新建项”

6）在图 A.19 所示的界面中，点击“源文件”前面的“+”，可以看到 test1.c 文件名。如果是文件名 test1.cpp，那么建议修改，方法是右键单击这个文件名，把名称改为以.c 结尾的后缀名（如 test1.c）。在右窗格中输入源程序内容，如图 A.19 所示，单击“文件”菜单下的“存储”，保存项目文件和源文件，然后单击“调试”菜单，出现如图 A.20 所示的界面。

7）在图 A.20 所示的界面中选择“启动调试 F5”或“开始执行（不调试） Ctrl+F5”，出现黑背景的运行界面。

8）运行结果可能闪一下后就会消失，这时可按组合键 Ctrl + F5 运行程序，使运行结果停下来。最好在主函数体的最后加上暂停语句 `getch();`，如图 A.21 所示。程序在此暂停，可以看到运行结果，按任意键可以继续。

图 A.18　添加源文件

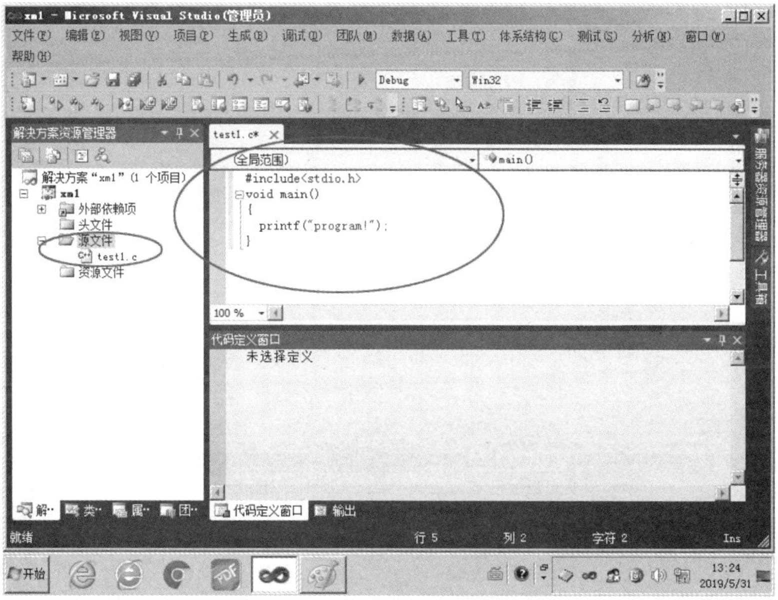

图 A.19　输入 C 语言源文件代码

9）如果程序运行时在图 A.21 下面的信息窗口报错，那么可以按功能键 F4 快速查找错误，也可以在源程序中人工查找错误并改正。

VC++ 2010 与 VC++ 6.0 调试 C 程序是有区别的，VC++ 2010 必须先建立项目名，将来生成的应用程序名与项目名相同，在项目中添加的相关源文件（*.c）可以有多个。存储的项目也可以再次打开并继续修改。

【例 2】 输入并运行程序，写出运行结果。

```
#include<stdio.h>
void main()
```

```
{
  int a,b,sum;
  a=123;b=456;
  sum=a+b;
  printf("sum is %d\n",sum); getch();
}
```

运行方法同上，结果为

```
sum is 579
```

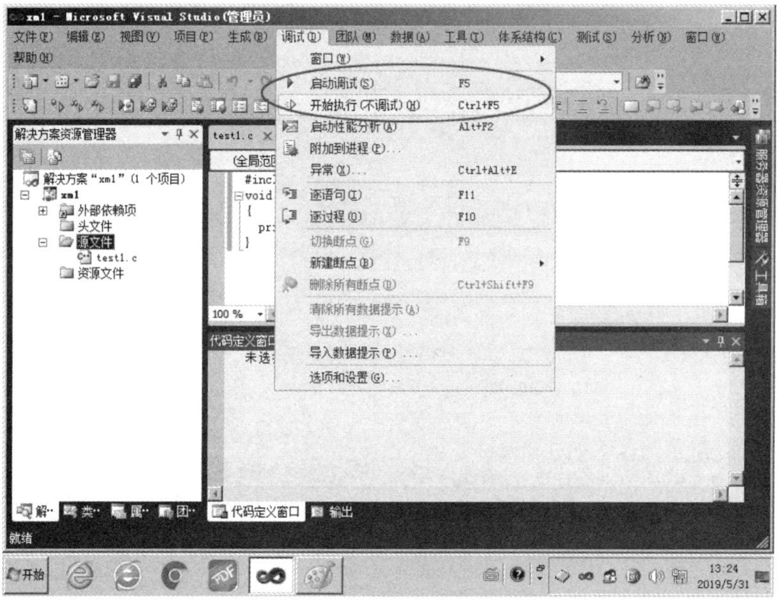

图 A.20 C 语言代码执行

图 A.21 getch();暂停语句的使用

【例 3】输入两个整数，输出较大的那个数。输入并运行程序，写出运行结果。

```
#include<stdio.h>
void main()
{
  int a,b,c;
  scanf("%d,%d",&a,&b);
  c=max(a,b);
  printf("max=%d",c);
  getch();
}
 int max(int x,int y)
{
  int z;
  if (x>y) z=x;
  else z=y;
  return(z);
}
```

这个程序的功能是对于任意输入的两个整数，输出较大的那个数。因此程序运行后，光标将停留在用户屏幕上，等待用户输入两个整数，比如输入“3,5”并回车，在屏幕上就会输出“max=5”。

【作业】

1. 输入并运行例题中的程序，熟悉调试 C 程序的方法与步骤。
2. 写出 C 程序的构成。
3. 参照例题，编写一个 C 程序，输出以下信息：

```
******************
*  Hello,World! *
******************
```

4. 编写一个 C 程序，输入 a,b,c 三个数，输出其中最大者。如果求 4 个数中的最大者，那么程序应该如何编写？

实验二　C 语言的基础知识

【目的与要求】

1. 掌握 C 语言的数据类型，熟悉如何定义一个整型、字符型、实型变量，以及对它们赋值的方法，了解以上类型数据输出时所用的格式转换符。

2. 学会使用 C 语言的有关算术运算符，以及包含这些运算符的表达式，特别是自加(++)和自减（--）运算符的使用。

3. 进一步熟悉 C 程序的编辑、编译、连接和运行的过程。

【上机内容】

【例 1】输入并运行如下程序，写出运行结果。

```
main()
{      char  c1,c2;
```

```
        c1=97;c2=98;
        printf("%c %c\n",c1,c2); getch();
    }
```

对照前面实验的程序，此处省略 #include<stdio.h>和 void 也是可以的，因为在扩展名为.c 的文件中（.cpp 不可以），printf 函数调用会自动去 stdio.h 文件中找到函数定义；void 省略时默认为 int ，没有语法错误。

1）加一个 printf 语句，

```
printf("%d,%d\n",c1,c2 );
```

并运行之。

2）将第二行改为

```
int c1, c2;
```

并运行之。

3）将第三行改为

```
c1=321; c2=322;
```

并运行之，再分析运行结果。

在该程序中，说明了字符型数据在特定情况下可作为整型数据处理，整型数据有时也可以作为字符型数据处理。

【例 2】 分析如下程序，写出运行结果，再输入计算机运行，将得到的结果与你分析得到的结果进行比较。

```
#include<stdio.h>
void main()
{  char c1='a',c2='b',c3='c',c4='\101',c5='\116';
   printf("a%c b%c\tabc\n",c1,c2,c3);
   printf("\t\b%c %c",c4,c5);
   getch();
}
```

在该程序中，主要考查对转义字符的掌握情况。

【例 3】 自增、自减运算符举例。分析如下程序，写出运行结果，再输入计算机运行，将得到的结果与你分析得到的结果进行比较。

```
#include<stdio.h>
void main()
{  int i,j,m,n;
   i=8; j=10;
   m=++i; n=j++;
   printf("%d,%d,%d,%d",i,j,m,n); getch();
}
```

分别做以下改动后，先分析写出运行结果，再运行程序进行比较。

1）将第五行改为

```
m=i++; n=++j;
```

2）将程序改为

```
#include<stdio.h>
void main()
{
  int i,j;
  i=8;j=10;
  printf("%d,%d",i++,j++); getch();
}
```

3）在 2）的基础上，将 printf 语句改为

```
printf("%d,%d", ++i,++j);
```

4）再将 printf 语句改为

```
printf("%d,%d,%d,%d",i,j,i++,j++);
```

5）将程序改为

```
#include<stdio.h>
void main()
{
  int i,j,m=0,n=0;
  i=8;j=10;
  m+= i++; n-=--j;
  printf("i=%d,j=%d,m=%d,n=%d",i,j,m,n);
 getch();
}
```

此程序主要考查自加、自减运算符及复合运算符的用法。

【作业】

1. 将“China”译成密码，密码规律是：用原来字母后面的第 5 个字符代替原来的字母。例如，字母“A”后面的第 5 个字母是“F”，用“F”代替“A”。因此，“China”应译为“Hmnsf”。请编写一个程序，用赋初值的方法使 c1,c2,c3,c4,c5 五个变量的值分别为 'C','h','i','n','a'，经过运算，使其分别变为'H','m','n','s','f'，并输出。查一下附录 D 中的 ASCII 码表，看一看“Y”应该由什么字符代替？
2. 求如下算术表达式的值。

   （1）x+a%3*(x+y)%2/4，设 x=2.5,a=7,y=4.7。

   （2）(float)(a+b)/2+(int)x%(int)y，设 a=2,b=3,x=3.5,y=2.5。

   先自己分析结果，再试着用程序求解，看得到的结果是否一致。
3. 写出如下表达式运算后 a 的值，设原来 a=10。设 a 和 n 已定义为整型变量。

   （1）a+=a　　　　（2）a-=2

   （3）a*=2+3　　　　（4）a/=a+a

   （5）a%=(n%=2)，n 的值等于 5　　　　（6）a+=a-=a*=a

   先自己分析结果，再试着用程序求解，看得到的结果是否一致。

实验三　简单的 C 程序设计

【目的与要求】

1. 理解 C 语言程序的顺序结构。
2. 掌握常用的 C 语言语句，熟练应用赋值、输入、输出语句。

【上机内容】

【例 1】 按格式要求输入/输出数据。

```
#include<stdio.h>
void main()
{
  int a,b;
  flost x,y;
  char c1,c2;
  scanf("a=%d,b=%d",&a,&b);
  scanf("%f, %e",&x,&y);
  scanf("&c &c",&c1,&c2);
  printf("a=%d,b=%d,x=%f,y=%f,c1=%c,c2=%c\n",a,b,x,y,c1,c2);
  getch();
}
```

运行该程序时，必须按如下方式在键盘上输入数据：

```
a=3,b=7 ↙
8.5,71.82 ↙
a  A ↙
```

请同学们写出输出结果。

【例 2】 输入三角形的三条边的长度（如 3、4、5），求三角形的面积。

```
#include<math.h>
#include<stdio.h>
void main()
{
  float a,b,c,s,area;
  scanf("%f,%f,%f",&a,&b,&c);
  s=1.0/2*(a+b+c);
  area=sqrt(s*(s-a)*(s-b)*(s-c));
  printf("area=%f",area); getch();
}
```

输入的 3 个边长数据是用空格隔开还是用逗号“,”隔开？为什么？如果采用空格、Tab 键或回车键隔开输入数据，那么应怎样修改程序？动手试一试。

【例 3】 已知圆的半径和圆柱体的高，求圆的周长和圆柱体的体积。

```
#include<stdio.h>
void main()
{
  float r,h,l,v,pi;
  pi=3.1415926;
```

```
  scanf("%f,%f",&r,&h);
  l=2*pi*r;
  v=pi*r*r*h;
  printf("圆的周长为：%6.2f\n",l);
  printf("%圆柱体的体积为：6.2f",v); getch();
}
```

如果程序中的 float 换成 double，程序还需要做哪些修改？动手试一下。

【例 4】输入一个摄氏温度，要求输出华氏温度，转换公式为 f=9/5*c+32。

```
#include<stdio.h>
void main()
{
  float  c,f;
  scanf("%f",&c);
  f=9.0/5*c+32;
  printf("%5.2f\n",c);  getch();
}
```

如果程序中的 9.0/5 写成 9/5，那么结果如何？应该怎样再修改程序？

【作业】

1. 已知半径 r=1.5，高 h=3，求圆的周长、面积，圆球的表面积、体积，圆柱体的体积。
2. 输入一个华氏温度，要求输出摄氏温度，转换公式为 c=5/9*(f-32)。

实验四　选择结构程序设计

【目的与要求】

1. 了解C语句表示逻辑量的方法（以 0 代表“假”，以 1 代表“真”）。
2. 学会正确使用逻辑运算符和逻辑表达式。
3. 熟练掌握 if 语句和 switch 语句。

【上机内容】

【例 1】已知三个数 a,b,c，找出最大值并放到 max 中。

分析：定义变量时，要定义 4 个整型变量 a,b,c 和 max，a,b,c 是任意输入的三个数，max 用来存放最大值。第一次比较 a 和 b，把大数存入 max，因为 a,b 都可能是大值，所以用 if 语句的 if-else 形式。第二次比较 max 和 c，把最大数存入 max，用 if 语句的第一种形式，即 if 形式。max 即为 a,b,c 中的最大值。

```
#include<stdio.h>
void main()
{
  int a,b,c,max;              /*定义 4 个整型变量*/
  scanf("a=%d,b=%d,c=%d",&a,&b,&c);
  if (a>=b)
    max=a;                    /*a>=b*/
  else
    max=b;                    /*a<b*/
  if (c>max)
```

```
    max=c;                    /*c 是最大值*/
  printf("max=%d",max);
}
```

注意：从实验四开始，后面的所有例子中，主函数体最后的暂停语句 getch();一律省略，上机时可以根据上机环境决定是否需要添加。

输入下列数据，分析程序的执行顺序并写出运行结果。

（1）a=1,b=2,c=3

（2）a=2,b=1,c=3

（3）a=3,b=2,c=1

（4）a=3,b=1,c=2

（5）a=3,b=3,c=2

（6）a=2,b=1,c=2

【例 2】输入某学生的成绩，经处理后给出学生的等级，等级分类如下：90 分以上（包括 90）：A；80～90 分（包括 80）：B；70～80 分（包括 70）：C；60～70 分（包括 60）：D；60 分以下 E。

方法一：用 if 嵌套。

分析：

由题意可知，如果某学生的成绩在 90 分以上，那么等级为 A；否则，如果成绩大于 80 分，那么等级为 B；否则，如果成绩大于 70 分，那么等级为 C；否则，如果成绩大于 60 分，那么等级为 D；否则，如果成绩小于 60 分，那么等级为 E。然而，当我们输入成绩时，也可能输错，出现小于 0 或大于 100 的情形，这时也要做处理，即输出出错信息。因此，再用 if 嵌套前，应先判断输入的成绩是否在 0～100 之间。

```
#include<stdio.h>
void main()
{
 int  score;
 char  grade;
 printf("\nPlease input a student score:");
 scanf("%d",&score);
 if(score>100||score<0)
  printf("\ninput error!\n ");
 else
  { if(score>=90)
     grade='A';
    else
      { if(score>=80)
         grade='B';
       else
        {if(score>=70)
           grade='C';
         else
           { if(score>=60)
              grade='D';
             else
```

```
grade='E';
            }
        }
}
  printf("the student grade:%c\n",grade);
 }
}
```

输入测试数据，调试程序。测试数据要覆盖所有路径，注意临界值。例如，此题中的 100 分、60 分、0 分以及小于 0 和大于 100 的数据。

想一想程序内部的三层{}是否可以去掉？再去掉第四层{}试试，如果输入-28，那么结果会如何？分析原因。

方法二：用 switch 语句。

分析：

switch 语句是用于处理多分支的语句。注意，case 后的表达式必须是一个常量表达式，所以在使用 switch 语句之前，必须把 0～100 之间的成绩分别化成相关的常量。A 类（除 100 外）、B 类、C 类、D 类成绩的共同特点是十位数相同，且都是 E 类。由此可把 score 除 10 后取整，化为相应的常数。

```
#include<stdio.h>
void main()
{
int g,s;
char ch;
printf("\ninput a student grade:");
scanf("%d",&g);
s=g/10;
if(s<0||s>10)
 printf("\ninput error!");
else
  { switch (s)
    { case 10:
     case 9:  ch='A';  break;
     case 8:  ch='B';  break;
     case 7:  ch='C';  break;
     case 6:  ch='D';  break;
     default: ch='E';
     }
    printf("\nthe student scort:%c",ch);
 }
}
```

输入测试数据，像方法一那样调试程序并写出结果。

【例 3】对于函数

$$y=\begin{cases}x, & x<1\\ 2x-1, & 1\leqslant x<10\\ 3x-11, & x\geqslant 10\end{cases}$$

用 scanf 函数输入 *x* 的值，求 *y* 值。

分析：*y* 是一个分段表达式，要根据 *x* 的不同区间来计算，所以应使用 if 语句。

```
#include<stdio.h>
void main()
{
    int x,y;
    printf("Please input x :");
    scanf("%d",&x);
    if (x<1)
        {y=x; printf("y=%d\n",y);}
    else if (x<10)
        { y=2*x-1; printf("y=%d\n",y);}
    else
        {y=3*x-11; printf("y=%d\n",y);}
}
```

如何修改这个程序，使之更简洁？

【作业】

1. C 语言如何表示“真”与“假”？系统如何判断一个量的“真”与“假”？
2. 写出如下逻辑表达式的值，设 a=3,b=4,c=5。
   （1）a+b>c&&b==c
   （2）a||b+c&&b-c
   （3）!(a>b)&&!c||1
   （4）!(x=a)&&(y=b)&&0
   （5）!(a+b)+c-1&&b+c/2
3. 有 3 个整数 a,b,c，由键盘输入，输出其中最大的数。
4. 给一个不多于 5 位的正整数：求它是几位数；分别输出每位数字；按逆序打出各位数字，例如原数为 321，则应输出 123。
5. 输入 4 个整数，要求按由小到大的顺序输出。

实验五　循环结构程序设计

【目的与要求】

熟练掌握 while、do-while 和 for 三种循环语句的应用。

【上机内容】

【例 1】 求阶乘 5!。

```
#include<stdio.h>
void main()
{   int n,t;
  n=1;
  t=1;
  while(t<=5)
  {
    n=n*t;
```

```
    t=t+1;
  }
  printf("%d\n",n);
}
```

【例2】求1到100之间能同时被2、3、5整除的数及它们的和。

```
#include<stdio.h>
void main()
{  int s=0,i;
   for(i=1;i<=100;i++)

       if(i%2==0 && i%3==0 && i%5==0)
           { printf("%3d",i);
             s+=i;
           }
   printf("\n%d\n",s);
}
void main()
{  int n,s=0,t=1;
   for(n=1;n<=3;n++)
   {
        t=t*n;
        s=s+t;
   }
   printf("%d\n",s);
}
```

【例3】求1到100之间的奇数之和。

```
#include<stdio.h>
void main()
{  int s=0,i;
   for(i=1;i<100;i=i+2)
      s=s+i;
   printf("%d\n",s);
}
```

【例4】求和 $s=3+33+333$。

```
#include<stdio.h>
void main()
{  int s=0,t=3,i;
   for(i=1;i<=3;i++)
   {
      s=s+t;
      t=10*t+3;
      }
   printf("%d",s);
}
```

【例 5】求数列 2/1, 3/2, 5/3, 8/5,…前 10 项之和。规律：后一项分母是前一项分子，后一项分子是前一项分子与分母的和。

```
#include<stdio.h>
void main()
{  int n,t;
   float a=2,b=1,s=0;
   for(n=1;n<=10;n++)
   {
      s=s+a/b;
      t=a;
      a=a+b;
      b=t;
   }
   printf("%f\n",s);
}
```

【例6】打印 100～999 之间的所有“水仙花数”。“水仙花数”是一个三位数，其各位数的立方和等于该数本身，如 $153 = 1^3 + 5^3 + 3^3$。在这一区间内，共有 4 个水仙花数。

```
#include<stdio.h>
void main()
{  int i,j,k,n;
   for(n=100;n<=999;n++)
   {
      i=n%10;
      j=n/10%10;
      k=n/100%10;
      if(n==i*i*i+j*j*j+k*k*k)
         printf(" %d\n",n);
   }
}
```

【例 7】一个数如果恰好等于它的因子之和，那么这个数就称为完数。求 100 之内的所有完数。

```
#include<stdio.h>
void main()
{   int n,s,j;
    for(n=1;n<=100;n++)
    {
      s=0;
      for(j=1;j<n;j++)
        if (n%j==0)
          s=s+j;
      if (s==n)
      printf("%d\n",s);
    }
}
```

【例 8】用辗转相除法求两个数的最大公约数。

算法分析：

① 随机输入两个正整数 m 和 n。

② 若 n 为 0，则 m 为最大公约数，转入③；否则，使 k 的值为 m 除以 n 的余数，这时 m 和 n 的最大公约数等于比它们小一点的 n 和 k 的最大公约数；于是，n 和 k 的值赋给 m 和 n，重复②。

③ 输出最大公约数 m，程序结束。

```
#include<stdio.h>
void main()
{  int m,n,k;
   printf("Enter two numbers:");
   scanf("%d,%d",&m,&n);
   if(m>0 && n>=0)     /*限定两个正整数*/
   {
      while(n>0)
      {
         k=m%n;
         m=n;
         n=k;
      };               /*循环取余求出最大公因子*/
      printf("The greatest common divistor is:%d\n",m);
}
else printf("Nonpositive values not allowed\n");
}
```

【例 9】用牛顿迭代求方程 $2x^3-4x^2+3x-6=0$ 在 1.0 附近的根。

```
#include<math.h>
#include<stdio.h>
void main()
{  float x,x0,f,f1;
   x=1.0;
   do
   { x0=x;
    f=((2*x0-4)*x0+3)*x0-6;
    f1=(6*x0-8)*x0+3;
    x=x0-f/f1;
   }
   while(fabs(x-x0)>=1e-5);
   printf("%6.2f\n",x);
}
```

【例 10】打印如下图案。

```
   *
  ***
 *****
*******
```

```
#include<stdio.h>
```

```
void main()
{   int i,j;
   for(i=1; i<=4;i++)
     {for(j=1;j<= 4-i;j++)
        printf(" ");
     for(j=1;j<=2*i-1;j++)
        printf("*");
      printf("\n");
   }
}
```

【例 11】 判断 m 是否是素数。

```
#include<math.h>
#include<stdio.h>
void main()
{
 int m,i,k;
 scanf("%d",&m);
 k=sqrt(m+1);
 for(i=2;i<=k;i++)
    if (m%i==0)
      break;
 if(i>=k+1)
  printf("%d is a prime number\n",m);
else
 printf("%d is not a prime number\n",m);
}
```

【作业】

1. 输入两个正整数 m 和 n，求其最大公约数和最小公倍数。
2. 求 $s_n = a + aa + aaa + \underbrace{aa\cdots a}_{n个}$ 之值，其中 a 是一个数字。例如，2 + 22 + 222 + 2222 + 22222（此时 $n = 5$），n 由键盘输入。
3. 求和 $1! + 2! + 3! + 4! + \cdots + 20!$（该数较大，需要用 float 或 duoble 类型）。
4. 求 1~100 之间的偶数之和。
5. 一个数若恰好等于它的因子之和，则这个数就称为完数。求 1000 之内的所有完数。
6. 求数列 2/1, 3/2, 5/3, 8/5,…的前 20 项之和。
7. 计算公式 $s = 1 + \frac{1}{2^2} + \frac{1}{3^2} + \cdots + \frac{1}{n^2}$ 的值。
8. 用牛顿迭代法求方程 $2x^3 - 4x^2 + 3x - 6 = 0$ 在 1.5 附近的根。
9. 打印如下图案。

```
*
***
*****
***
*
```

实验六　一维数组

【目的与要求】

1. 掌握一维数组的定义、赋值和输入/输出的方法。
2. 掌握字符数组的使用。
3. 掌握与数组有关的算法（如排序算法）。

【上机内容】

【例 1】在键盘上输入 *N* 个整数，试编写程序使该数组中的数按照从小到大的顺序排列。

分析：C 语句中，数组的长度必须是确定大小的，即要指定 *N* 的值。排序的方法有多种，我们取出其中两种作为参考。

方法一：起泡排序。

从第一个数开始依次对相邻两数进行比较，如次序对则不做任何操作；如次序不对则使这两个数交换位置。第一遍的 *N*-1 次比较后，最大的数已放在最后，第二遍只需考虑 *N*-1 个数，以此类推，直到第 *N*-1 遍比较后就可以完成排序。

源程序如下：

```
#definc N 10
#include<stdio.h>
void main()
{
int a[N],i,j,temp;
printf("please input %d numbers\n",N);
for(i=0;i<N;i++)
    scanf("%d",&a[i]);
for(i=0;i<N-1;i++)
    for(j=0;j<N-1-i;j++)  /*这里的“-i”要出现，因为一轮冒泡 i 值增大 1，终点减小 1*/
    {
        if(a[j]>a[j+1])
        {
            temp=a[j];
            a[j]=a[j+1];
            a[j+1]=temp;
        }
    }
printf("the array after sort:\n");
for(i=0;i<N;i++)
  printf("%5d",a[i]);
}
```

方法二：选择排序。

首先找出值最小的数，然后把这个数与第一个数交换，这样值最小的数就放到了第一个位置；然后，在从剩下的数中找值最小的，把它和第二个数互换，使得第二小的数放到第二个位置。以此类推，直到所有的值按从小到大的顺序排列为止。

```
#include<stdio.h>
#define N 10
```

```
void main()
{
  int a[N],i,j,r,temp;
  printf("please input %d numbers\n",N);
  for(i=0;i<N;i++)
    scanf("%d",&a[i]);
  for(i=0;i<N-1;i++)
  { r=i;
    for(j=i+1;j<N;j++)
      if(a[j]<a[r])
        r=j;
      if(r!=i)
      {
        temp=a[r];
        a[r]=a[i];
        a[i]=temp;
      }
    }
  printf("the array after sort:\n");
  for(i=0;i<N;i++)
      printf("%5d",a[i]);
  printf("\n");
}
```

【例 2】某青年歌手参加歌曲大奖赛，有 10 名评委对她的表演打分。编程求这位歌手的平均得分（去掉一个最高分和一个最低分）。

分析：这道题的核心是排序。将评委所打的 10 个分数利用数组按增序（或降序）排列，计算数组中除第一个和最后一个分数外的分数的平均分，其中排序部分这里采用选择法实现。

```
#include<stdio.h>
void main()
{
    int i,j,min;
    float temp,ave=0;
    float a[11];
    printf("\n 输入评委所打的分数：\n");
    for(i=1;i<=10;i++)
      scanf("%f",&a[i]);
    for(i=1;i<=9;i++)
      {min=i;
      for(j=i+1;j<=10;j++)
        if(a[min]>a[j])
      min=j;
      temp=a[i];
      a[i]=a[min];
      a[min]=temp;
      }
```

```
  for(i=2;i<=9;i++) /*注意 i 值的变化范围*/
    ave=ave+a[i];
  printf("选手所得最后分数：%6.1f",ave/8);
  printf("\n");
}
```

【例 3】输入一串字符，计算其中空格的个数。

```
#include<stdio.h>
void main( )
{char c[30];
int i,sum=0;
gets(c);
for(i=0;i<strlen(c);i++)
  if(c[i]==' ') sum=sum+1;
printf("空格数为：%d \n",sum);
}
```

如果把 i<strlen(c)换成 c[i]!='\0'或 c[i]，那么结果是一样的，改一下看看，分析原因。

【作业】

1. 将一个数组中元素的值按逆序重新存放。例如，原来的顺序为 8, 6, 5, 4, 1，要求改为 1, 4, 5, 6, 8。
2. 有一个已排好序的数组，今输入一个数，要求按原来排序的规律把它插入数组。
3. 有 15 个数按由小到大的顺序存放在一个数组中，输入一个数，要求用折半查找法找出该数是数组中第几个元素的值。如果该数不在数组中，那么打印“无此数”。
4. 编写一个程序，将两个字符串连接起来，不要用 strcat 函数。

实验七　二维数组

【目的与要求】

1. 掌握二维数组的定义、赋值和输入/输出的方法。
2. 掌握字符数组的使用。
3. 掌握与数组有关的算法（如排序算法）。

【上机内容】

【例 1】将一个 3×4 矩阵存入二维数组，要求输出其中值最大的元素所对应的行下标和列下标以及该元素。

```
#define M 3
#define N 4
main( )
{int max,i,j,r,c;
static int a[M][N]={{123,94,-10,218},{3,9,10,-83},{45,16,44,-99}};
max=a[0][0];r=c=0;
for(i=0;i<M;i++)
  for(j=0;j<N;j++)
```

```
    if ( a[i][j]>max)
        {max= a[i][j];r=i;c=j;}
printf("max=%d , row =%d , colum=%d \n",a[r][c] , r, c);
}
```

【例 2】打印以下图案。

```
* * * * *
* * * * *
* * * * *
* * * * *
* * * * *
#include<stdio.h>
void main()
{char a[5]={'*','*','*','*','*'};
int i,j,k;
char space=' ';
for(i=0;i<5;i++)            /* 输出 5 行 */
  {printf("\n");            /* 输出每行前先换行* /
   printf(" ");             /* 每行前面留 5 个空格 */
   printf("%c",space);      /* 每行再留 1 个空格*/
   for ( k=0;k<5;k++)
         printf("%c",a[k]); /*每行输入 5 个*号 */
   }
}
```

【例 3】求矩阵下三角形元素之和。

```
#define N 5
#include<stdio.h>
void main()
{int i,j,sum=0;
int a[N][N]={1,2,3,4,5,6,7,8,9,10,11,12,13,14,15,16,17,18,19,20,21,22,23,24,25};
printf("output 5×5 data:\n");
for(i=0;i<N;i++)
    {for(j=0;j<N;j++)
        printf("%5d",a[i][j]);
    printf("\n");
}
for(i=0;i<N;i++)
    for(j=0;j<=i;j++)
        sum=sum+a[i][j];
printf("sum=%d\n",sum);
}
```

想一想，如果求上半角之和，那么该如何修改程序？

【作业】

1．求一个 3×3 矩阵的对角线元素之和。

2．打印如下的杨辉三角形（要求打印出 10 行）。

1
1 1
1 2 1
1 3 3 1
1 4 6 4 1
1 5 10 10 5 1
……

3．有一篇文章，共有3行文字，每行有80个字符。要求分别统计其中英文大写字母、小写字母、数字、空格及其他字符的个数。

实验八　函数

【目的与要求】

1．掌握C语言函数的定义方法、函数的声明及函数的调用方法。

2．了解主调函数和被调函数之间的参数传递方式。

【上机内容】

【例1】 上机调试下面的程序，记录系统给出的出错信息，并指出出错原因。

```
#include<stdio.h>
void main()
{
  int x,y;
  scanf("%d,%d",&x,&y);
  printf("%d\n",sum(x+y));
}

int sum(int a,int b);
{
  return(a+b);
}
```

【例2】 编写一个函数，转置给定的一个二维数组（4×4），即行列互换。

```
/*矩阵的转置*/
#define N 4
#include<stdio.h>
void convert(int a[N][N])
{
int i,j,t;
for (i=0;i<N;i++)
  for (j=i+1;j<N;j++)
  {
    t=a[i][j]; a[i][j]=a[j][i]; a[j][i]=t;
  }
}

void main()
{
```

```
int i,j;
int array[N][N]={1,2,3,4,5,6,7,8,9,10,11,12,13,14,15,16};
printf("\n 数组是: \n");
for (i=0;i<N;i++)
    {
      for (j=0;j<N;j++)
    printf("%5d",array[i][j]);
printf("\n");
}
convert(array);
printf("转置数组是: \n");
for (i=0;i<N;i++)
  {
    for (j=0;j<N;j++)
        printf("%5d",array[i][j]);
    printf("\n");
  }
}
```

运行结果：

本例用数组作为函数参数，因此要注意数组作为函数参数时的用法。

【例 3】 编写两个函数，分别求两个正数的最大公约数和最小公倍数，用主函数调用这两个函数并输出结果。两个正数由键盘输入。

```
#include<stdio.h>
hcf(int u, int v)
{
int r;
while(v)
    {
    r=u%v;u=v;v=r;
    }
return(u);
}
lcd(int u, int v, int h)
    {
    return(u*v/h);
    }
void main()
{
```

```
  int u,v,h,l;
  scanf("%d,%d",&u,&v);
  h=hcf(u,v);
  printf("H.C.F=%d\n",h);
  l=lcd(u,v,h);
  printf("L.C.D=%d\n",l);
}
```

这是一个十分典型的算法，因此一定要认真分析、学习。

【例4】编写一个函数，用“起泡法”对输入的80个字符按由小到大的顺序排序。

```
/*起泡法排序*/
#define N 80
char str[N];
#include<stdio.h>
void main()
{
     int i;
     for (;;)
     {
       printf("\n输入字符串，长度≤80：\n");
       gets(str);
       if (strlen(str)>N)
         printf("超过长度，请重输！");
       else
         break;
     }
     sort(str);
     printf("\n排序结果：");
     for (i=0;str[i];i++)
       printf("%c",str[i]);
}

sort(char str[N])
{
   int i,j,n;
   char t;
   n=strlen(str);
   for (j=0;j<n-1;j++)
     for (i=0;i<n-j-1;i++)
        if (str[i]>str[i+1])
     {
          t=str[i]; str[i]=str[i+1]; str[i+1]=t;
     }
}
```

输入和输出结果（注意，大写字母小于小写字母）：

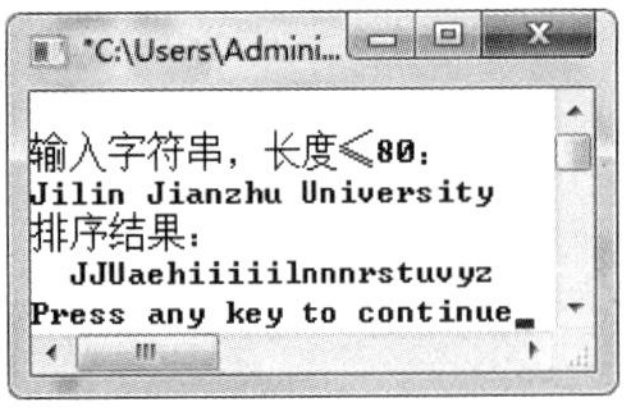

【例 5】写一个判断素数的函数，在主函数输入一个整数，输出它是否为素数的信息。

```
mian()
{
  int number;
  printf("请输入一个正整数：\n");
  scanf("%d",&number);
  if (prime(number))
      printf("\n %d 是素数.",number);
  else
    printf("\n %d 不是素数.",number);
}

int prime(int  number)   /*此函数用于判别素数*/
  {
   int  n;
   for(n=2;n<number/2;n++)
       if (number % n==0) return 0;
   return  1;
   }
```

程序中有一处明显的语法错误，调试时会提示主函数未找到，请找到它并改正。

判断素数的算法我们在前面学习循环时就已了解，这里仅把该算法用函数的形式表示出来，注意函数定义、声明的方法和格式。

【作业】

1. 用函数的递归调用求 1 到 100 的和。
2. 定义一个函数，其功能是计算 n 名学生的成绩中高于平均成绩的人数，并作为函数值用主函数来调用它，统计 10 名学生的成绩中高于平均成绩的人数。
3. 先编写一个对 n 个数据从大到小排序的 C 函数，再编写一个计算最后得分的 C 函数，计算方法是：去除一个最高分，去除一个最低分，其余的平均分为参赛选手的最后得分。在主函数中调用它们对有 n 个评委评分、m 个选手参赛的最后得分，从大到小排序输出。
4. 编写一个函数，用主函数调用它，使之输出 7 阶杨辉三角形，杨辉三角形是二项展开式 $(a+b)n$ 的系数，共有 $n+1$ 项，$n=0, 1,\cdots$。杨辉三角形在数学上具有重要的意义。

```
1
1  1
1  2  1
1  3  3  1
1  4  6  4  1
1  5  10  10  5  1
1  6  15  20  15  6  1
1  7  21  35  35  21  7  1
```

5. 编写一个程序，包括主函数和如下子函数。

（1）输入 10 个无序的整数。

（2）用起泡法从大到小排序。

（3）要求输入一个整数，用折半查找法找出该数，若存在，则在主函数中输出其所处的位置；否则，插入适当的位置。

分析：使用 input 函数完成 10 个整数的录入，使用 sort 函数完成起泡法排序，使用 search 函数完成输入数的查找。

实验九　文件

【目的与要求】

1. 掌握文件和文件指针的概念及文件的定义方法。
2. 了解文件打开和关闭的概念与方法。
3. 掌握有关文件的函数。

【上机内容】

【例 1】 对 data.dat 文件写入 10 条记录。

```
#include<stdio.h>
void main()
{FILE *fp;
  int i;
  float x;
  fp=fopen("data.dat","w");
  for(i=1;i<=10;i++)
  {scanf("%f",&x);
   fprintf(fp,"%f\n",x);
  }
 fclose(fp);
}
```

【例 2】 文件 cj.dat 中存放了 50 个人的成绩（英语、计算机、数学），存放格式为：每人一行，成绩之间由逗号分隔。计算 3 门课的平均成绩，统计个人平均成绩大于等于 90 分的学生人数。

```
#include<stdio.h>
void main()
{FILE *fp;
int num;
float x,y,z,s1,s2,s3;
fp=fopen("cj.dat","r");
{fscanf(fp,"%f,%f,%f",&x,&y,&z);
s1=s1+x;
s2=s2+y;
s3=s3+z;
if((x+y+z)/3>=90)
num=num+1;
```

```
}
printf("分数大于等于 90 的人数为: %.2d",num);
fclose(fp);
}
```

【例 3】统计上题 cj.dat 文件中每名学生的总成绩，并将原有数据和算出的总分数存放在磁盘文件 stud 中。

```
#include<stdio.h>
void main()
{
FILE *fp1,*fp2;
float x,y,z;
fp1=fopen("cj.dat","r");
fp2=fopen("stud","w");
while(!feof(fp1))
{
  fscanf (fp1,"%f,%f,%f",&x,&y,&z);
  printf("%f,%f,%f,%f\n",x,y,z,x+y+z);
  fprintf(fp2,"%f,%f,%f,%f\n",x,y,z,x+y+z);
}
fclose(fp1);
fclose(fp2);
}
```

【作业】

1. 有 5 名学生，每名学生有 3 门课程的成绩，从键盘输入以上数据（包括学号、姓名、3 门课程的成绩），计算平均成绩，将原有数据和算出的平均分数存放到磁盘文件 stud 中。
2. 将上题 stud 文件中的学生数据按平均分进行排序处理，将已排序的学生数据存放到新文件 stu_sort 中。

实验十　综合练习

【目的与要求】

1. 要求学生能够运用所学的基础语法知识和基本编程技能进行综合练习。
2. 独立完成模拟试题。

模拟试题一

一、选择题

1. 设 x,y 为 float 型变量，则下列（　）为不正确的赋值语句。

   A. ++x　　B. y=(float)3;　　C. x=y=0;　　D. x*=y+8;

2. 若 x 为 int 变量，则执行下列语句后 x 的值为（　）。

```
x=65535;
printf("%d\n",x);
```

   A. 65535　　B. 1　　C. 无定值　　D. -1

3. 下面的（　）是不正确的转义符。

A. '\t'　　B. '\a'　　C. '\081'　　D. '\n'

4. 在 C 语言中，char 类数据在内存中是以（　）形式存储的。

A. 原码　　B. 反码　　C. 补码　　D. ASCII 码

5. 以下变量名（　）是合法的。

A. break　　B. $123　　C. lotus_2_3　　D. <temp>

6. 判断 char 型变量 c1 是否为小写字符的最简单且正确的表达式是（　）。

A. 'a'<=c1<='z'　　B. (c1<=a)&&(c1<=z)

C. ('A'<=c1)&&('Z'>=c1)　　D. (c1>='a')&&(c1<='z')

7. 在 VC++ 2010 语言环境中，int,char,float 所占用的内存（　）。

A. 均为 2 字节　　B. 由用户自己定义

C. 分别为 4, 1, 4　　D. 2, 2, 4

8. while(!x)中!x 与下面的条件（　）等价。

A. x==0　　B. x==1

C. x!=1　　D. x!=0

9. 以下不是无限循环的语句为（　）。

A. for (y=0,x=1;x>=++y;x++);　　B. for (;;x++);

C. while (1) { x++;}　　D. for (i=10;i;i--) sum+=i;

10. 若有以下语句，则下面（　）是正确的描述。

```
char x[]="12345";
char y[]={'1','2','3','4','5'};
```

A. x,y 完全相同　　B. x,y 完全不相同

C. x 数组长度小于 y 数组长度　　D. x,y 字符串长度相等

11. 为了判断两个字符串 s1 和 s2 是否相等，应当使用（　）。

A. if (s1==s2)　　B. if (s1=s2)

C. if (strcpy(s1,s2))　　D. if (strcmp(s1,s2)==0)

12. C 程序中函数返回值的类型由（　）决定。

A. return 语句中的表达式类型　　B. 调用该函数的主调函数类型

C. 调用函数时临时　　D. 定义函数时所指定的函数类型

13. 若 int t, a=5,b=6,w=1,x=2,y=3,z=4，则经过 t=(a=w>x)&&(b=y>z)计算后变量 t,a,b 的值分别为（　）。

A. 0,0,0　　B. 0,0,6

C. 1,0,0　　D. 1,0,6

14. 若变量 grade 的值为 1，则运行下列程序段后，输出结果为（　）。

```
switch(grade)
{ case 1:printf("a\n");
case 2:printf("b\n");
case 3:printf("c\n");
}
```

A. a
b
c　　B. a　　C. abc　　D. ab

二、写出下列程序的运行结果

1.

```
#include<stdio.h>
void main()
{
    int i,j,k;
    char space=' ';
    for(i=0;i<=5;i++)
  {
    for (j=i;j<=i;j++)
      printf("%c",space);
    for (k=0;k<=5;k++)
      printf("%c",'*');
    printf("\n");
  }
}
```

2.

```
#include<stdio.h>
void main()
{
  int n=0;
  while(n++<=2)
    printf("%d\t",n);
  printf("%d\n",n);
}
```

3.

```
#include<stdio.h>
void main()
{
  int a[3][3]={1,2,3,4,5,6,7,8,9};
  int i,j,t;
  for (i=0;i<3;i++)
    for (j=0;j<3;j++)
            {t=a[i][j];
        a[i][j]=a[j][i];
        a[j][i]=t;}
  for (i=0;i<3;i++)
  { for(j=0;j<3;j++)
       printf("%4d ",a[i][j]);
  printf("\n");
  }
}
```

4.

```
#include<string.h>
#include<stdio.h>
```

```
void main()
{
    char string1[20]="abcd";
    char string2[]="\\cd\t";
    strcat(string1,string2);
    printf("%d",strlen(string1));
}
```

5.

```
#include<stdio.h>
void main()
{
  int count,sum,x;
  count=sum=0;
  do { scanf("%d",&x);
       if (x%2!=0) continue;
       count++; sum+=x;
     }while (count<5);
  printf("sum=%d",sum);
}
```

假设输入的数据为

3 6 -2 9 10 11 8 12

三、编程

1. 编写一个程序，输入一个字符串，按反序存放后再输出该字符串。
2. 编写一个程序，分别统计从键盘上输入的字符串中，小写字符的个数、数字字符的个数和其他字符的个数。输入的字符串以“!”作为结束标记。
3. 编写一个程序，求 4 个数中的最大数（要求用函数实现）。
4. 青年歌手参加歌曲大奖赛，有 5 名评委对她的表现进行打分，试编程求这位歌手的平均得分（去掉一个最高分和一个最低分）。
5. 编程求 3～100 之间的所有素数及其个数。
6. 已知在一个 ASCII 码文件 stud.dat 中，有 10 名学生的记录，每条记录有 4 项数据，第 1 项为学号（int 型），第 2、3、4 项为成绩（float 型）。编写一个程序，从该文件中读出这些学生的数据，计算每名学生的平均成绩，然后将原有数据和算出的平均成绩写入另一个 ASCII 码文件 aver.dat。

模拟试题二

一、选择题

1. 以下几个语句执行后，i,j,k 的值分别为（　）。

```
int i,j,k;
i=j=0;
k=1;
if (i>j?(j--):(i--)) k++;
```

A. 1,9,1　　B. 1,0,2　　C. -1,0,1　　D. 0,0,2

2.

```
int i=0,j=0;
int a=2,b=4,c=5,d=6;
```

表达式(i=a-b)&&(j=c-d)的执行结果是（ ）。

A. 1　　B. 0　　C. -2　　D. -1

3. 若给定条件表达式(m)?(a++):(a--)，则表达式 m（ ）。

A. 等价于(m==0)　　B. 等价于(m==1)

C. 等价于(m!=0)　　D. 等价于(m!=1)

4. 下列程序运行结束后，n 的值为（ ）。

```
n=2;
do { n=n+n;
n--;
} while (n<20);
```

A. 21　　B. 22　　C. 33　　D. 24

5. 已知数组 a[3][4]，若给 a[1][2]赋值 5，则下列操作正确的是（ ）。

A. a=5　　B. *a[1]=5　　C. a[2]={0,5,3,4}　　D. *(a[1]+2)=5

6. 文件包含的含义是（ ）。

A. 定义常量　　B. 将被包含的文件内容插入包含的位置再统一编译

C. 引入已说明的函数　　D. 引入标准函数

7. 以下变量命名合法的是（ ）。

A. M.john　　B. $123　　C. int1_2_3　　D. <temp>

8. 下面关于"A"的说法中，正确的是（ ）。

A. 它代表一个字符常量　　B. 它代表一个字符串常量

C. 它代表一个字符 a　　D. 它代表一个变量

9. 以下语句执行后，变量 c 的结果是（ ）。

```
int a=7,b=2;
float c;
c=a/b;
```

A. 3.5　　B. 3　　C. 3.0　　D. 1

10. 设定如下变量：

```
int i;
float f;
double d;
long int e;
```

则表达式 5+'b'+i*f-d/e-'a'的结果是（ ）。

A. 实型　　B. 长整型　　C. 整型　　D. 双精度型

11. 以下不正确的定义语句是（ ）。

A. double x[5]={2.0,4.0,6.0,8.0,9.0};

B. int y=[5]={0,1,3,5,7,9};

C. char c1[ ]={'1','2','3','4','5'};

D. char c2[ ]={'\x10','\x1','\x8'};

12. 以下（ ）不是 C 语言的赋值语句。

A. int a=1,b=3;　　B. i++;

C. a=b=5;　　D. y=int(i);

13. 以下（　）不是无限循环语句。

A. for (y=0,x=0;x>=++y;x++);

B. for (x=1;;x++);

C. x=15; while (x>10) x++;

D. for (i=10;i>5;i--) sum+=i;

二、写出下列程序的运行结果

1.

```
#include<stdio.h>
void main()
{
int i;
for (i=1;i<=5;i++)
{ if (i%2)
       printf("*");
else
       continue ;
 printf("#");
}
printf("$\n");
}
```

2.

```
#include<stdio.h>
void main()
{
int i;
void function( );
for (i=0;i<3;i++)
  function( );
}
void function( )
{
  int i=1,j=1;
  static int k=1;
  i++;j++;k++;
  printf("%d,%d,%d",i,j,k);
}
```

3.

```
float x=1.0,y=2.0,z;
#include<stdio.h>
void main()
{
  double fun(void);
  z=fun();
  printf("%f,%f,%f\n",x,y,z);
```

```
}
double fun( )
{
  int y,z;
  x=y=z=3.0;
  return(x+y+z);
}
```

4.

```
#include<stdio.h>
void main()
{
  int i=1,k=0;
  while (i--) k=k+k;
  printf("k=%d\n",k);
}
```

5.

```
#include<stdio.h>
void main()
{
  int i,sum;
  i=1;
  for(sum=1;i<=5;i++,sum--)
    sum*=sum;
  printf("%d",sum);
}
```

三、编程

1. 设有一个字符串“This is a computer”，编程求字符“i”首次出现的位置。）
2. 编程求 3×3 二维数组中的最大元素及其所在的行、列位置。
3. 编写程序，计算并输出级数 $s=1\times2-2\times3+3\times4-4\times5+\cdots$ 的和，当某项的乘积大于 999 时结束运算。
4. 如下所示，有一个由 9 名学生、每名学生 8 个数据组成的二维数据表。编写程序，将学生的总成绩按降序（由大到小）排列，计算并输出总分第二名学生的平均成绩。

姓名	学号	年龄	政治	语文	数学	计算机	体育	总分
李明	1	19	81	89	99	98	87	
张力	2	16	89	90	95	80	90	
王英	3	17	91	77	88	95	78	
赵锐	4	18	79	84	95	93	96	
周密	5	15	95	92	98	99	93	
吴川	6	17	78	88	85	86	80	
孙康	7	14	91	85	94	82	88	
郑重	8	15	90	92	94	90	95	
胡琴	9	16	75	85	87	94	90	

5. 已知在正文文件 da1.dat 中，每条记录只有两项数据：第一项为一整数，表示学生的学号，第二项为形如 xx.x 的一个实数。试统计并向文件 t2.dat 输出 60 分以上(含 60 分）的人数占总人数的比例。

模拟试题三

一、选择题

1. sizeof(float)是（　）。
   A. 一个双精度表达式　B. 一个表达式
   C. 一种函数调用　D. 一个不合法的表达式
2. 使用字符串函数时，必须将（　）头文件包含在主程序中。
   A. stdio.h　B. string.h　C. math.h　D. stdlib.h
3. 下面关于'\\'的说法中，不正确的是（　）。
   A. 转义字符　B. 起换行作用
   C. 能用于输出语句　D. 也能用于打印机
4. C 程序是由（　）构成的。
   A. 数据文件　B. 文本文件
   C. 函数　D. 主函数
5. 下列关于函数的说法中，（　）是错误的。
   A. 可以单独执行
   B. 可以嵌套调用
   C. 可以定义在主函数之前或之后
   D. 数组可以作为函数的参数
6. 一般情况下，C 语言以（　）表示运算结果为逻辑真。
   A. F　B. T　C. 1　D. 0
7. 以下变量名中，（　）是不合法的。
   A. void　B. _123　C. IF　D. a3_b3
8. 一个 C 语言程序总是从（　）开始执行的。
   A. 主过程　B. 主函数　C. 子函数　D. 按书写顺序
9. VC++中，C 语言的 int,char,double 所占用的内存为（　）字节。
   A. 1, 2, 4　B. 2, 2, 2　C. 4, 1, 8　D. 2, 2, 8
10. 若 k 为 int 型，则下列程序段的循环体执行次数为（　）。

```
k=2;
while (k!=0)
{ printf("%d",k);
k--;}
```

   A. 无限多次　B. 0 次　C. 1 次　D. 2 次

二、按题目要求填空，完善下列程序

1. 逆序输出一个字符串。

```
#include<string.h>
#include<stdio.h>
```

```
void reverse(char str[])
{
  int len,i;
  char c;
  len=①;
  for (i=0;i<②;i++)
    { c=③;
    str[i]=str[len-i-1];
    ④=c;
    }
}
void main()
{
  char string[256];
  gets(string);
  reverse(string);
  puts(string);
}
```

2．输出斐波那契数列的前 15 项，要求每行输出 5 项。

```
#define M 15
#include<stdio.h>
void main()
{
  int fib[M];
  int i;
  fib[0]=1;fib[1]=1;
  for (i=2;i<M;i++)
    ①=fib[i-2]+②;
  for(i=0;i<M;i++)
    { if ( ③  ) printf("\n");
    ④;
  }
}
```

3．用起泡法对 10 个数按升序排序。

```
#include<stdio.h>
void main()
{
  int a[10]={2,4,1,6,-1,34,56,78,-23,20};
  int i,j,k;
  for (j=0;j<① ;j++)
    for (i=0; ② ;i++)
      if ( ③ )
      { k=a[i];
      ④ ;
```

```
        a[i+1]=k;
      }
    for(i=0;i<10;i++)
        printf("%d  ",a[i]);
  }
```

4. 输出100～200之间的所有素数及其个数。

```
  #include<stdio.h>
  void main()
  {
    int m,k,i,n=0;
    for (m=101;m<=200;m++)
    { ①
      for (i=2;i<=k;k++)
        if ( ② ) break;
      if ( ③ ) {printf("%d ",m); n=n+1;}
    }
    printf("%d",n);
  }
```

三、编程

1. 编写程序，求级数 $ES = 1! - 2! + 3! - 4! + \cdots$ 的前 n 项之和。在求和过程中，以第一次阶乘值大于9999的项为末项，计算并输出该级数。
2. 输入两个数 x 和 y，以及一个符号 c，若 c 为'+'，'-'，'*'，'/'，则输出 x+y，x-y，x*y，x/y；若 c 为是其他符号，则输出错误信息。
3. 有两个正整数 a 和 b，已知 a*b=2048，编写程序求 a,b 各为何值时，a+b 的值最小。
4. 编写程序，找出一个4位数的完全平方数，该数减去1111后，结果仍是一个完全平方数（完全平方数是一个整数，它是另一个整数的平方。例如，25是5的平方，则25是一个完全平方数）。

附录 B　全国计算机二级考试公共基础知识要点

第 1 部分　软件工程基础

1.1　软件工程的基本概念

1. 软件定义与软件特点

（1）软件的定义。

软件是与计算机系统的操作有关的计算机程序、数据和相关文档。计算机软件由两部分组成：一是机器可执行的程序和数据；二是机器不可执行的，与软件开发、运行、维护、使用等有关的文档。

（2）软件的特点。

软件主要特点包括：软件是一种逻辑实体，具有抽象性；软件的生产与硬件不同，它没有明显的制作过程；软件在运行、使用期间，不存在磨损、老化问题；软件的开发、运行对计算机系统具有依赖性，受计算机系统的限制，这就导致了软件移植的问题；软件复杂性高、成本昂贵；软件开发涉及诸多社会因素。

2. 软件危机与软件工程

（1）软件危机。

软件危机泛指在计算机软件的开发和维护过程中所遇到的一系列严重问题。概括来说，软件危机包含两方面的问题：① 如何开发软件，以满足不断增长、日趋复杂的需求；② 如何维护数量不断膨胀的软件产品。落后的软件生产方式无法满足迅速增长的计算机软件需求，从而导致软件开发与维护过程中出现一系列严重的问题。

（2）软件工程。

软件工程就是采用工程化的原理、技术和方法来开发、运行和维护软件。软件工程研究的内容主要包括：软件开发技术和软件工程管理。软件工程具有方法、工具和过程三个要素。方法是完成软件工程项目的技术手段；工具支持软件的开发、管理、文档生成；过程支持软件开发的各个环节的控制、管理。

3. 软件工程过程与软件生命周期

（1）软件工程过程。

软件工程过程是把输入转化成为输出的一组彼此相关的资源和活动。

（2）软件生命周期。

软件生命周期是指将软件产品从提出、实现、使用、维护到停止使用而退役的过程。软件生命周期主要包括：软件计划时期（问题定义和可行性分析、需求分析）、软件开发时期（概要设计、详细设计、编码、测试）和软件维护时期（软件维护），各阶段的任务及重要文档见表 B.1。

表 B.1 软件生命周期各阶段的任务及重要文档

时 期	阶 段	任 务	文 档
软件计划	问题定义	理解用户要求，进行项目定义	计划任务书
	可行性分析	可行性方案及代价	
	需求分析	确定新系统的功能及目标	需求规格说明书
软件开发	概要设计	划分子系统及功能模块	概要设计说明书
	详细设计	模块设计	详细设计说明书
	软件编码	编写程序代码	程序设计的相关资料
	系统测试	完成各种测试	测试方案及结果
软件维护	系统维护	运行与维护	运行及维护记录

4. 软件工程的目标与原则

（1）软件工程的目标。

软件工程需要达到的目标是：在给定成本、进度的前提下，开发出具有有效性、可靠性、可理解性、可维护性、可重用性、可适应性、可移植性、可追踪性和可互操作性且满足用户需求的产品。

（2）软件工程的原则。

为了实现上述软件工程目标，在软件开发过程中，必须遵循软件工程的基本原则。这些原则适用于所有的软件项目。这些基本原则包括抽象、信息隐蔽、模块化、局部化、确定性、一致性、完备性和可验证性。

5. 软件开发工具与软件开发环境

软件开发工具与软件开发环境的使用提高了软件的开发效率、维护效率和软件质量。

（1）软件开发工具。

软件开发工具的产生、发展和完善促进了软件的开发速度和质量的提高。软件开发工具从初期的单项工具逐步向集成工具发展；与此同时，软件开发的各种方法也必须得到相应的软件工具的支持，否则方法就很难有效地实施。

（2）软件开发环境。

软件开发环境是全面支持软件开发过程的软件工具集合。这些软件工具按照一定的方法或模式组合起来，支持软件生命周期的各个阶段和各项任务的完成。

1.2 结构化分析方法

1. 需求分析和需求分析方法

（1）需求分析。

软件需求是指用户对目标软件系统在功能、行为、性能、设计约束等方面的期望。

需求分析任务是发现需求、求精、建模和定义需求的过程。需求分析将创建所需的数据模型、功能模型和控制模型。

需求分析阶段的工作可以概括为 4 个方面，即需求获取、需求分析、编写需求规格说明书和需求评审。

（2）需求分析方法。

常用的需求分析方法有结构化分析方法和面向对象分析方法。

2. 结构化分析方法

（1）结构化分析方法介绍。

结构化分析（Structured Analysis，SA）方法是结构化程序设计理论在软件需求分析阶段的应用。

结构化分析方法的实质是着眼于数据流，自顶向下，逐层分解，建立系统的处理流程，以数据流图和数据字典为主要工具，建立系统的逻辑模型。

（2）结构化分析方法的常用工具。

常用工具包括数据流图（DFD）、数据字典（DD）、判断树和判断表。

数据流图（Data Flow Diagram，DFD）是描述数据处理过程的工具，是新旧系统逻辑模型的图形表示，它从数据传递和加工的角度，刻画数据流从输入到输出的移动变换过程，并以此确定新系统的功能。在数据流图中只描述数据流动过程，不描述物理实体。数据流图中的主要图形符号及其含义见表 B.2。

表 B.2　数据流图中的主要图形符号及其含义

图形符号符号	含　义
○	表示加工（或转换）
→	表示数据流
=	表示存储文件（数据源）
□	表示源，是系统和环境的接口，属于系统之外的实体

数据字典（Data Dictionary，DD）是结构化分析方法的核心。数据字典是对所有与系统相关的数据元素的一个有组织的列表，以及精确的、严格的定义，使得用户和系统分析员对于输入、输出、存储成分和中间计算结果有共同的理解，为后序的系统设计形成依据。概括地说，数据字典的作用是对 DFD 中出现的被命名的图形元素做确切的解释。数据字典中有 4 种类型的条目，即数据项、数据流、数据存储和加工。

3. 软件需求规格说明书

软件需求规格说明书是需求分析阶段的最后成果，是软件开发中的重要文档之一。

软件需求规格说明书的标准主要有正确性、无歧义性、完整性、可验证性、一致性、可理解性、可修改性和可追踪性。

1.3　结构化设计方法

1. 软件的基本概念及方法

（1）软件设计的基础。

软件设计是软件工程的重要阶段，是一个把软件需求转换为软件表示的过程。软件设计的基本目标是，用比较抽象概括的方式确定目标系统如何完成预定的任务，即软件设计是确定系统的物理模型。

（2）软件设计的基本原理。

1）抽象。抽象是一种思维工具，是指提取事物本质的共同特性，而不考虑其他细节。

2）模块化。模块化是指在解决一个复杂问题时，自顶向下地逐层把软件系统划分为若干模块的过程。每个模块可以完成一个特定的子功能，各个模块可以按一定的方法组装起来成为一个整体，从而实现整个系统的功能。

3）信息隐蔽。信息隐蔽是指在一个模块内包含的信息（过程或数据），对于不需要这些信息的其他模块来说是不能访问的。

4）模块独立性。模块独立性是指每个模块只完成系统要求的独立的子功能，且与其他模块的联系最少、接口简单。通常从耦合性和内聚性两个度量标准来衡量软件的模块独立性。

① 内聚性。内聚性是一个模块内部各个元素间彼此结合的紧密程度的度量，内聚从功能角度来度量模块内的联系。一个模块的内聚性越强，该模块的模块独立性越强。

② 耦合性。耦合性是模块间互相连接的紧密程度的度量。一个模块与其他模块的耦合性越强，该模块的模块独立性越弱。

总之，耦合与内聚是相互关联的。在程序结构中，各模块的内聚性越强，耦合性越弱。对于优秀的软件设计来说，一般应尽量做到高内聚、低耦合，即减弱模块之间的耦合性并提高模块内的内聚性，进而提高模块的独立性。

2. 概要设计

（1）概要设计的任务。

软件概要设计的任务主要包括：设计软件系统结构，设计数据结构及数据库，编写概要设计文档，评审概要设计文档。

（2）面向数据流的设计方法。

在需求分析设计阶段，产生了数据流图。面向数据流的设计方法定义了一些不同的映射方法，利用这些映射方法可以把数据流图变换成结构图表示的软件结构。DFD 从系统的输入数据流到系统的输出数据流的一连串连续加工，形成了一条信息流。

数据流图的信息流可分为两种：变换流和事务流。相应地，数据流图有两种典型的结构形式：变换型和事物型。

面向数据流的结构化设计过程：确认数据流图的类型（是事务型还是变换型）；说明数据流图的边界；把数据流图映射为程序结构；根据设计准则对产生的结构进行优化。

3. 详细设计

（1）详细设计的任务。

详细设计的任务是为软件结构图中的每个模块确定实现算法和局部数据结构，用某种选定的表达工具表示算法和数据结构的细节。

（2）详细设计的工具。

软件详细设计的描述工具可分为图形、表格和语言三类。常用的工具有程序流程图、N-S 图、PAD 图、过程设计语言（PDL）等。

1.4 软件测试

软件测试的任务是尽可能发现软件中存在的错误。因此，软件测试阶段的基本任务应该是根据软件开发各阶段的文档资料和程序的内部结构，精心设计一组“高产”的测试用例，利用这些用例执行程序，找出软件中各种潜在的错误和缺陷。

1. 软件测试的准则

（1）测试前要认定被测试软件有错，不要认为软件没有错。

（2）要尽量避免测试自己编写的程序。

（3）测试用例设计中，不仅要有确定的输入数据，而且要有确定预期输出的详尽数据。

（4）测试用例的设计不仅要有合理的输入数据，还要有不合理的输入数据。

（5）除检查程序做了它应做的事外，还要检查它是否做了不应做的事。

（6）程序中存在错误的概率与在该段程序中已发现的错误数成正比。

（7）测试是相对的，不能穷尽所有测试，要根据人力和物力安排测试，并选择好测试用例与测试方法。

（8）保留全部测试用例，留做测试报告以备反复测试用，重新验证纠错的程序是否有错。

2. 软件测试的方法

软件测试的方法主要有：按是否需要执行被测软件，划分为静态测试和动态测试；按照功能，划分为白盒测试和黑盒测试。

（1）静态测试与动态测试。

静态测试包括代码检查、静态结构分析、代码质量度量等。静态测试不实际运行软件，主要通过人工进行。

动态测试是基于计算机的测试，是为了发现错误而执行程序的过程，即根据软件开发各阶段的规格说明和程序的内部结构，精心设计一批测试用例，并利用这些测试用例去执行程序，以发现程序错误的过程。

（2）白盒测试方法与测试用例设计。

白盒测试也称结构测试或逻辑驱动测试。它根据软件产品的内部工作过程，检查内部成分，以确认每种内部操作符合设计规格要求。

白盒测试的基本原则是：保证所测模块中的每一独立路径至少执行一次；保证所测模块所有判断的每一分支至少执行一次；保证所测模块的每一循环都在边界条件和一般条件下至少各执行一次；验证所有内部数据结构的有效性。白盒测试的常用方法有逻辑覆盖、基本路径测试。

（3）黑盒测试方法与测试用例设计。

黑盒测试也称功能测试或数据驱动测试。它完全不考虑程序的内部结构和处理过程，只在软件接口处进行测试，依照需求规格说明书，检查程序是否满足功能要求。

黑盒测试的基本原则是：根据需求规格说明书和概要设计说明书中有关程序功能或输入、输出关系等信息，设计测试用例，并对测试结果进行分析，以检查程序中的错误。黑盒测试方法主要有等价类划分法、边界值分析法、错误推测法等。

3. 软件测试的实施

软件测试的实施过程主要分为 4 个步骤：单元测试、集成测试、验收测试（确认测试）和系统测试。

（1）单元测试。单元测试集中对软件设计的最小单位——模块进行测试，主要是为了发现模块内部可能存在的各种错误和不足，多个模块可以并行进行。

（2）集成测试。在单元测试结束之后，将本项目的所有模块集成，进行集成测试。重点测试模块间的接口是否正常，子功能的组合是否达到了预期要求的功能，全局数据结构是否有问题等，以便能交出完整的程序产品。

（3）确认测试。确认测试是在用户的参与下进行的，主要测试软件的功能是否与需求规格说明的描述相符。

（4）系统测试。系统测试是指将软件系统与硬件、外设或其他元素结合在一起，对整个软件系统进行测试。具体内容包括功能测试、操作测试、配置测试、性能测试、安全测试和外部接口测等。

第 2 部分　程序设计基础

2.1　程序设计方法与风格

1. 程序设计方法

程序设计是指设计、编制、调试程序的方法和过程。程序设计方法是研究问题求解如何进行系统构造的软件方法学。常用的程序设计方法有结构化程序设计方法、软件工程方法和面向对象方法。

2. 程序设计风格

程序设计风格是指编写程序时所表现出的特点、习惯和逻辑思路。良好的程序设计风格可以使程序结构清晰合理，程序代码便于维护。因此，程序设计风格深深地影响着软件的质量和维护。要形成良好的程序设计风格，主要应注重和考虑的因素包括：

（1）源程序文档化。

（2）数据说明的方法。

（3）语句的结构。

（4）输入和输出。

2.2　结构化程序设计

1. 结构化程序设计的原则

结构化程序设计的原则可概括为：自顶向下逐步求精、模块化、限制使用 goto 语句。

自顶向下：设计时应先考虑总体，后考虑细节；先考虑全局目标，后考虑具体问题。

逐步求精：将复杂问题细化，细分为各个小问题并依次求解。

模块化：把程序要解决的总目标分解为若干目标，再进一步分解为具体的小标，把每个小目标称为一个模块。

2. 结构化程序的基本结构

结构化程序设计的三种基本结构是顺序、选择和循环，如图 B.1 所示。

（1）顺序结构。计算机执行时，按程序语句的书写顺序，逐条语句地按顺序执行程序。

（2）选择结构。根据设定的条件，判断应该选择哪条分支来执行相应的语句。

（3）循环结构。根据给定的条件，判断是否需要重复执行某一相同的操作。

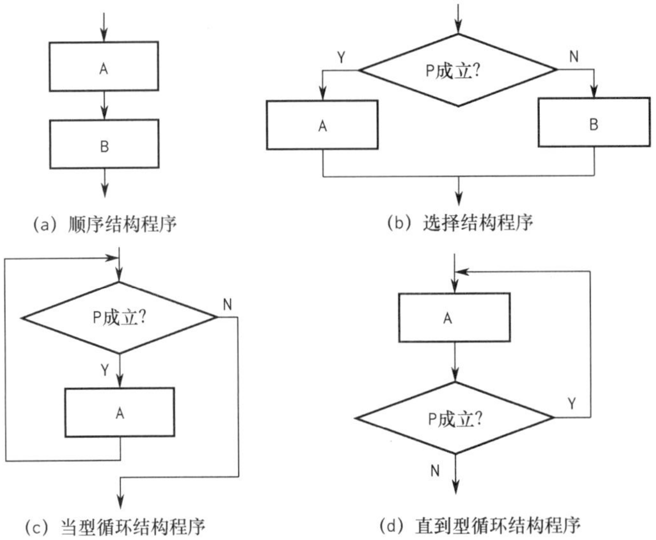

图 B.1　结构化程序设计的三种基本结构

2.3　面向对象的程序设计

1. 面向对象方法的本质

面向对象方法的本质是主张从客观世界固有的事物出发来构造系统，提倡用人类在现实生活中常用的思维方法来认识、理解和描述客观事物，强调最终建立的系统能够映射问题域。

2. 面向对象方法的基本概念

（1）对象。对象可以用来表示客观世界中的任何实体，它既可以是具体的物理实体的抽象，又可以是人为概念，还可以是任何有明确边界和意义的东西。

（2）类。类是具有共同属性、共同方法的对象的集合，是关于对象的抽象描述，反映属于该对象类型的所有对象的性质。

（3）实例。实例是指实例是指基于某个类的对象实现。

（4）消息。消息是一个对象与另一个对象之间传递的信息，它请示对象执行某一处理或回答某一要求的信息，它统一了数据流和控制流。

（5）继承。继承是以已有类定义为基础来建立新类的定义技术。一个类的上层可以有父类，下层可以有子类。一个类直接继承其父类的描述（数据和操作）或特性，子类自动地共享基类中定义的数据和方法。

（6）多态性。对象根据所接收的消息而做出动作，同样的消息被不同的对象接收时可导致完全不同的行动，该现象称为多态性。

第 3 部分　数据库设计基础

3.1　数据库系统的基本概念

1. 数据、数据库、数据库管理系统、数据库系统

（1）数据（Data）。数据是用于描述客观事物的各种物理符号。

（2）数据库（Data Base，DB）。数据库是指长期存储在计算机内的、有组织的、可共享的数据集合。

（3）数据库管理系统（Data Base Management System，DBMS）。数据库管理系统是位于用户与操作系统之间的一层数据管理软件。其主要功能包括：

① 数据定义功能。

② 数据操纵功能。

③ 数据库的运行管理。

④ 数据库的建立和维护功能。

（4）数据库系统（Data Base System，DBS）。数据库系统是指在计算机系统中引入数据库后的系统，一般由数据库、数据库管理系统（及其开发工具）、应用系统、数据库管理员和用户构成。

2. 数据管理技术的发展

数据管理技术发展至今，经历了人工管理阶段、文件系统阶段和数据库系统阶段。

3. 数据库系统的特点

（1）数据结构化。

数据结构化是数据库系统与文件系统的根本区别。尽管文件系统的数据文件内部记录具有局部的结构，但记录之间无联系，整体无结构，通常是面向一个应用建立的；而数据库是按照某种数据模型，面向多个应用建立的，它不但可以描述记录内部的结构，而且可以描述记录之间的联系，具有整体的结构性。

（2）数据的共享性高、冗余度低。

数据库系统是面向系统内外所有用户建立的，从整体角度看待和描述数据，因此可被系统内外所有用户使用，共享性高，同时减少了冗余，避免了数据间不相容性与不一致性。

（3）数据独立性。

数据独立性是数据库领域中一个常用术语，包括数据的物理独立性和逻辑独立性。物理独立性是指当数据库中的数据在磁盘上的存储结构或位置发生变化时，应用程序不用改变。逻辑独立性是指数据库的逻辑结构发生变化时，用户程序不用改变。

（4）数据由 DBMS 统一管理和控制。

数据的统一管理与控制包括数据的安全性保护、数据的完整性检查、并发控制和数据库恢复四个方面。

DBMS 能统一管理和控制数据库的建立、运行与维护，使用户能方便地定义和操作数据，并能够保证数据的安全性、完整性、多用户对数据的并发使用及发生故障后的系统恢复。

4. 数据库系统的内部结构体系

数据模式是数据库系统中数据结构的一种表示形式，具有不同的层次与结构方式。

数据库系统在其内部具有三级模式及二级映射，三级模式分别是概念模式、内模式与外模式；二级映射是外模式/概念模式的映射和概念模式/内模式的映射。三级模式与二级映射构成了数据库系统内部的抽象结构体系。

模式的三个级别反映了模式的三个不同环境及它们的不同要求，其中内模式处于底层，它反映了数据在计算机物理结构中的实际存储形式；概念模式处于中层，它反映了设计者的数据全局逻辑要求；外模式位于最外层，它反映了用户对数据的要求。

3.2 数据模型

1. 数据模型的基本概念

数据是现实世界符号的抽象，而数据模型是数据特征的抽象。它从抽象层次上描述了系统的静态特征、动态行为和约束条件，为数据库系统的信息表示与操作提供一个抽象的框架。数据模型所描述的内容包括数据结构、数据操作及数据约束。

2. E-R 模型的基本概念

E-R 模型（实体联系模型）将现实世界的要求转化成实体、联系、属性等几个基本概念，以及它们间的两种基本连接关系，并且可以用 E-R 图直观地表示。

实体：客观存在并且可以相互区别的事物，用矩形表示，矩形框内写明实体名。

属性：对实体特征的描述，用椭圆表示，并用无向边将其与相应的实体连接起来。

联系：实体之间的对应关系，它反映现实世界事物之间的相互联系，用菱形表示，菱形框内写明联系名。

在现实世界中，实体之间的联系可分为三种，即一对一联系、一对多联系和多对多联系。

3. 层次模型

层次模型是用树形结构表示实体及其之间联系的模型。在层次模型中，结点是实体，树枝是联系，从上到下是一对多的关系。

- 有且仅有一个结点无父结点，这个结点称为根结点。
- 其他结点有且仅有一个父结点。

4. 网状模型

网状模型是用图来表示实体及其之间联系的模型。网状模型是层次模型的扩展，表示多个从属关系的层次结构，呈现一种交叉关系。网状模型反映现实世界中较为复杂的事物之间的联系。

- 允许一个以上的结点无父结点。
- 一个结点可以有多于一个的父结点。

5. 关系模型

（1）关系的数据结构。

关系模型采用二维表来表示实体及实体间的联系，简称表。二维表由表框架及表的元组组成。表框架由 n 个命名的属性组成，n 称为属性元数。每个属性都有一个取值范围，称为值域。表框架对应了关系的模式，即类型的概念。在表框架中按行可以存放数据，每行数据称为元组。

在二维表中唯一能标识元组的最小属性集称为该表的键（或码）。二维表中可能有若干键，它们称为该表的候选码（或候选键）。从二维表的候选键中选取一个作为用户使用的键，这个键称为主键（或主码）。例如，若表 A 中的某属性集是表 B 的键，则称该属性集为 A 的外键（或外码）。

（2）关系的操纵。

关系模型的数据操纵即建立在关系上的数据操纵，一般有数据查询、增加、删除及修改

4 种操作。

（3）关系中的数据约束。

关系模型允许定义三类完整性约束：实体完整性约束、参照完整性约束和用户自定义的完整性约束。关系数据库系统提供了对实体完整性约束、参照完整性约束的自动支持，即在插入、修改、删除操作时，数据库系统自动保证数据的正确性与一致性。对于用户自定义的完整性约束，由关系数据库系统提供完整性约束语言，用户利用语言写出约束条件，运行时由系统自动检查。

3.3 关系代数

1. 传统的集合运算

（1）关系并运算。

设关系 R 和关系 S 具有相同的目 n（即 R 和 S 有 n 个属性），且相应的属性取自同一个域，关系 R 和关系 S 的并记为 $R \cup S$，由属于 R 或属于 S 的元组组成，结果仍为 n 目关系。

（2）关系交运算。

设关系 R 和关系 S 具有相同的目 n（即 R 和 S 有 n 个属性），且相应的属性取自同一个域，关系 R 和关系 S 的交记为 $R \cap S$，由既属于 R 又属于 S 的元组组成，结果仍为 n 目关系。

（3）关系差运算。

设关系 R 和关系 S 具有相同的目 n（即 R 和 S 有 n 个属性），且相应的属性取自同一个域，关系 R 和关系 S 的差记为 $R - S$，由属于 R 而不属于 S 的元组组成，结果仍为 n 目关系。

（4）广义笛卡儿积。

两个分别为 n 目和 m 目的关系 R 和 S 的广义笛卡儿积 $R \times S$ 是一个 $n + m$ 列的元组的集合。元组的前 n 列是关系 R 的一个元组，后 m 列是关系 S 的一个元组。若 R 有 k_1 个元组，S 有 k_2 个元组，则 $R \times S$ 有 $k_1 \times k_2$ 个元组。

2. 专门的关系运算

（1）选择运算。

选择运算是一个单目运算，它从关系 R 中选取满足一定条件的元组子集。记为

$$\sigma_{F(R)} = \{t|t \in R \wedge F(t) = '真'\}$$

其中，σ 是选择运算符；F 是限定条件的逻辑表达式，由逻辑运算符 、 、¬连接关系表达式组成。

（2）投影运算。

投影运算也是一个单目运算，它从关系 R 中选取所需要的列组成一个新关系。记为

$$\pi_{A(R)} = \{t(A)|t \in R\}$$

其中，π 是投影运算符；A 为关系 R 属性的子集；$t(A)$为 R 中元组相应于属性 A 的分量。

（3）连接运算。

连接运算从两个关系的笛卡儿积中选取属性间满足一定连接条件的元组集合。自然连接是一种特殊的、最有用的连接运算，参加连接的两个关系具有部分同名的属性。两个关系中同名属性值相等的连接称为自然连接，连接结果要把重复的属性去掉，即重复的列只保留一个。

以后如无特殊说明，连接都指自然连接，自然连接关系 R 和 S 记为 $R \bowtie S$。

3.4 数据库设计与管理

数据库设计是数据库应用的核心。

1. 数据库设计概述

数据库设计的基本任务是，根据用户对象的信息需求、处理需求和数据库的支持环境设计数据模型。数据库设计的基本思想是过程迭代和逐步求精。数据库设计的根本目标是解决数据共享问题。数据库设计有两种方法：

（1）面向数据的方法。以处理信息需求为主，兼顾处理需求。

（2）面向过程的方法。以处理需求为主，兼顾信息需求。

其中，面向数据的方法是主流的设计方法。目前，数据库设计一般采用生命周期法，即将整个数据库应用系统的开发分解成目标独立的若干阶段，包括需求分析、概念设计、逻辑设计、物理设计、编码、测试和运行等阶段。

2. 数据库的需求分析

需求分析阶段的主要任务是通过对应用系统的详细调查，充分了解用户的各种需求，确定新系统的功能。调查的重点是“数据”与“处理”，具体内容应注意以下三个方面。

（1）信息要求。

信息要求即用户要从数据库中得到哪些信息，以及这些信息的具体内容和性质，从而确定数据库中应存储哪些数据。

（2）用户的处理要求。

用户要求完成什么样的处理功能，对某种处理要求的响应时间，涉及的数据、处理方式是联机还是批处理。

（3）对数据安全性、完整性的要求。

需求分析的主要工具是数据流图、数据字典和加工说明。需求分析阶段最后的成果是需求分析说明书。

3. 数据库的概念设计

概念结构设计是整个数据库设计的关键，它通过对用户需求进行综合、归纳与抽象，形成一个独立于具体 DBMS 的概念模型，即概念模型（E-R 图）。因此，概念设计阶段的主要工作即是设计 E-R 图。

4. 数据库的逻辑设计

逻辑结构设计将概念结构转换为某个 DBMS 所支持的数据模型，并对其进行优化。逻辑结构设计的主要步骤如下：

（1）将 E-R 模型向一般的关系模型转换。

（2）将转换来的关系模型向特定的关系模型转换。

（3）对数据模型进行优化。

5. 数据库的物理设计

数据库物理设计为逻辑数据模型选取一个最适合应用环境的物理结构（包括存储结构和

存取方法)。主要分为两步：

(1) 确定数据库的物理结构，即存取方法和存储结构。

(2) 对物理结构进行评价，重点是时间和空间效率。

6. 数据库实施阶段

在数据库实施阶段，设计人员运用 DBMS 提供的数据语言及其宿主语言，根据逻辑设计和物理设计的结果建立数据库，编制与调试应用程序，组织数据入库，并进行试运行。

7. 数据库运行和维护阶段

数据库应用系统经过试运行后，即可投入正式运行。在数据库系统运行过程中，必须不断地对其进行评价、调整与修改。

第 4 部分 数据结构与算法

4.1 算法

1. 算法的基本概念

算法是解决给定问题的一种方法和步骤。算法具有以下基本特征：

(1) 可行性：算法的每步操作都必须是可行的、有效的。

(2) 确定性：算法的每个步骤都必须有明确的定义，不允许有模棱两可的解释，也不允许有多义性。

(3) 有穷性：必须能在有限的时间内做完，即算法必须能在执行有限个步骤后终止。

(4) 拥有足够的情报：有 n ($n \geq 0$) 个初始数据的输入，有一个或多个有效信息的输出。

2. 算法复杂度

评价一个算法优劣的主要标准是算法的执行效率与存储需求。算法的执行效率是指时间复杂度，存储需求是指空间复杂度。

(1) 算法的时间复杂度。

所谓算法的时间复杂度，是指执行算法所需要的计算工作量。

一般情况下，算法中基本操作重复执行的次数是问题规模 n 的某个函数 $f(n)$，算法的时间复杂度记为

$$T(n) = (f(n))$$

式中，n 表示问题规模，$f(n)$表示基本操作的重复执行次数。该表达式表示随着问题规模 n 的增大，算法执行的时间增长率与 $f(n)$的增长率相同。

(2) 算法的空间复杂度。

算法的空间复杂度一般是指执行这个算法所需的内存空间。在给定的问题规模 n 下，算法执行时所需临时占用存储空间的量度记为

$$S(n) = O(f(n))$$

式中，n 表示问题的规模（或大小），空间复杂度 $f(n)$是问题规模 n 的函数，也是用算法需占用临时存储空间的数量级来描述的。

4.2 数据结构的基本概念

数据结构是数据元素及其相互之间关系的集合。数据结构包括数据的逻辑结构和存储结构（或称物理结构）。

（1）数据的逻辑结构。

数据的逻辑结构可视为从具体问题抽象出来的数学模型。数据集合中各元素之间抽象化的逻辑关系，即数据的逻辑结构。

（2）数据的存储结构。

数据的存储结构是数据的逻辑结构在计算机中的表示。它分为顺序存储和链式存储两种基本结构。顺序存储结构用数据元素在存储器中的相对位置来表示数据元素之间的逻辑关系；非顺序存储结构用指示数据元素存储地址的指针来表示数据元素之间的逻辑关系。

4.3 线性表及其顺序存储结构

1. 线性表的基本概念

线性表是具有相同数据类型的 n（$n \geqslant 0$）个数据元素 $a_1, a_2, \cdots, a_n$ 的有限序列。它只有一个开始结点 a_1 和一个终端结点 a_n，其余的结点 a_i（$1 < i < n$）都有且仅有一个前驱结点 a_{i-1} 和一个后继结点 a_{i+1}。a_1 称为表头，a_n 称为表尾，n 是表的长度。

2. 线性表的顺序存储结构

用顺序存储结构存储的线性表称为顺序表。对于数据元素长度相同的顺序表，可以对任意元素进行随机存取。设线性表为 $A = (a_1, a_2, \cdots, a_n)$，$a_1$ 的地址为 $\mathrm{Loc}(a_1)$，元素的长度为 d，则线性表中任意元素 a_i 的地址为 $\mathrm{Loc}(a_i) = \mathrm{Loc}(a_1) + (i-1)d$，$1 \leqslant i \leqslant n$。

知道了顺序表的首地址和每个数据元素所占单元的字节数，就可求出第 i 个元素的地址，这就是顺序表随机存取的原理和特点。

3. 顺序表的插入算法

顺序表的插入是指在表的第 i 个位置上插入一个值为 x 的新元素，插入新元素后表的长度加 1。算法如下：

（1）从 a_n 开始至 a_i，顺序向后移动一个存储位置，为新元素让出位置。

（2）将 x 置入空出的第 i 个位置。

（3）线性表的长度加 1。

顺序表的插入算法的主要操作是移动数据元素。假设表长为 n，则最好的情况是移动为 0（即插入到最后），最坏的情况是移动为 n（即插入到最前）。算法的时间复杂度为 $O(n)$。

4. 顺序表的删除算法

顺序表的删除是指将表的第 i 个位置上的元素删除，删除后表长减 1。算法如下：

（1）从 a_{i+1} 开始至 a_n，顺序向前移动一个存储位置。

（2）线性表的长度减 1。

算法的时间复杂度为 $O(n)$。

4.4 栈和队列

1. 栈及其基本运算

栈是限制在表的一端进行插入和删除运算的线性表，是一种特殊的线性表。在这种线性表的结构中，一端是封闭的，不允许插入和删除元素；另一端是开口的，允许插入与删除元素。

允许插入与删除运算的一端称为栈顶，不允许插入与删除运算的一端称为栈底。栈顶元素总是最后被插入的元素，从而也是最先能被删除的元素；栈底元素总是最先被插入的元素，从而也是最后才能被删除的元素，即栈是按照“先进后出”（First In Last Out，FILO）或“后进先出”（Last In First Out，LIFO）的原则组织数据的，因此栈也被称为“先进后出”表或“后进先出”表。

进栈和出栈的算法如下。

（1）进栈。

进栈运算是指在栈的栈顶位置插入一个新元素，步骤如下：

① 判断栈是否已满，若栈满（top = n + 1），则进行溢出处理，返回函数值 1。

② 若栈未满，则将栈顶指针加 1（top 加 1）。

③ 将新元素 f 送入栈顶指针所指的位置，返回函数值 0。

（2）出栈。

出栈运算是指退出栈顶元素，赋给某一指定的变量，步骤如下：

① 判断栈是否为空，若栈空（top = −1），则进行下溢处理，返回函数值 1。

② 栈若不空，则将栈顶元素赋给变量（栈顶元素若不需要保留，可省略此步）。

③ 将栈顶指针退 1（top 减 1），返回函数值 0。

栈是使用最广泛的数据结构之一，表达式求值、递归过程实现都是栈应用的典型例子。

2. 队列及其基本运算

队列是指允许在一端进行插入运算，而在另一端进行删除运算的线性表。允许插入运算的一端称为队尾，通常用一个称为队尾指针的指针指向队尾元素，即队尾指针总是指向最后被插入的元素。

允许删除运算的一端称为队头，通常也用一个队头指针指向队头的元素。显然，在队列这种数据结构中，最先插入的元素将最先能够被删除；反之，最后插入的元素将最后才能被删除。因此，队列又称“先进先出”（First In First Out，LILO）或“后进后出”（Last In Last Out，LILO）的线性表。对队列可以进行入队、出队运算。

入队和出队的算法如下。

（1）入队。

入队运算是指在队尾位置插入一个新元素，步骤如下：

① 判断队是否已满，若队满（rear = n + 1），则进行溢出处理，返回函数值 1。

② 若队未满，则将队尾指针加 1（rear 加 1）。

③ 将新元素 i 送入队尾指针所指的位置，返回函数值 0。

（2）出队。

出队运算是指在队头位置退出一元素，赋给某一指定的变量，步骤如下：

① 判断队是否为空，若队空（front > rear），则进行下溢处理，返回函数值 1。

② 若队不空，则将队头元素赋给变量（队头元素若不需要保留，可省略此步）。

③ 将队头指针加 1（front 加 1），返回函数值 0。

有时队满是一种假象，虽然 rear = $n + 1$，但实际上队列前面已经出队的元素空出许多空间没有利用，所以更多的时候在计算机中使用的是循环队列。循环队列是队列顺序存储结构的一种，它将 n 个物理上连续的存储单元，在逻辑上形成一个环状，供队列循环使用。具体来说，在循环队列中，用队尾指针 rear 指向队尾的后一个元素，用队头指针 front 指向队头元素的位置，因此，从队头指针 front 指向的位置直到队尾指针 rear 指向的位置之间的所有的元素，均为队列中的元素。

4.5 线性链表

用链式存储结构存储的线性表称为链表，又称线性链表。

1. 单链表的基本概念

单链表中的每个结点是用一个数据域和一个指针域来描述的，数据域存储数据元素，指针域存储后继结点的地址。线性链表的最后一个结点无后继结点，它的指针域为空（记为 NULL 或^）。另外还要设置表头指针 head，指向线性链表的第一个结点。

链表与顺序表不同，它通常采用动态分配内存的方法，链表中的每个结点占用的存储空间不是预先分配的，而是运行时系统根据需要而临时生成的。链表的一个重要特征是插入、删除运算灵活方便，不需要移动结点，而只需要改变结点中指针域的值。

2. 单链表的插入算法

在单链表中插入数据元素 x 的算法如下：

① 申请新结点 s，把 x 赋值给 s 的数据域。

② 从表头开始按指针指向找到插入点 p（在 p 的后面插入）。

③ 把 p 的指针域的值赋给 s 的指针域；然后把 s 的地址值赋给 p 的指针域。

3. 单链表的删除算法

在单链表中删除数据元素 p 的算法如下：

① 从表头开始按指针指向找到删除点 p。

② 把 p 的指针域的值赋给它的前一个结点的指针域。

4.6 树与二叉树

1. 树的基本概念

树是由一个或多个结点组成的有限集合，它或者为空（称为空树），或者非空（至少有一个结点）。对于非空树，有且仅有一个结点称为树的根，其余结点分属于 m（$m \geqslant 0$）个互不相交的集合，每个集合又构成一棵树（称为根结点的子树），并且树的根结点是每棵子树的根结点的前驱，而每棵子树的根结点是所在树的根结点的后继。

在一棵非空树中，每个结点的后继结点的个数称为该结点的度；树中所有结点的度中，最大值称为树的度；度数为 0 的点称为叶子结点，不为 0 的点称为分枝点；结点的后继结点称为该结点的子女结点，该结点称为子女结点的双亲，同一个双亲结点的子女结点称为兄弟；

每个结点的子树中的所有结点称为该结点的子孙，而从树根到达该结点所经过的结点，称为该结点的祖先；树根称为第一层，它的子树称为第二层，以此类推，树中结点的最大层数称为树的高度或深度；规定了子树次序的树称为有序树，否则称为无序树。

2. 二叉树的基本概念

二叉树是有限个结点的集合，该集合或者为空，或者由一个称为根的结点及两个不相交的、分别称为左子树和右子树的二叉树组成。当集合为空时，称该二叉树为空二叉树。

二叉树是有序树，即使树中结点只有一棵子树，也要区分它是左子树还是右子树。因此二叉树具有五种基本形态，如图 B.2 所示，图 B.2(a)为空二叉树，图 B.2(b)为单个结点二叉树，图 B.2(c)为只有左子树的二叉树，图 B.2(d)为只有右子树的二叉树，图 B.2(e)为左右子树都有的二叉树。

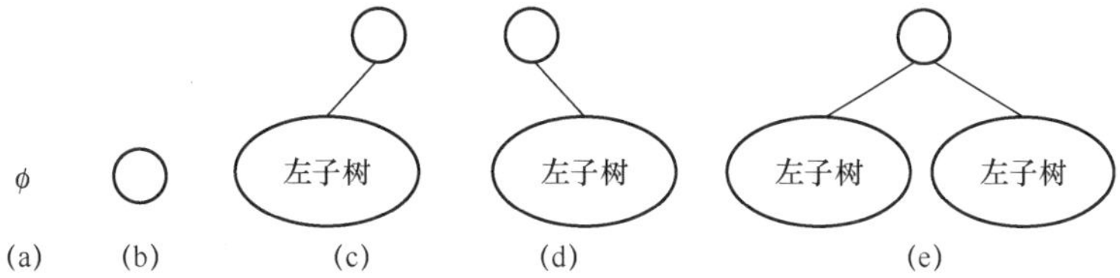

图 B.2　二叉树的五种基本形态

在一棵二叉树中，当第 i 层的结点数为 2^{i-1} 个时，称此层的结点是满的。当树中的每一层都满时，称此树为满二叉树。

在一棵二叉树中，除最后一层外，其他各层都是满的，并且最后一层或者是满的，或者在最右边缺少连续的若干结点，则称此树为完全二叉树。

3. 二叉树的基本性质

性质 1：在二叉树的第 i 层上，至多有个 2^{i-1} 结点（$i \geqslant 1$）。

性质 2：在深度为 k 的二叉树中，最多有 $2^k - 1$ 个结点（$k \geqslant 1$）。

性质 3：具有 n 个结点的完全二叉树的深度是 $\lceil \log_2 n \rceil + 1$。

性质 4：在任意一棵二叉树中，若其叶子结点数为 n_0，度为 2 的结点数为 n_2，则 $n_0 = n_2 + 1$。

4. 二叉树的存储结构

二叉树的存储通常采用链式存储结构。每个结点由三个域组成，即一个数据域和两个指针域，分别存放左子树和右子树根结点的地址。其中，中间 data 存放结点的数据，left 与 right 分别存放左子树和右子树根的地址，当左子树或右子树不存在时，相应指针域值为空（用 NULL 或 表示）。

5. 二叉树的遍历

二叉树的遍历是二叉树中非常重要的运算，在很多程序设计中都有应用。所谓二叉树遍历，是指按一定的次序访问二叉树中的所有结点，并且每个结点值仅被访问一次的过程。在这里仅介绍三种重要的二叉树遍历法：

（1）先序遍历法：访问根结点，先序遍历左子树，先序遍历右子树。

（2）中序遍历法：中序遍历左子树，访问根结点，中序遍历右子树。

（3）后序遍历法：后序遍历左子树，后序遍历右子树，访问根结点。

4.7 查找技术

1. 顺序查找

顺序查找又称顺序搜索。它从线性表的第一个元素开始，依次将线性表中元素的关键字值与被查元素的关键字值进行比较，若相等则表示找到（即查找成功）；若线性表中所有的元素都与被查元素进行了比较但都不相等，则表示线性表中没有要找的元素（即查找失败）。

在进行顺序查找过程中，最好的情况是线性表中的第一个元素就是被查元素，只做一次比较就查找成功；最坏的情况是被查的元素是线性表中的最后一个元素，或者被查元素根本不在线性表中，则为了查找这个元素需要与线性表中的所有元素进行比较。在平均情况下，利用顺序查找法在线性表中查找一个元素，大约与线性表中一半的元素进行比较，其时间复杂度为 $O(n)$。

2. 二分法查找

二分法查找只适用于顺序存储的有序表。有序表是指线性表中的元素按关键值从小到大（或从大到小）排序。二分法查找的过程如下：首先取中间元素作为比较对象，若给定值与中间元素的关键字值相等，则查找成功；若给定值小于中间元素的关键字值，则在中间元素的上半区继续按同样的方法查找；若给定值大于中间元素的关键字值，则在中间元素的下半区继续查找。不断重复上述查找过程，直到查找成功，或所查找的区域无数据元素，查找失败。

二分法查找的效率要比顺序查找法的高得多。对于长度为 n 的有序线性表，在最坏情况下，二分查找只需比较 $\log_2 n$ 次。

4.8 排序技术

排序是计算机程序设计中的一种重要运算，它是将一个无序序列整理成按关键字递增（或递减）的有序序列的处理过程。

1. 直接插入排序法

直接插入排序法是最简单的排序方法。其基本方法是：每次将一个排序的数据元素，按其关键字值大小插入到前面已排好序的子文件中的适当位置，反复进行，直到全部记录插入完成为止。例如，图 B.3 给出了利用直接插入排序法对 56, 89, 34, 45, 23, 78 从小到大排序的子表插入过程。在最坏情况下，直接插入排序需要 $n(n-1)/2$ 次比较。直接插入排序法的平均时间复杂度为 $O(n^2)$。插入排序法属于插入类排序方法。

第一次　56
第二次　56，89
第三次　34，56，89
第四次　34，45，56，89
第五次　23，34，45，56，89
第六次　23，34，45，56，78，89

图 B.3　直接插入排序法的子表插入过程

2. 选择排序法

选择排序法的基本思想是：扫描整个线性表，从中选出最小的元素，将它交换到表的最前面（这是它应有的位置）；然后对剩下的子表采用同样的方法，直到子表为空。扫描线性表，从中选出最小元素的过程是：选取表中第一个位置的元素，用它依次和后面的元素进行比较，若有元素比它小，则交换它们的位置，并继续用第一个位置的元素和后面未比较过的元素进行比较，直到最后一个元素为止。对于长度为 n 的线性表，在最坏情况下需要比较 $n(n-1)/2$ 次。选择排序法的平均时间复杂度为 $O(n^2)$。选择排序法属于选择类排序方法。例如，图 B.4 给出了利用选择排序法对 12, 34, 17, 23, 8, 25 从小到大的排序过程，图 B.4(b)中带下画线的部分为子表。

(a)第一遍扫描的过程	(b)选择排序法的排序过程
第一次 12，34，17，23，8，25	第一遍 8，34，17，23，12，25
第二次 12，34，17，23，8，25	第二遍 8，12，34，23，17，25
第三次 12，34，17，23，8，25	第三遍 8，12，17，34，23，25
第四次 12，34，17，23，8，25	第四遍 8，12，17，23，34，25
第五次 12，34，17，23，8，25	第五遍 8，12，17，23，25，34

图 B.4　选择排序法示意图

3. 冒泡排序法

冒泡排序法的基本思想是：通过相邻数据元素的比较和交换，将元素中最大的挤到最后，然后对剩下的子表采用同样的方法，直到子表为空。相邻数据元素比较和交换，将元素中最大的挤到最后的过程是：首先从第一个元素开始，对相邻数据元素进行比较，若前面的元大于后面的元素，则交换它们的位置，并继续进行比较，至到最后一个元素比较完为止。对于长度为 n 的线性表，在最坏情况下，需要的比较次数为 $n(n-1)/2$，但这个工作量不是必需的，一般情况下要小于这个工作量。冒泡排序法的平均时间复杂度为 $O(n^2)$。冒泡排序法属于交换类排序方法。例如，图 B.5 给出了利用冒泡排序法对 45, 23, 56, 17, 33, 27 从小到大的排序过程，图 B.5(b)中带下画线的部分为子表。

(a)第一遍扫描的过程	(b)泡排序法的排序过程
第一次 23，45，56，17，33，27	第一遍 23，45，17，3，27，56
第二次 23，45，56，17，33，27	第二遍 23，17，33，27，45，56
第三次 23，45，17，56，33，27	第三遍 17，23，27，33，45，50
第四次 23，45，17，33，56，27	
第五次 23，45，17，33，27，56	

图 B.5　冒泡排序法示意图

4. 快速排序法

快速排序法基本思想是：首先选取一个元素，通过与它前后元素的比较和交换，最终找到它最后的位置，即它前面的元素都比它小，它后面的元素都比它大，然后把它前后的元素分两个子表，继续采用同样的方法操作，直到子表为空。若其中一个表为空，则只对另一个子表操作。找到一个元素的最后位置的过程如下：假设线性表有 n 个元素，位置为 k 的元素表示为 $a[k]$，令变量 $i=1$，$j=n$，选取表中的第一个元素 $a[1]$，现表示为 $a[i]$。

① 若 $j \leqslant i$，则结束；若 $a[i] > a[j]$，则交换 $a[i]$和 $a[j]$，转②，否则转③。

② 若 $i \leqslant i+1$，则转①。

③ 若 $j \leqslant j-1$，则转①。对 n 个记录的文件进行快速排序时，在最坏的情况下执行时间为 $O(n^2)$，与冒泡排序相当。然而快速排序的平均执行时间为 $O(n\log_2 n)$，显然优于冒泡排序和前面介绍的直接插入排序、选择排序。需要指出的是，快速排序需要 $O(n\log_2 n)$的附加存储开销，因为快速排序算法的实现过程中需用到大小为 $O(n\log_2 n)$的空间。快速排序法属于交换类排序方法。例如，图 B.6 给出了利用冒泡排序法对 23, 14, 56, 8, 18, 33 从小到大的排序过程，图 B.6(b)中带下画线的部分为子表。

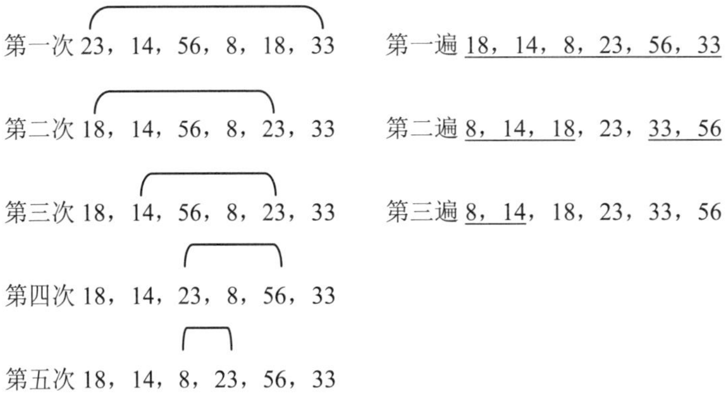

图 B.6 快速排序法示意图

全国计算机等级考试二级 C 基础知识模拟试卷及答案

一、选择题

1．一个栈的初始状态为空。现将元素 1, 2, 3, 4, 5, A, B, C, D, E 依次入栈，然后依次出栈，则元素出栈的顺序是（　）。

A．12345ABCDE　　　　B．EDCBA54321

C．ABCDE12345　　　　D．54321EDCBA

2．下列叙述中，正确的是（　）。

A．循环队列有队头和队尾两个指针，因此循环队列是非线性结构

B．在循环队列中，只需队头指针就能反映队列中元素的动态变化情况

C．在循环队列中，只需队尾指针就能反映队列中元素的动态变化情况

D．循环队列中元素的个数是由队头指针和队尾指针共同决定的

3．在长度为 n 的有序线性表中进行二分查找，最坏情况下需要比较的次数是（　）。

A．$O(n)$　B．$O(n^2)$　C．$O(\log_2 n)$　D．$O(\log_{10} n)$

4．下列叙述中，正确的是（　）。

A．顺序结构存储的存储空间一定连续，链式存储结构的存储空间不一定连续

B．顺序存储结构只针对线性结构，链式存储结构只针对非线性结构

C．顺序存储结构能存储有序表，链式存储结构不能存储有序表

D．链式存储结构比顺序存储结构节省存储空间

5．数据流图中带有箭头的线段表示的是（　）。

A．控制流　B．事件驱动　C．模块调用　D．数据流

6．在软件开发中，需求分析阶段可以使用的工具是（　）。

A．N-S 图　B．DFD 图　C．PAD 图　D．程序流程图

7．在面向对象的方法中，不属于“对象”基本特点的是（　）。

A．一致性　B．分类性　C．多态性　D．标识唯一性

8．一间宿舍可住多名学生，则实体宿舍和学生之间的联系是（　）。

A．一对一　B．一对多　C．多对一　D．多对多

9．在数据管理技术发展的三个阶段中，数据共享最好的是（　）。

A．人工管理阶段　B．文件系统阶段

C．数据库系统阶段　D．三个阶段相同

10．有三个关系 R、S 和 T 如下：

R

A	B	C
a	1	2
b	2	1
c	3	1

S

A	B	C
a	1	2
b	2	1

T

A	B	C
c	3	1

由关系 R 和 S 通过运算得到关系 T，则所用的运算为（　）。

A．自然连接　B．交　C．并　D．差

11．以下叙述中，正确的是（　）。

A．C 程序的基本组成单位是语句　B．C 程序中的每一行只能写一条语句

C．简单 C 语句必须以分号结束　D．C 语句必须在一行内写完

12．计算机能直接执行的程序是（　）。

A．源程序　B．目标程序　C．汇编程序　D．可执行程序

13．以下选项中不能作为 C 语言合法常量的是（　）。

A．`'cd'`　B．`0.1E6`　C．`"\a"`　D．`'\011'`

14．以下语句中，正确的定义语句是（　）。

A．`double　a;b;`　B．`double　a=b=7`

C．`double a=7,b=7;`　D．`double,a,b;`

15．以下不能正确表示代数式 $\frac{2ab}{cd}$ 的 C 语言表达式是（　）。

A．`2*a*b/c/d`　B．`a*b/c/d*2`

C. a/c/d*b*2　　　　D. 2*a*b/c*d

16. C源程序中整型常量不能表示的数制是（　）。

A. 二进制　　B. 八进制　　C. 十进制　　D. 十六进制

17. 若有表达式(w)?(-x):(++y)，则其中与w等价的表达式是（　）。

A. w==1　　B. w==0　　C. w!=1　　D. w!=0

18. 执行以下程序段后，w的值为（　）。

```
int   w='A',x=14,y=15;
      W=((x||y)&&(w<'a'));
```

A. -1　　B. NULL　　C. 1　　D. 0

19. 若变量已正确定义为int型，要通过语句scanf("%d,%d,%d",&a,&b,&c);给a赋值1、给b赋值2、给c赋值3，以下输入形式中错误的是（　）（u代表一个空格符）。

A. uuu1,2,3<回车>　　B. 1u2u3<回车>

C. 1,uuu2,uuu3<回车>　　D. 1,2,3<回车>

20. 有以下程序段：

```
int   a,b,c;
a=10;b=50;c=30;
if(a>b)a=b;b=c;c=a;
printf("a=%d b=%d c=%d\n",a,b,c);
```

程序的输出结果是（　）。

A. a=10 b=50 c=30　　B. a=10 b=50 c=10

C. a=10 b=30 c=10　　D. a=50 b=30 c=50

21. 若有定义语句int m[]={5,4,3,2,1},i=4;，则下面对m数组元素的引用中，错误的是（　）。

A. m[i]　　B. m[2*2]　　C. m[m[0]]　　D. m[m[i]]

22. 下面的函数调用语句中，func函数的实参个数是（　）。

```
func(f2(v1,v2),(v3,v4,v5),(v6,max(v7,v8)));
```

A. 3　　B. 4　　C. 5　　D. 8

23. 若有定义语句double x[5]={1.0,2.0,3.0,4.0,5.0},*p=x;则错误引用x数组元素的是（　）。

A. *p　　B. x[5]　　C. *(p+1)　　D. *x

24. 若有定义语句char s[10]="1234567\0\0";，则strlen(s)的值是（　）。

A. 7　　B. 8　　C. 9　　D. 10

25. 以下叙述中，错误的是（　）。

A. 自定义的函数中可以没有return语句

B. 自定义的函数中可以有多个return语句，以便可以调用一次而返回多个函数值

C. 自定义的函数中若没有return语句，则应当定义函数为void类型

D. 函数的return语句中可以没有表达式

26. 以下关于宏的叙述中，正确的是（　）。

A. 宏名必须用大写字母表示

B. 宏定义必须位于源程序中的所有语句之前

C. 宏替换没有数据类型限制

D. 宏调用比函数调用耗费时间

27. 有以下程序：

```
#include<stdio.h>
void main()
{  int i,j;
   for (i=3;i>=1;i--)
     {for(j=1;j<=2;j++)  printf("%d ",i+j);
       printf("\n");
     }
}
```

程序运行的结果是（ ）。

A.	B.	C.	D.
2 3 4	4 3 2	2 3	4 5
3 4 5	5 4 3	3 4	3 4
		4 5	2 3

28. 有以下程序：

```
#include<stdio.h>
void main()
{ int x=1,y=2,z=3;
  if(x>y)
  if(y>z) printf("%d",++z);
  else    printf("%d",++y);
  printf("%d\n",x++);
}
```

程序运行的结果是（ ）。

A. 331　　B. 41　　C. 2　　D. 1

29. 有以下程序：

```
#include<stdio.h>
void main()
{ int i=5;
do
{ if(i%3==1)
if(i%5==2)
{  printf("*%d",i);  break;}
i++;
} while(i!=0);
printf("\n");
}
```

程序运行的结果是 （ ）。

A. *7　　B. *3*5　　C. *5　　D. *2*6

30. 有以下程序：

```
#include  <stdio.h>
```

```
int  fun(int a,int b)
{  if(b==0)  return a;
   else      return(fun(--a,--b));
 }
void main()
{printf("%d\n",fun(4,2));}
```

程序运行的结果是（　）。

A. 1　　B. 2　　C. 3　　D. 4

31. 有以下程序：

```
#include  <stdio.h>
int fun(int n)
{  int *p;
   p=(int *)malloc(sizeof(int));
   *p=n;
   return *p;
}
void main()
{  int a;
   a=fun(10);
   printf("%d\n",a+fun(10));
}
```

程序运行的结果是（　）。

A. 0　　B. 10　　C. 20　　D. 出错

32. 有以下程序：

```
#include<stdio.h>
void fun(int a, int b)
{  int t;
   t=a; a=b; b=t;
}
void main()
{ int c[10]={1,2,3,4,5,6,7,8,9,0},i;
  for(i=0;i<10;i+=2)  fun(c[i],c[i+1]);
  for(i=0;i<10;i++)   printf("%d,",c[i]);
  printf("\n");
}
```

程序运行的结果是（　）。

A. 1,2,3,4,5,6,7,8,9,0,　　B. 2,1,4,3,6,5,8,7,0,9

C. 0,9,8,7,6,5,4,3,2,1　　D. 0,1,2,3,4,5,6,7,8,9

33. 有以下程序：

```
#include<stdio.h>
struct  st
{int  x,y;} data[2]={1,10,2,20};
void main()
```

```
{struct st *p=data;
 printf("%d,",p->y);
 printf("%d\n",(++p)->x);
}
```

程序运行的结果是（ ）。

A. 10,1　　B. 20,1　　C. 10,2　　D. 20,2

34. 有以下程序：

```
#include<stdio.h>
void fun(int  a[],int  n)
{  int   i,t;
   for(i=1;i<n/2;i++)   {t=a[i];a[i]=a[n-1-i];a[n-1-i]=t;}
}
void main()
{ int k[10]={1,2,3,4,5,6,7,8,9,10},i;
  fun(k,5);
  for(i=2;i<8;i++)printf("%d",k[i]);
  printf("\n");
}
```

程序运行的结果是（ ）。

A. 341678　　B. 876543　　C. 1098765　　D. 325678

35. 有以下程序：

```
#include<stdio.h>
#define   N   4
void fun(int a[][N],int b[])
{ int  i;
  for(i=0;i<N;i++)   b[i]=a[i][i];
}
void main()
{ int x[][N]={{1,2,3},{4},{5,6,7,8},{9,10}},y[N],i;
fun(x,y);
for(i=0;i<N;i++)   printf("%d,",y[i]);
printf("\n");
}
```

程序运行的结果是（ ）。

A. 1,2,3,4,　　B. 1,0,7,0,　　C. 1,4,5,9,　　D. 3,4,8,10,

36. 有以下程序：

```
#include<stdio.h>
int fun(int (*s)[4],int n,int k)
{ int m,i;
  m=s[0][k];
  for(i=1;i<n;i++)   if(s[i][k]>m)m=s[i][k];
  return m;
}
```

```
void main()
{int a[4][4]={{1,2,3,4},{11,12,13,14},{21,22,23,24},{31,32,33,34}};
printf("%d\n",fun(a,4,0));
}
```

程序运行的结果是（　）。

A. 4　　B. 34　　C. 31　　D. 32

37. 有以下程序：

```
#include<stdio.h>
void main()
{ struct STU{char name[9]; char sex;  double score[2];};
struct STU  a={"Zhao",'m',85.0,90.0},b={"Qian",'f',95.0,92.0};
b=a;
printf("%s,%c,%2.0f,%2.0f\n",b.name,b.sex,b.score[0],b.score[1]);
}
```

程序运行的结果是（　）。

A. Qian,f,95,92　　B. Qian,m,85,90

C. Zhao,f,95,92　　D. Zhao,m,85,90

38. 变量 a 中的数据用二进制表示的形式是 01011101，变量 b 中的数据用二进制表示的形式是 11110000。若要求将 a 的高 4 位取反，低 4 位不变，所要执行的运算是（　）。

A. a^b　　B. a|b　　C. a&b　　D. a<<4

39. 有以下程序：

```
#include  <stdio.h>
#include<stdio.h>
void main()
{char  a=4;
printf("%d\n",a=a<<1);
}
```

程序运行的结果是（　）。

A. 40　　B. 16　　C. 8　　D. 4

40. 以下程序执行后，abc.dat 文件的内容是（　）。

```
#include<stdio.h>
void main()
{ FILE   *pf;
char *s1="China",*s2="Beijing";
pf=fopen("abc.dat","wb+");
fwrite(s2,7,1,pf);
rewind(pf);
fwrite(s1,5,1,pf);
fclose(pf);
}
```

A. China　　B. Chinang

C. ChinaBeijing　　　　D. BeijingChina

二、填空题

1. 二叉树前序遍历ABDXEFYCZ，后序遍历DEXBYZCFA，则中序遍历的结果是____。
2. 按照软件测试的一般步骤，集成测试应在______测试之后进行。
3. 软件工程三要素包括方法、工具和过程，其中，_____支持软件开发的各个环节的控制和管理。
4. 数据库设计分为______设计和物理设计。
5. 在二维表中，元组的______不能再分成更小的数据项。
6. 设变量a和b已正确定义并赋初值。与a-=a+b等价的赋值表达式为______。
7. 若整型变量a和b中的值分别为7和9，要求按以下格式输出a和b的值：

   a=7

   b=9

   请完成输出语"printf("____________",a,b);。
8. 以下程序的输出结果是_______。

```
#include<stdio.h>
void main()
{ int  i,j,sum;
  for(i=3;i>=1;i--)
  { sum=0;
    for(j=1;j<=i;j++)  sum+=i*j;
  }
  printf("%d\n",sum);
}
```

9. 以下程序的输出结果是______。

```
#include  <stdio.h>
#include<stdio.h>
void main()
{ int  j,a[]={1,3,5,7,9,11,13,15},*p=a+5;
  for(j=3;j;j--)
  { switch(j)
    {  case  1:
       case  2: printf("%d\n",*p++);  break;
       case  3: printf("%d\n",*(--p));
    }
  }
}
```

10. 以下程序的输出结果是______。

```
#include  <stdio.h>
#define  N   5
int  fun(int  *s,int a,int n)
```

```
{ int j;
*s=a;j=n;
while(a!=s[j])j--;
return  j;
}
void main()
{  int s[N+1];  int k;
   for(k=1;k<=N;k++)  s[k]=k+1;
   printf("%d\n",fun(s,4,N));
}
```

11. 以下程序的输出结果是 __________。

```
#include<stdio.h>
int  fun(int  x)
{  static int t=0;
   return(t+=x);
}
void main()
{ int  s,i;
  for(i=1;i<=5;i++)   s=fun(i);
  printf("%d\n",s);
}
```

12. 以下程序按下面指定的数据给 x 数组的下三角置数，并按如下形式输出，请填空。

```
4
3   7
2   6   9
1   5   8   10
```

```
#include<stdio.h>
void main()
{  int  x[4][4],n=0,i,j;
   for(j=0;j<4;j++)
      for(i=3;i>=j; __________)
         {n++;x[i][j]= ______________;}
   for(i=0;i<4;i++)
   {  for(j=0;j<=i;j++)   printf("%3d",x[i][j]);
      printf("\n");
}
}
```

13. 以下程序的功能是，通过函数 func 输入字符并统计字符的个数。输入时用字符@作为输入结束标志。请填空。

```
#include<stdio.h>
long  _______________;    /* 函数说明语句 */
```

```
void main()
{  long  n;
   n=func();
   printf("n=%ld\n",n);
}
long  func()
{  long  m;
   for(m=0;getchar()!='@';________________);
   return  m;
 }
```

全国计算机等级考试二级C模拟试卷（参考答案）

一、选择题

1～5：　　B D C A D
6～10：　　B A B C D
11～15：　　C D A C D
16～20：　　A D C B C
21～25：　　C A B A B
26～30：　　C D D A B
31～35：　　C A C D B
36～40：　　C D A C B

二、填空题（按空填）

1．DBXEAYFZC
2．单元
3．过程
4．逻辑
5．分量
6．a=a-(a+b)
7．a=%d\nb=%d\n
8．1
9．9
   9
   11
10．3
11．15
12．i-
    n
13．func();
    m++

附录 C　C 语言库函数

每种 C 语言编译系统都提供一批库函数，不同编译系统所提供的库函数的数量、函数名及函数功能不完全相同。由于 C 库函数的种类和数量很多，限于篇幅，这里只列出了一些常用的库函数。读者在编写 C 语言程序时，如果要用到其他库函数，那么可查阅所用系统的手册。

1. 数学函数

数学函数表见表 C.1。使用数学函数时，应在该源文件中使用命令#include<math.h>。

表 C.1　数学函数

函数名	函数和形参类型	功　能	返回值
acos	double acos(x) double x;	计算 acos(x)的值	计算结果
asin	double asin(x) double x;	计算 asin(x)的值	计算结果
atan	double atan(x) double x;	计算 atan(x)的值	计算结果
atan2	double atan2(x) double x;	计算 atan2(x)的值	计算结果
cos	double cos(x) double x;	计算 cos(x)的值	计算结果
cosh	double cosh(x) double x;	计算 x 的双曲余弦 cosh(x)值	计算结果
exp	double exp(x) double x;	求 e^x 的值	计算结果
fabs	double fabs(x) double x;	求 x 的绝对值	计算结果
floor	double floor(x) double x;	求不大于 x 的最大整数	该整数的双精度实数
fmod	double fmod(x,y) double x,y;	求整除 x/y 的余数	返回余数的双精度数
frexp	double frexp(val,eptr) double val; int *eptr;	把双精度数 val 分解为数字部分（尾数）和以 2 为底的指数 n，即 val=x*2n，n 存放在 eptr 指向的变量中	返回数字部分 x 0.5≤x<1
log	double log(x) double x;	求 $\log_e x$，即 lnx	计算结果
log10	double log10(x) double x;	求 $\log_{10} x$	计算结果

（续表）

函数名	函数和形参类型	功　能	返回值
modf	double modf(val,iptr) double val; double *iptr;	把双精度数 val 分解为整数部分和小数部分，把整数部分存到 iptr 指向的单元	val 的小数部分
pow	double pow(x,y) double x,y;	计算 x^y 的值	计算结果
sin	double sin(x) double x;	计算 sinx 的值	计算结果
sinh	double sinh(x) double x;	计算 x 的双曲正弦函数 sinh(x)的值	计算结果
sqrt	double sqrt(x) double x;	计算 $x^{1/2}$	计算结果
tan	double tan(x) double x;	计算 tan(x)的值	计算结果
tanh	double tanh(x) double x;	计算 x 的双曲正切函数 tanh(x)的值	计算结果

2. 输入/输出函数

输入/输出函数见表 C.2。使用这些函数前，应使用命令#include<stdio.h>把 stdio.h 头文件包含到源程序文件中。

表 C.2　输入/输出函数

函数名	函数和形参类型	功　能	返回值
clearerr	void clearerr(fp) file *fp	清除文件指针错误指示器	无
flose	int close(fp) int fp;	关闭文件	关闭成功返回 0，不成功返回-1
freat	int creat(filename,mode) clear *filename; int mode;	以 mode 制定的方式建立文件	成功则返回整数，否则返回-1
fof	int eof(fd) int fd;	检查文件是否结束	遇文件结束返回 1，否则返回 0
fclose	int fclose(fp) file *fp	关闭 fp 所指文件，释放文件缓冲区	有错则返回非 0，否则返回 0
feof	int feof(fp) file *fp	检查文件是否结束	遇文件结束符返回非 0 值，否则返回 0
fgetc	int fgetc(fp) file *fp;	从 fp 所指定的文件中取得下一个字符	返回所得的字符。若读入出错，返回 EOF
fgets	char *fgets(buf,n,fp) char *buf; int n; file *fp	从 fp 指向的文件读取一个长度为 n-1 的字符串，存入起始地址为 buf 的空间	返回地址 buf，若遇文件结束或出错，返回 null

（续表）

函数名	函数和形参类型	功　能	返回值
fopen	file *fopen(filename,mode) char *filename,*mode;	以 mode 指定的方式打开名为 filename 的文件	成功返回一个文件指针（文件信息区的其实地址），否则返回 0
fprintf	int fprintf(fp.format,args) file *fp; char *format;	把 args 的值以 format 指定的格式输出到 fp 指定的文件中	实际输出的字符数
fputc	int fputc(ch,fp) char ch; file *fp	将字符 ch 输出到 fp 指向的文件中	成功返回该字符，否则返回 EOF
fputs	int fputs(str,fp) char str; file *fp	将 str 指向的字符串输出到 FP 指定的文件中	返回 0，若出错返回非 0
fread	int fread(pt,size,n,fp) char *pt; unsigned size; unsigned n; file*fp;	从 fp 指定的文件中读取长度为 size 的 n 个数据项，并存储到 pt 指向的内存区	返回所读的数据项个数，若遇文件结束或出错则返回 0
fscanf	int fscanf(fp,format,args, ...) file *fp; char format;	从 fp 指定的文件中按 format 给定的格式将输入数据送到 args 指向的内存单元（args 是指针）	已输入的数据个数
fseek	int fseek(fp,offset,base) file *fp; long offset; int base;	将 fp 指向的文件的位置指针移到以 base 指定的位置为基准、以 offset 为位移量的位置	返回当前位置，否则返回-1
ftell	int getc(fp) file *fp	返回 fp 指向文件中的读/写位置	返回 fp 指向文件中的读/写位置
fwrite	int fwrite(ptr,size,n,fp) char *ptr; unsigned size; unsigned n; file *fp;	把 ptr 指向的 n*size 个字节输出到 fp 指向的文件中	写到 fp 文件中的数据项的个数
getc	int getc(fp) file *fp	从 fp 指向的文件中读入一个字符	返回所读的字符，若文件结束或出错，则返回 EOF
getchar	int getchar()	从标准输入设备读取下一个字符	所读字符。若文件结束或出错，返回-1
getw	int getw(fp) FILE *fp;	从 fp 指向的文件读取下一个字（整数）	输入的整数。文件结束或出错，返回-1
open	int open(filename,mode) char*filename; int mode;	以 mode 指出的方式打开已存在的名为 filename 的文件	返回文件号（正数）。打开失败时返回-1
printf	int printf(format,args,...) char *format;	将输入表列 args 的值输出到标准输出设备	输出字符的个数。若出错，则返回负数

（续表）

函数名	函数和形参类型	功　能	返回值
putc	int puts(ch,fp) int ch; FILE *fp;	把一个字符 ch 输出到标准输出设备	输出字符 ch。若出错，则返回 EOF
putchar	int putchar(ch); char ch;	将字符 ch 输出到标准输出设备	输出字符 ch。若出错，则返回 EOF
puts	int putw(w,fp) int w; FILE *fp	将一个整数 w（即一个字）写到 fp 指向的文件中	返回输出的整数。若出错，则返回 EOF
read	int read(fd,buf,count) int fd; char*buf; unsigned count;	从文件号 fd 指向的文件中读取 count 个字节到由 buf 指示的缓冲区中	返回真正读入的字节个数。若遇文件结束则返回 0，若出错则返回-1
rename	int rename(oldname,newname) char *oldname,*newname;	把由 oldname 指定的文件名改为由 newname 指定的文件名	成功返回 0，出错返回-1
rewind	void rewindk(fp) FILE*fp;	将 fp 指示的文件中的位置指针置于文件开头位置，并清除文件结束标志和错误标志	无
scanf	int scanf(format,args,…) char*format	从标准输入设备按 format 指向的格式字符串规定的格式，输入数据给 args 指向的单元	读入并赋给 args 的数据个数。遇文件结束返回 EOF，出错返回 0
write	int write(fd,buf,count) int fd; char*buf; unsigned count;	从 buf 指示的缓冲区输入 count 个字符到 fd 所标志的文件中	返回实际输出的字节数，若出错则返回-1

3. 字符函数和字符串函数

字符函数和字符串函数见表 C.3。VC 要求在使用字符串函数时包含文件 string.h，在使用字符函数时包含头文件 ctype.h。

表 C.3　字符函数和字符串函数

函数名	函数和形参类型	功　能	返回值
isalnum	int isalnum(ch) int ch;	检查 ch 是否是字母（alpha）或数字（numeric）	是字母或数字返回 1；否则返回 0
isalpaha	int isalpaha(ch) int ch;	检查 ch 是否是字母	是，返回 1；否则返回 0
iscntrl	int iscntrl(ch) int ch;	检查 ch 是否是控制字符(其 ASCII 码在 0 和 0x1F 之间)	是，返回 1；否则返回 0
isdigit	int isdigit(ch) int ch;	检查 ch 是否是数字（0～9）	是，返回 1；否则返回 0
isgraph	int isgraph(ch) int ch;	检查 ch 是否可打印字符（其 ASCII 码在 0x21～0x7E 之间)，不包括空格	是，返回 1；否则返回 0

（续表）

函数名	函数和形参类型	功　能	返回值
islower	int islower(ch) int ch;	检查 ch 是否是小写字母（a～z）	是，返回 1；否则返回 0
isprint	int isprint(ch) int ch;	检查 ch 是否是可打印字符（包括空格），其 ASCII 码在 0x20～0x7E 之间	是，返回 1；否则返回 0
ispunct	int ispunct(ch) int ch;	检查 ch 是否是标点字符（不含空格），即除字母、数字和空格外的所有可打印字符	是，返回 1；否则返回 0
isspace	int isspace(ch) int ch;	检查 ch 是否是空格、跳格符（制表符）或换行符	是，返回 1；否则返回 0
isupper	int isupper(ch) int ch;	检查 ch 是否是大写字母（A～Z）	是，返回 1；否则返回 0
isxdigit	int isxdigit(ch) int ch;	检查 ch 是否是一个十六进制字符(即 0～9，或 A 到 F，或 a～f)	是，返回 1；否则返回 0
strcat	char*strcat(str1,str2) char*str1,*str2;	把字符串 str2 接到 str1 后面，str1 后面的'\0'被取消	str1
strchr	char*strchr(str,ch) char*str; int ch;	找出 str 指向的字符串中第一次出现字符 ch 的位置	返回指向该位置的指针；若找不到，则返回空指针
strcmp	int strcmp(str1,str2) char*str1,*str2;	比较两个字符串 str1、str2	str1=str2 返回 0；str1>str2 返回正数；str1<vstr2 返回负数
strcpy	char*strcpy(str1,str2) char*str1,str2;	把 str2 指向的字符串复制到 str1 中	返回 str1
strlen	unsigned int strlen(str) char*str;	统计字符串 str 中字符的个数（不包括结束标志符'\0'）	返回字符个数
strstr	char*strstr(str1,str2) char*str1,str2;	找出 str2 字符串在 str1 字符串中第一次出现的位置（不包括 str2 的串的结束标志符）	返回该位置的指针。若找不到，则返回空指针
tolower	int tolower(ch) int ch;	将 ch 字符转换为小写字母	返回 ch 所代表的字符的小写字母
toupper	int toupper(ch) int ch;	将 ch 字符转换成大写字母	与 ch 相应的大写字母

附录 D　字符的 ASCII 码表

ASCII 是 American Standard for Informatio Interchange（美国信息交换标准代码）的缩写，ASCII 码由美国国家标准学会（ANSI）制定，这里给出了 128 个字符的十进制 ASCII 码值。

ASCII 码	字符	ASCII 码	字符	ASCII 码	字符	ASCII 码	字符
0	（Null）	32	空格	64	@	96	'
1	??	33	!	65	A	97	a
2	??	34	"	66	B	98	b
3	??	35	#	67	C	99	c
4	??	36	$	68	D	100	d
5	??	37	%	69	E	101	e
6	??	38	&	70	F	102	f
7	（Beep）	39	`	71	G	103	g
8	（退格）	40	(	72	H	104	h
9	（Tab）	41	)	73	I	105	i
10	（换行）	42	*	74	J	106	j
11	??	43	+	75	K	107	k
12	??	44	,	76	L	108	l
13	（回车）	45	-	77	M	109	m
14	??	46	.	78	N	110	n
15	??	47	/	79	O	111	o
16	??	48	0	80	P	112	p
17	??	49	1	81	Q	113	q
18	??	50	2	82	R	114	r
19	??	51	3	83	S	115	s
20	??	52	4	84	T	116	t
21	??	53	5	85	U	117	u
22	??	54	6	86	V	118	v
23	??	55	7	87	W	119	w
24	??	56	8	88	X	120	x
25	??	57	9	89	Y	121	y
26	??	58	:	90	Z	122	z
27	（Esc）	59	;	91	[	123	{
28	??	60	<	92	\	124	|
29	??	61	=	93	]	125	}
30	??	62	>	94	^	126	~
31	??	63	?	95	_	127	（Del）

说明：表中的 0～31 为 32 个控制字符，它们没有特定的图形显示，因此在表中多用“??”表示。

参 考 文 献

[1] 张岗亭，李向军. C 语言程序设计. 北京：水利水电出版社，2013.

[2] 黄容，赵毅. C 语言程序设计. 北京：清华大学出版社，2012.

[3] 王继鹏，陈希主编. C 语言程序设计教程. 北京：人民邮电出版社，2019.

[4] 廖湖声，叶乃文. C 语言程序设计案例教程（第 3 版）. 北京：人民邮电出版社，2018.

[5] 谭浩强. C 程序设计（第四版）. 北京：清华大学出版社，2013.

[6] 田淑清. 全国计算机等级考试二级教程——C 语言程序设计. 北京：高等教育出版社，2006.

[7] 高寅生，张红祥，丁小倩. 大学计算机基础（理科）. 北京：清华大学出版社，2010.

[8] 郭秀娟. C 语言程序设计教程. 吉林：吉林人民出版社，2008.

[9] Peter van der Linder. C 专家编程. 徐波译. 北京：人民邮电出版社，2008.

[10] 王敬华，林萍等. C 语言程序设计教程. 北京：清华大学出版社，2006.

[11] 苏小红，陈惠鹏等. C 语言大学实用教程. 北京：电子工业出版社，2004.

[12] 李云清. 数据结构（C 语言版）. 北京：人民邮电出版社，2004.

[13] 杨旭. C 语言程序设计案例教程. 北京：人民邮电出版社，2005.

[14] 杨超宇，赵光明，孟祥瑞，李铁锋. C 语言程序设计教程. 北京：清华大学出版社，2006.

[15] 张世禄，潘大志，冯天敏. C 语言程序设计. 北京：电子工业出版社，2005.

[16] 李风霞. C 语言程序设计教程. 北京：理工大学出版社，2006.

[17] Jere R. Hanly, Elliot B. Koffman. 工程专业 C 程序设计. 北京：科学出版社，2005.

[18] Stephen, G. Kochan. C 语言编程（第 3 版）. 张小潘译. 北京：电子工业出版社，2006.

[19] Gary J. Bronson. 标准 C 语言基础教程（第 4 版）. 单先余等译. 北京：电子工业出版社，2006.

[20] Brian W. Kernighan, Dennis M. Ritchie. C 程序设计语言. 徐宝文等译. 北京：机械工业出版社，2006.